기계기능사 시리즈

○ 최종 합격을 위한 최초의 실기 수험서

길잡이

한국산업인력공단 시행 출제 기준에 따른

최신판

# 설비보전기능사 [실기]

박동순 지음

## 본서의 구성

- ●○ 실제 시험에 출제되는 심벌과 실사, 도면 수록
- ●○ 최종합격을 대비, 실기시험 중심의 내용구성
- ●○ 설비보전기능사 동영상 예상문제 수록

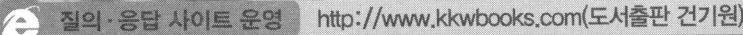
질의·응답 사이트 운영  http://www.kkwbooks.com(도서출판 건기원)

본서로 공부하면서 내용에 의문점이나 이해가 되지 않는 부분에 관하여 질의·응답을 원하는 분은
위 사이트로 문의하시면 항상 감사하는 마음으로 정성껏 답하여 드리겠습니다.

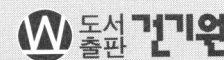
도서출판 건기원

## 머리말

최근 산업현장에서는 인건비 절감과 제품 품질의 균일화 및 고급화를 꾀하기 위해 설비보전 기술 향상을 위한 연구와 투자를 아끼지 않고 있으며, 기술 인력 확보에 꾸준한 노력을 기울이고 있다.
설비보전 기술은 자동화와 메카트로닉스 분야에 종사하는 기술자만의 분야가 아니라 전산업 분야에서 폭넓게 응용되며 현장 실무자들이 필수적으로 습득해야 할 기술로 바뀌어 가고 있다.

이에 본 교재는 '설비보전기능사' 등 실기를 필수로 하는 자격시험에 응시하기 위한 수험생들의 이해와 합격을 돕고자 준비하였으며, 이론을 배제하고 기출문제 위주로 간략하게 정리하였다.

본 교재는 회로도와 실사 위주로 구성하여 다음 사항의 내용으로 구성하였다.

1. 시험에 꼭 출제되는 심벌과 실사, 도면만을 다루어 군더더기를 없앴다.
2. 설비보전 분야의 초보자도 쉽게 이해할 수 있도록 간략하게 구성하였다.
3. 수험생들의 합격에 목표를 두고 실기시험을 중심으로 구성하였다.
4. 설비보전기능사 동영상 예상문제를 모두 수록하여 참조할 수 있게 하였다.

본 교재는 저자가 기존 도면을 재작성하여 집필하였으므로 내용 중 미비한 사항이나 일부 잘못된 점이 있으면 독자 여러분의 조언에 의해 정오하겠습니다.

끝으로 본 교재로 공부하는 수험생 여러분들이 자격증 취득을 통하여 개인의 발전과 사회적으로 공인받는 기능인으로 성장하는 시금석이 되길 바라며, 설비보전 분야와 전산업 분야 발전의 초석을 이루는 선구자 역할을 다해 주시길 바랍니다. 아울러 이 책을 출간하는 데 도움을 주신 여러분들께 깊은 감사를 드리며, 도서출판 건기원 전 직원 여러분께 감사드립니다.

## 설비보전기능사 실기

## 1. 기본 정보

### 가. 개요
국가적으로 플랜트 설비를 잘 관리하느냐 못하느냐에 따라 국익에 미치는 영향이 크므로 설비관리를 기술적으로 담당하는 기술 인력이 산업사회에 요구됨.

### 나. 변천 과정
2005년 설비보전기능사로 신설(노동부령 제239호, 2005.11.11.)

### 다. 수행 직무
일정한 주기로 플랜트 설비의 진동소음 등을 측정하여 설비상태를 판단하고, 기계요소의 윤활상황을 철저히 점검 관리하여 돌발고장이 발생하지 않도록 최적의 설비상태를 유지토록 업무를 수행

### 라. 진로 및 전망
화학, 제철, 전자부품조립, 전력설비 등 설비를 갖춘 모든 산업체로 진출이 가능하며, 해당업체는 원료를 절약하여 회사의 이익을 창출하는 데 한계가 있으므로 결국 설비를 어떻게 잘 관리했느냐 못 했느냐에 따라 회사 이익이 좌우될 수 있어 향후 설비보전 기술 요원에 대한 전망은 밝다고 볼 수 있음.

### 마. 종목별 검정 현황

| 종목명 | 연도 | 필기 | | | 실기 | | |
|---|---|---|---|---|---|---|---|
| | | 응시 | 합격 | 합격률(%) | 응시 | 합격 | 합격률(%) |
| 설비보전기능사 | 2020 | 3,960 | 1,770 | 44.7% | 2,370 | 1,382 | 58.3% |
| | 2019 | 5,840 | 2,581 | 44.2% | 3,357 | 1,836 | 54.7% |
| | 2018 | 5,731 | 2,641 | 46.1% | 3,414 | 1,993 | 58.4% |
| | 2017 | 4,059 | 2,198 | 54.2% | 2,905 | 1,754 | 60.4% |
| | 2016 | 4,684 | 2,531 | 54% | 3,046 | 1,822 | 59.8% |

## 설비보전기능사 시험 정보

## 2. 시험 정보

### 가. 시험 수수료
필기 : 14,500원
실기 : 79,500원

### 나. 출제 경향
설비진단, 공유압설비 구성작업, 전기용접 작업 등에 대한 능력을 평가

### 다. 출제 기준
http://www.q-net.or.kr 참조

### 라. 공개 문제
http://www.q-net.or.kr 참조

### 마. 취득 방법
시행처 : 한국산업인력공단
시험과목 - 필기 : 1. 기계보전 일반
　　　　　　　　2. 설비관리
　　　　　　　　3. 공유압 일반
　　　　　　　　4. 산업안전
　　　　　실기 : 설비보전 실무
검정방법 - 필기 : 객관식 4지 택일형 60문항(60분)
　　　　　실기 : 작업형(동영상 1시간 정도, 50점, 작업형 3시간 정도, 50점)
합격기준 - 필기·실기 : 100점을 만점으로 하여 60점 이상

## 3. 우대 현황

| 순번 | 법령명 | 조문내역 | 활용내용 |
|---|---|---|---|
| 1 | 건설기계관리법 시행규칙 | 제33조 검사 대행자 등(별표9) | 건설기계검사대행자의 시설 및 기술인력 보유 기준 |
| 2 | 경찰공무원임용령 | 제16조 특별채용의 요건 | 특별채용의 자격 |
| 3 | 고등학교 졸업학력 검정고시 규칙 | 제12조 과목면제 | 고시합격자로 가늠 또는 과목면제 |
| 4 | 공연법 시행규칙 | 제6조의4 무대예술전문인 자격검정의 응시 | 무대예술전문인의 자격검정에 응시하고자 하는 자의 자격 |
| 5 | 공연법 시행령 | 제10조의4 무대예술전문인 자격검정의 응시기준(별표2) | 무대예술전문인 자격검정의 등급별 응시기준 |
| 6 | 공직자윤리법 시행령 | 제34조 취업승인 | 관할 공직자윤리위원회가 취업승인을 하는 경우 |
| 7 | 공직자윤리법의 시행에 관한 대법원규칙 | 제37조 취업승인 신청 | 퇴직공직자의 취업승인 요건 |
| 8 | 공직자윤리법의 시행에 관한 헌법재판소규칙 | 제20조 취업승인 | 퇴직공직자의 취업승인 요건 |
| 9 | 광산보안법 시행규칙 | 제35조 보안감독계원 | 보안감독계원 선임 |
| 10 | 교원자격검정령 시행규칙 | 제9조 무시험검정의 신청 | 실기교사무시험검정인 때에는 국가기술자격증 사본(해당과목에 한한다.)을 첨부하여야 무시험자격 |
| 11 | 교육감 소속 지방공무원 평정규칙 | 제23조 자격증 등의 가점(별표5) | 5급 이하 공무원, 연구사·지도사 및 기능직공무원이 자격증을 소지한 경우 점수 가점 평정 |
| 12 | 국가공무원법 | 제36조의2 채용시험의 가점 | 채용시험의 가점 |
| 13 | 국가기술자격법 | 제14조 국가기술자격 취득자에 대한 우대 | 국가기술자격 취득자를 우대 |
| 14 | 국가기술자격법 시행규칙 | 제21조 시험위원의 자격 등(별표16) | 시험위원의 자격 |
| 15 | 국가기술자격법 시행령 | 제12조의2 국가기술자격의 등급과 응시자격(별표1의2) | 기술·기능분야 국가기술자격의 응시자격 |

## 설비보전기능사 시험 정보

| | | | |
|---|---|---|---|
| 16 | 국가기술자격법 시행령 | 제27조 국가기술자격취득자의 취업 등에 대한 우대 | 채용·보수 및 승진 등에 있어 해당 직무분야의 국가기술자격취득자를 우대 |
| 17 | 국가를 당사자로 하는 계약에 관한 법률 시행규칙 | 제7조 원가계산을 할 때 단위당 가격의 기준 | 가격을 적용함에 있어 해당 노임단가에 그 노임단가의 100분의 15 이하에 해당하는 금액을 가산 |
| 18 | 국회인사규칙 | 제20조 경력경쟁채용등의 요건 | 동종직무에 관한 자격증소지자를 경력경쟁채용하는 경우 |
| 19 | 군무원인사법 시행규칙 | 제16조 시험과목의 일부 면제 등 | 국가에서 실시한 각종 자격·면허시험에 합격한 사람의 자격이 임용예정 직급과 관련이 있는 경우에는 그 자격·면허시험에 이미 응시한 시험과목에 대한 시험은 면제 |
| 20 | 군무원인사법 시행규칙 | 제27조 가산점(별표4) | 승진후보자 명부작성 시 자격증 및 면허증 소지자 가산 |
| 21 | 군무원인사법 시행령 | 제10조 특별채용 요건(별표4) | 특별채용시험에 의하여 신규채용할 수 있는 자격 |
| 22 | 군인사법 시행규칙 | 제14조 부사관의 임용 | 부사관의 자격 |
| 23 | 근로자직업능력 개발법 시행령 | 제27조 직업능력개발훈련을 위하여 근로자를 가르칠 수 있는 사람 | 직업능력개발훈련교사의 정의 |
| 24 | 근로자직업능력 개발법 시행령 | 제28조 직업능력개발훈련교사의 자격기준(별표2) | 직업능력개발훈련교사의 자격 |
| 25 | 근로자직업능력 개발법 시행령 | 제38조 다기능기술자과정의 학생선발방법 | 정원 내 특별전형대상자 |
| 26 | 근로자직업능력 개발법 시행령 | 제44조 교원 등의 임용 | 교원을 임용할 때 자격증 소지자 우대 |
| 27 | 숙련기술장려법 시행령 | 제21조 대한민국명장심사위원회의 설치 운영 | 숙련기술과 관련하여 비영리법인으로 허가를 받은 단체의 임원은 심사위원회의 자격이 됨. |
| 28 | 독학에 의한 학위취득에 관한 법률 시행령 | 제9조 시험과목면제 대상 | 시험과목의 전부 또는 일부를 면제받을 수 있는 자 |
| 29 | 법원공무원규칙 | 제19조 경력경쟁채용시험 등의 응시요건 등 | 경력경쟁채용시험의 응시요건 |
| 30 | 병역법 | 제53조 전시근로소집 대상 등 | 전시근로소집 대상 |
| 31 | 병역법 시행령 | 제79조 기간산업 분야 종사자 등의 산업기능요원 편입(별표2) | 기간산업분야종사자 등의 산업기능요원 편입 |

## 설비보전기능사 실기

| | | | |
|---|---|---|---|
| 32 | 병역법 시행령 | 제81조 농어업 분야 종사자의 산업기능요원 편입 | 농어업 분야의 산업기능요원에 편입할 수 있는 사람 |
| 33 | 병역법 시행령 | 제83조 전문연구요원 및 산업기능요원이 종사할 해당 분야 등 | 분야에 종사해야 할 전문연구요원 및 산업기능요원 |
| 34 | 비상대비자원 관리법 | 제2조 대상자원의 범위 | 대상자원의 범위 |
| 35 | 산업안전보건법 시행규칙 | 제74조 검사원의 자격 | 검사원의 자격 |
| 36 | 선박직원법 시행령 | 제11조 시험과목 | 필기시험의 해당 과목을 면제 |
| 37 | 소방공무원임용령 | 제15조 특별채용의 요건등 | 특별채용의 요건 |
| 38 | 소방시설설치유지 및 안전관리에 관한 법률 시행령 | 제23조 소방안전관리자의 선임대상자 | 소방안전관리자의 자격 |
| 39 | 소음·진동관리법 시행령 | 제10조 소음도 검사기관의 지정기준(별표1) | 소음도 검사기관의 지정기준 |
| 40 | 승강기시설안전관리법 시행규칙 | 제12조 유지관리업의 종류 및 등록기준(별표5) | 유지관리업의 등록기준 |
| 41 | 에너지이용 합리화법 시행령 | 제30조 에너지절약전문기업의 등록 등(별표2) | 에너지절약전문기업으로 등록을 하려는 자 |
| 42 | 에너지이용 합리화법 시행령 | 제39조 진단기관의 지정기준(별표4) | 진단기관이 보유하여야 하는 기술인력의 지정기준 |
| 43 | 장애인 등에 대한 특수교육법 시행령 | 제17조 전문인력의 자격 기준 등 | 자격이 있는 진로 및 직업교육을 담당하는 전문인력 |
| 44 | 전기사업법 | 제73조 전기안전관리자의 선임 등 | 전기설비의 공사·유지 및 운용에 관한 안전관리업무를 수행하게 하기 위하여 필요한 전기안전관리자 |
| 45 | 전기사업법 시행규칙 | 제40조 전기안전관리자의 선임 등(별표12) | 안전관리자와 안전관리보조원으로 구분하여 선임 |
| 46 | 전기사업법 시행규칙 | 제42조 전기안전관리자 자격의 완화 | 전기안전관리자로 선임할 수 있는 사람의 자격기준 |
| 47 | 전기사업법 시행규칙 | 제43조 전기안전관리자의 직무대행자의 지정요건 | 전기안전관리자의 직무대행자 |
| 48 | 전기사업법 시행규칙 | 제44조 전기안전관리자의 자격 및 직무(별표12) | 안전관리보조원의 자격 |
| 49 | 주차장법 시행령 | 제12조의6 보수업의 등록기준(별표3) | 기계식주차장치 보수업을 등록하려는 자가 갖추어야 할 기술인력 |
| 50 | 중소기업인력지원 특별법 | 제28조 근로자의 창업지원 등 | 당해 직종과 관련된 분야에서 신기술에 기반한 창업을 하고자 하는 경우 지원 |

## 설비보전기능사 시험 정보

| | | | |
|---|---|---|---|
| 51 | 지방공무원 임용령 | 제17조 경력 경쟁 임용시험 등을 통한 임용의 요건 | 경력 경쟁 임용시험을 통하여 임용하려는 경우 |
| 52 | 지방공무원 임용령 | 제55조의3 자격증 소지자에 대한 신규 임용시험의 특전 | 6급 이하 공무원 및 기능직공무원 신규 임용시험 시 필기시험 점수 가산 |
| 53 | 지방공무원 평정규칙 | 제23조 자격증 등의 가산점(별표3) | 5급 이하 공무원, 연구사·지도사 및 기능직공무원이 자격증을 소지한 경우 점수 가점 평정 |
| 54 | 지방공무원법 | 제34조의2 신규임용시험의 가점 | 공무원 신규임용시험시 점수 가산 |
| 55 | 지방자치단체를 당사자로 하는 계약에 관한 법률 | 제16조 감독 | 주민대표자의 추천을 받을 수 있는 사람의 자격기준 |
| 56 | 지방자치단체를 당사자로 하는 계약에 관한 법률 시행규칙 | 제7조 원가계산 시 단위당 가격의 기준 | 지방자치단체의 장 또는 계약담당자는 가격을 적용함에 있어 당해 노임단가에 동 노임단가의 100분의 15이하에 해당하는 금액을 가산 |
| 57 | 지방자치단체를 당사자로 하는 계약에 관한 법률 시행령 | 제106조 계약심의위원회의 구성 | 계약심의위원회의 위원 |
| 58 | 지역균형개발 및 지방중소기업 육성에 관한 법률 시행령 | 제59조 인력의 지역정착지원 | 인력의 지역정착지원 |
| 59 | 해양환경관리법 시행규칙 | 제23조 오염물질저장시설의 설치·운영기준(별표10) | 오염물질저장시설의 설치기준 |
| 60 | 해양환경관리법 시행규칙 | 제74조 업무대행자의 지정(별표28, 29) | 해양환경측정기기의 정도검사·성능시험·검정 업무 대행자 지정기준 |
| 61 | 헌법재판소 공무원 수당규칙 | 제6조 특수업무 수당(별표2) | 특수업무 수당지급 |
| 62 | 환경분야 시험·검사 등에 관한 법률 시행규칙 | 제14조 측정대행업의 등록(별표9) | 측정대행업자가 갖추어야 하는 기술능력 기준 |

## 설비보전기능사 실기

### 4. 수험자 동향

#### 가. 필기

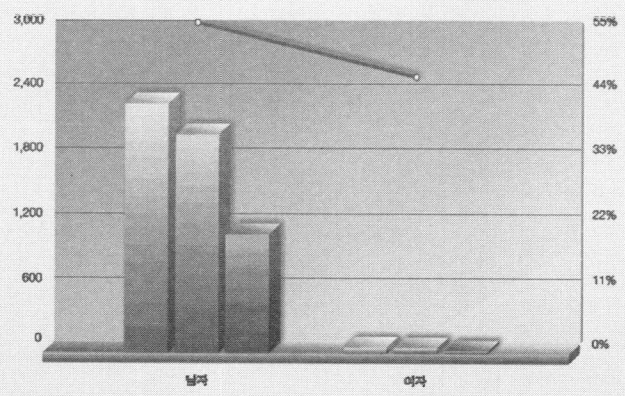

| | 접수자 | 응시자 | 응시율(%) | 합격자 | 합격률(%) |
|---|---|---|---|---|---|
| 남자 | 2,320 | 2,036 | 87.8 | 1,112 | 54.6 |
| 여자 | 56 | 53 | 94.6 | 24 | 45.3 |

※ 수험자 동향 데이터는 원서 접수 시 수집된 데이터로, 종목별 검정 현황 데이터와 다를 수 있음

#### 나. 실기

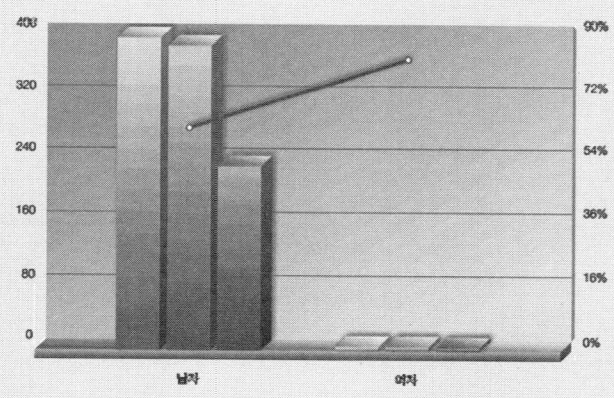

| | 접수자 | 응시자 | 응시율(%) | 합격자 | 합격률(%) |
|---|---|---|---|---|---|
| 남자 | 396 | 386 | 97.5 | 232 | 60.1 |
| 여자 | 5 | 6 | 100 | 4 | 30 |

※ 수험자 동향 데이터는 원서 접수 시 수집된 데이터로, 종목별 검정 현황 데이터와 다를 수 있음

## 설비보전기능사 시험 정보

## 5. 출제 기준

### 가. 출제 기준(필기)

| 직무분야 | 기 계 | 자격종목 | 설비보전기능사 | 적용기간 | 2021. 1. 1 ~ 2024. 12. 31 |
|---|---|---|---|---|---|

○ 직무내용 : 생산시스템이나 설비(장치)의 설비보전에 관한 기능적인 지식을 가지고, 생산설비 등을 최적의 상태로 효율적으로 유지하기 위해 일상점검 및 정기점검을 통한 설비진단을 하고 고장부위를 정비하거나 유지, 보수, 관리 및 운용 등을 수행하는 직무이다.

| 필기검정방법 | 객관식 | 문제수 | 60 | 시험시간 | 1시간 |
|---|---|---|---|---|---|

| 필기<br>과목명 | 출제<br>문제수 | 주요항목 | 세부항목 | 세세항목 |
|---|---|---|---|---|
| 기계보전<br>일반,<br>설비관리,<br>공유압일반,<br>산업안전 | 60 | 1. 기계보전의 개요 | 1. 기계보전에 관한 용어 | 1. 보전에 관한 용어<br>2. 고장의 종류 해석에 관한 용어 |
| | | | 2. 윤활 | 1. 마찰의 개념<br>2. 윤활제<br>3. 윤활제의 급유방법<br>4. 윤활관리 |
| | | 2. 기계제도 | 1. 기계제도 | 1. 기계제도의 기초<br>2. 정투상도법<br>3. 단면도법<br>4. 기계요소 제도법<br>5. 용접, 배관기호의 표시법 |
| | | 3. 기계장치 보전 | 1. 보전측정기구 | 1. 측정기구 및 공기구<br>2. 보전용 재료 |
| | | | 2. 기계요소 보전 | 1. 체결용 기계요소의 보전<br>2. 축 기계요소의 보전<br>3. 전동용 기계요소의 보전<br>4. 제어용 기계요소의 보전<br>5. 관계 기계요소의 보전 |
| | | | 3. 기계장치 보전 | 1. 밸브의 점검 및 정비<br>2. 펌프의 점검 및 정비<br>3. 송풍기의 점검 및 정비<br>4. 압축기의 점검 및 정비<br>5. 감속기의 점검 및 정비<br>6. 전동기의 점검 및 정비 |
| | | 4. 설비관리 계획 | 1. 설비관리 개론 | 1. 설비관리의 개요<br>2. 설비의 범위와 분류 |

# 설비보전기능사 실기

| 필기 과목명 | 출제 문제수 | 주요항목 | 세부항목 | 세세항목 |
|---|---|---|---|---|
| | | | 2. 설비보전의 계획과 관리 | 1. 설비보전과 관리시스템<br>2. 설비보전의 본질과 추진방법<br>3. 설비보전관리<br>4. 설비의 신뢰성과 보전성 |
| | | 5. 종합적 설비관리 | 1. 공장설비관리 | 1. 공장설비관리의 개요<br>2. 계측관리<br>3. 치공구 관리 |
| | | | 2. 종합적 생산보전 | 1. 종합적 생산보전의 개요<br>2. 설비효율 개선방법<br>3. 만성로스 개선방법<br>4. 자주보전 활동<br>5. 품질개선 활동 |
| | | 6. 공압 | 1. 공유압의 개요 | 1. 기초이론<br>2. 공유압의 원리<br>3. 공유압의 특성 |
| | | | 2. 공압기기 | 1. 공기압 발생장치<br>2. 공압 제어밸브<br>3. 공압 액추에이터 |
| | | | 3. 공압 기호 및 회로 | 1. 공압 기호 및 회로 |
| | | 7. 유압 | 1. 유압기기 | 1. 유압발생장치<br>2. 유압제어밸브<br>3. 유압액추에이터<br>4. 유압부속기기<br>5. 유압작동유 |
| | | | 2. 유압 기호 및 회로 | 1. 유압 기호 및 회로 |
| | | 8. 산업안전 | 1. 산업안전의 개요 | 1. 산업안전의 목적과 정의<br>2. 산업재해의 분류 |
| | | | 2. 산업시설의 안전 | 1. 기계작업의 안전<br>2. 전기취급시 안전<br>3. 여러 가지 산업시설의 안전<br>4. 안전보호구 |
| | | | 3. 가스 및 위험물에 관한 안전 | 1. 가스 안전<br>2. 위험물 안전 |
| | | | 4. 사고예방 | 1. 사고방지의 대책<br>2. 사고발생원인 및 예방 |
| | | | 5. 산업안전 관계법규 | 1. 산업안전 보건법 |

# 설비보전기능사 시험 정보

## 나. 출제 기준(실기 작업형)

| 직무분야 | 기 계 | 자격종목 | 설비보전기능사 | 적용기간 | 2021. 1. 1 ~ 2024. 12. 31 |
|---|---|---|---|---|---|

○ 직무내용 : 생산시스템이나 설비(장치)의 설비보전에 관한 기능적인 지식을 가지고, 생산설비 등을 최적의 상태로 효율적으로 유지하기 위해 일상점검 및 정기점검을 통한 설비진단을 하고 고장부위를 정비하거나 유지, 보수 및 운용 등을 수행하는 직무이다.

○ 수행준거 : 1. 소음 및 진동 측정장비 등을 설치하여 소음 및 진동을 측정할 수 있다.
           2. 보전 장비를 활용하여 체결용, 축관계, 베어링, 전동장치에 대한 기계요소를 보전할 수 있다.
           3. 유공압 회로를 이해하고 구성하여 동작시킬 수 있다.
           4. 설비보전에 필요한 전기용접 작업을 할 수 있다.

| 실기 과목명 | 주요항목 | 세부항목 | 세세항목 |
|---|---|---|---|
| 설비보전 실무 | 1. 설비보전 (동영상) | 1. 설비진단하기 | 1. 회전기계에 진동센서를 부착하고 FFT분석기에 연결하는 시스템을 구축할 수 있어야 한다.<br>2. 소음계를 사용하여, 설비의 소음상태를 측정할 수 있어야 한다. |
| | | 2. 기계요소 보전하기 | 1. 체결용 기계요소의 종류 및 특성을 이해하고, 현업에 적용할 수 있어야 한다.<br>2. 축계 기계요소의 종류 및 특성을 이해하고, 현업에 적용할 수 있어야 한다.<br>3. 베어링 요소의 종류 및 특성을 이해하고, 현업에 적용할 수 있어야 한다.<br>4. 전동용 기계요소의 종류 및 특성을 이해하고, 현업에 적용할 수 있어야 한다.<br>5. 관용기계요소의 종류 및 특성을 이해하고, 현업에 적용할 수 있어야 한다.<br>6. 유·공압 및 유체기계의 종류 및 특성을 이해하고, 현업에 적용할 수 있어야 한다. |
| | | 3. 윤활 관리하기 | 1. 윤활유 검사기를 이용하여, 윤활유의 오염도를 측정하여 오염의 원인을 파악하고, 오염방지를 할 수 있어야 한다.<br>2. 윤활유 검사기를 이용하여, 윤활유의 열화를 측정하여 열화의 원인을 파악하고, 열화지연을 할 수 있어야 한다.<br>3. 윤활유 급유장치를 이용하여, 각종산업기계에 사용되는 윤활유를 공급할 수 있어야 한다.<br>4. 윤활유의 각종 물리적 성질 및 화학적 성질을 이해하고, 산업기기의 특성에 맞는 윤활유를 선정할 수 있어야 한다. |

## 설비보전기능사 실기

| 실기 과목명 | 주요항목 | 세부항목 | 세세항목 |
|---|---|---|---|
| 설비보전 실무 | 2. 설비보전 (작업) | 1. 설비구성작업하기 | 1. 전기 시퀀스를 이용한 공압 실린더 2개의 회로를 구성할 수 있어야 한다.<br>2. 전기 신호로 구동되는 유압 실린더 1개의 회로를 구성할 수 있어야 한다. |
| | | 2. 유·공압회로 도면 파악하기 | 1. 유·공압 회로도를 파악하기 위하여 유·공압 회로도의 부호를 해독할 수 있다.<br>2. 유·공압 회로도에 따라 정확한 유·공압 부품의 규격을 파악할 수 있다.<br>3. 유·공압 회로도를 이용하여 세부 점검 목록을 확인 후 정확한 고장 원인과 비정상 작동 등을 파악할 수 있다. |
| | | 3. 유·공압 장치 조립하기 | 1. 작업표준서에 따라 유·공압 장치 부품의 지정된 위치를 파악하고 정확히 조립할 수 있다.<br>2. 유·공압 장치를 조립하기 위하여 규격에 적합한 조립 공구와 장비를 사용할 수 있다.<br>3. 유·공압 장치 조립 작업의 안전을 위하여 유·공압 장치 조립 시 안전 사항을 준수 할 수 있다. |
| | | 4. 유공압 장치 기능 확인하기 | 1. 유·공압 장치의 기능을 확인하기 위하여 조립된 유·공압 장치를 검사하고 조립도와 비교할 수 있다.<br>2. 조립된 유·공압 장치를 구동하기 위하여 동작 상태를 확인하고 이상 발생 시 수정하여 조립할 수 있다.<br>3. 유·공압 장치의 기능을 확인하기 위하여 측정한 데이터를 기록하고 관리할 수 있다. |
| | | 5. 사후 보전작업하기 | 1. 기계장치를 이용하여, 가공 및 조립작업을 할 수 있어야 한다.<br>2. 전기용접기를 이용하여, 사후 보전작업을 할 수 있어야 한다. |

## 설비보전기능사 시험 정보

### 제1장 설비보전 동영상

- I  결합용 기계요소 ............ 19
- II  축계 기계요소 ............ 34
- III  간접전동 기계요소 ............ 44
- IV  직접전동 기계요소 ............ 47
- V  보전용 기본공구 ............ 50
- VI  보전용 측정기 ............ 55
- VII  동영상 예상문제 ............ 64

### 제2장 공유압 회로 구성

- I  공압기기 ............ 143
- II  유압기기 ............ 148
- III  제어기기 기호 ............ 156
- IV  전기회로 구성 ............ 162
- V  공압회로 구성 및 조립 ............ 168
- VI  공압실습 예제 ............ 177
- VII  유압실습 예제 ............ 198

### 제3장 용접 및 조립

- I  용접 및 조립작업 예시 ............ 243
- II  용접 및 조립도면 예제 ............ 251

제 1 장

# 설비보전 동영상

Ⅰ 결합용 기계요소

Ⅱ 축계 기계요소

Ⅲ 간접전동 기계요소

Ⅳ 직접전동 기계요소

Ⅴ 보전용 기본공구

Ⅵ 보전용 측정기

Ⅶ 동영상 예상문제

# 제1장 설비보전 동영상

## I. 결합용 기계요소

### 1. 볼트

#### 가) 용도에 의한 분류

(1) 관통 볼트(through bolt)

볼트의 지름보다 약간 큰 구멍에 머리붙이 볼트를 끼워 넣은 후 너트로 죄어 결합하는 볼트이다.

(2) 탭 볼트(tap bolt)

조립하려는 상대 쪽에 암나사를 내고, 머리붙이 볼트를 조여 결합하는 볼트이다.

(3) 스터드 볼트(stud bolt)

양쪽 끝 모두 수나사로 되어 있는 나사로 한쪽 끝은 상대 쪽에 암나사를 만들어 체결하고, 다른 쪽 끝에 너트로 죄어 결합하는 볼트이다.

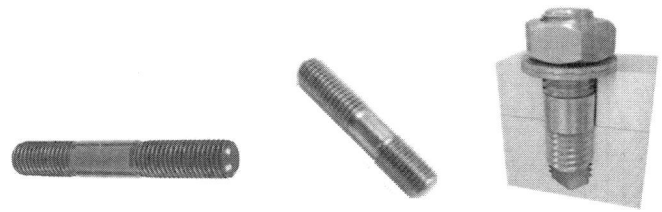

나) 볼트 머리부 모양에 따른 분류

　(1) 6각 볼트

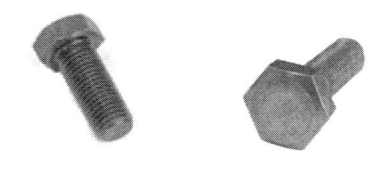

　(2) 4각 볼트

　(3) 6각 구멍붙이 볼트

다) 특수 볼트

　(1) 아이 볼트(eye bolt)

　　무거운 물체를 달아 올리기 위하여 훅을 걸 수 있는 고리가 있는 볼트이다.

## (2) 나비 볼트(wing bolt)

볼트 머리 부가 나비 모양으로 만들어 공구 없이 손으로 조이거나 풀 수 있는 볼트이다.

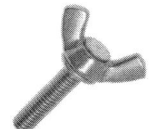 

## (3) 간격유지 볼트(stay bolt)

스테이 볼트라고도 하며, 두 물체 사이의 간격을 일정하게 유지하며 결합하는 데 사용하는 볼트이다.

## (4) 기초 볼트(foundation bolt)

기계, 구조물 등을 콘크리트 기초에 고정시키기 위하여 사용하는 볼트이다.

## (5) T 볼트(T-bolt)

볼트의 머리를 4각형으로 만들어 공작기계테이블의 T자형 홈에 끼우면 너트를 조일 때 볼트머리가 회전하지 않도록 사용하는 볼트이다.

### (6) 리머 볼트(reamer bolt)

볼트 구멍을 리머로 다듬질한 다음, 정밀 가공된 리머 볼트를 끼워 중간 끼워 맞춤 또는 억지 끼워 맞춤이 되도록 사용하는 볼트이다.

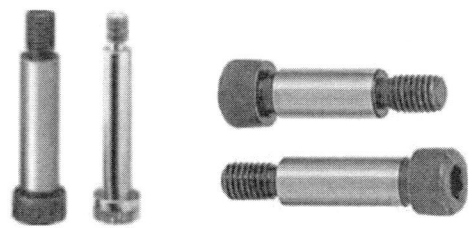

### (7) 멈춤 나사(set screw)

회전체의 보스부분을 축에 고정시키는 데 키(key)의 대용 역할을 하며, 나사를 밀어 박음으로써 나사 끝에 발생하는 마찰 저항으로 두 물체 사이에 미끄럼이 생기지 않도록 사용하는 나사이다.

① 홈붙이 멈춤 나사

② 6각 구멍붙이 멈춤 나사

### (8) 고장력 6각 볼트

고장력 6각 볼트는 강구조물의 마찰접합에 주로 사용하며, 국부적인 응력집중이 생길 염려가 없는 볼트이다.

① 제품의 표시
- 볼트의 기계적 성질에 따른 등급을 나타내는 표시 기호(F8T, F10T, F13T)
- 제조자의 등록 상표 또는 기호

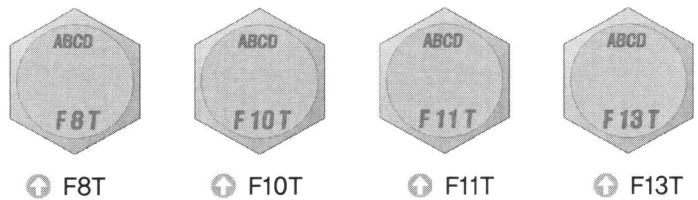

↑ F8T   ↑ F10T   ↑ F11T   ↑ F13T

② 종류 · 등급

| 기계적 성질에 따른 종류 | 기계적 성질에 따른 등급 |
| --- | --- |
| 1종 | F8T |
| 2종 | F10T |
| (3종) | (F11T) |
| 4종 | F13T |

\* 비고 : 표에서 ( )를 붙인 것은 되도록 사용하지 않는다.

③ 기계적 성질

| 기계적 성질에 따른 등급 | 항복강도 (N/mm$^2$) | 인장강도 N/mm$^2$ | 연신율 (%) | 단면수축률 (%) |
| --- | --- | --- | --- | --- |
| F8T | 640 이상 | 800~1000 | 16 이상 | 45 이상 |
| F10T | 900 이상 | 1000~1200 | 14 이상 | 40 이상 |
| F11T | 990 이상 | 1100~1300 | 14 이상 | 40 이상 |
| F13T | 1170 이상 | 1300~1500 | 12 이상 | 35 이상 |

④ 종전 규격(KS B 1010 : 2001)

| 구 분 | 최소인장강도 | 항복강도 | 기계적 성질에 따른 등급 |
| --- | --- | --- | --- |
| ABCD 4.8 / AB CD 4.8 | 40kgf/mm$^2$ | 인장 강도의 80% | |
| ABCD 8.8 / AB CD 8.8 | 80kgf/mm$^2$ | 인장강도의 80% | F8T |

| | | | |
|---|---|---|---|
| 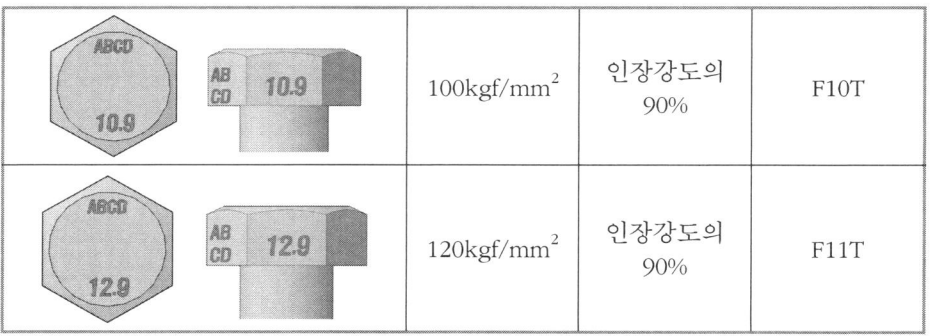 | 100kgf/mm² | 인장강도의 90% | F10T |
| | 120kgf/mm² | 인장강도의 90% | F11T |

##  너트

수나사인 볼트에 끼워 부품의 결합 고정에 사용하는 암나사이다.

### 가) 6각 너트(hexagon nut)

6각 모양으로 가장 널리 사용되는 너트이다.

#### (1) 홈붙이 6각 너트

### 나) 4각 너트(square nut)

4각 모양으로 되어 있으며, 주로 목재 결합에 사용되며, 기계류의 결합에도 사용되는 너트이다.

## 다) 둥근 너트(circular nut)

회전체의 균형을 맞추거나 너트를 외부로 돌출시키지 않으려고 할 때 사용하며, 너트를 죄는 데는 특수(후크)한 스패너가 필요하다.

### (1) 홈붙이 둥근 너트

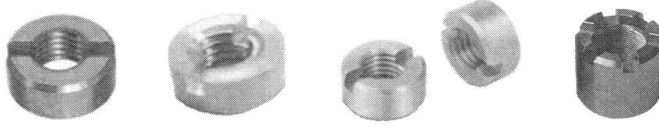

### (2) 측면 홈붙이 둥근 너트

### (3) 구멍붙이 둥근 너트

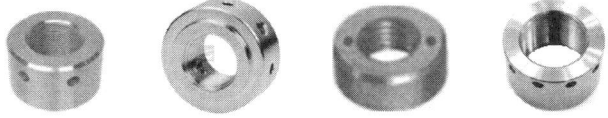

## 라) 와셔붙이 너트(washer based nut)

너트 밑면에 원형 플랜지가 붙어 있으며, 볼트 구멍이 큰 경우 또는 접촉 면적을 크게 하여 접촉 압력을 작게 하려고 할 때 사용되며, 너트 하나로 와셔의 기능을 겸한 너트이다.

## 마) 캡 너트(cap nut)

너트의 한쪽을 관통되지 않도록 만든 구조로 기밀, 유밀을 방지하며 먼지나 오염물 침입을 막는 데 사용되는 너트이다.

### 바) 아이 너트

무거운 물체를 달아 올리기 위하여 훅을 걸 수 있는 고리가 있는 너트이다.

## 3 와셔

볼트 결합부의 구멍이 크거나 너트의 자리 면이 고르지 못할 때, 자리면의 재료가 너무 연하여 볼트 체결압력을 견딜 수 없거나, 너트의 풀림방지 역할을 할 때 사용한다.

### 가) 스프링 와셔

### 나) 접시 와셔

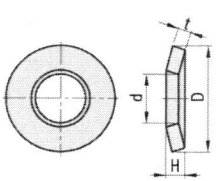  

### 다) 이붙이(톱니붙이) 와셔
  (1) 외치형

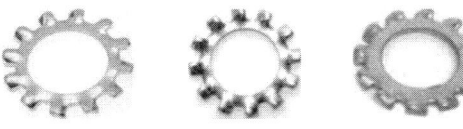

  (2) 내치형

  (3) 내외치형

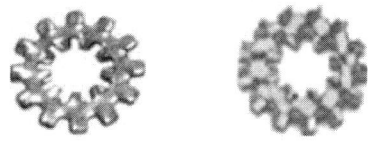

### 라) 혀붙이 와셔
  (1) 한쪽 혀붙이

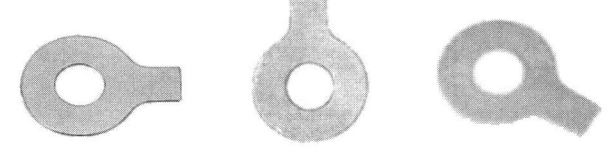

  (2) 양쪽 혀붙이

## 4 볼트 너트의 풀림방지법

### 가) 로크 너트(lock nut)에 의한 방법

2개의 너트를 충분히 죈 다음((a), (b)), 두 개의 스패너를 사용하여 위쪽 너트를 스패너로 고정하고, 로크 너트를 스패너로 풀리는 방향으로 15°~20° 정도 돌려 조인다.

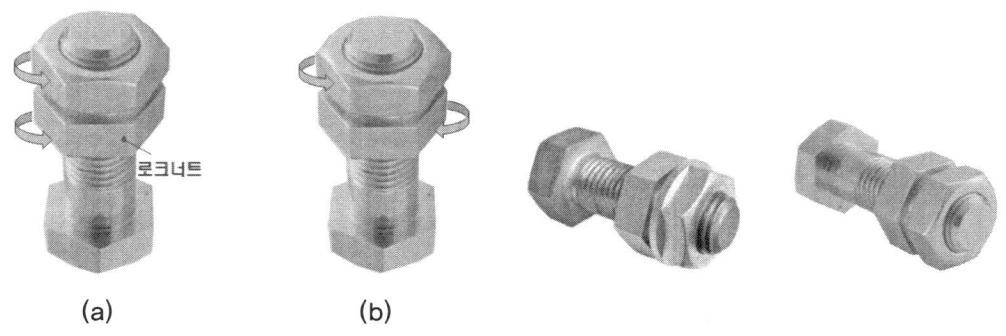

(a)        (b)

### 나) 자동 죔 너트에 의한 방법

너트의 끝을 안쪽으로 변형시키면 볼트에 너트를 결합시킬 때 나사부가 강하게 압착되며, 굽혀지는 성질을 이용하여 풀림을 방지하는 방법이다.

 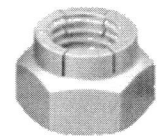

### 다) 분할 핀에 의한 방법

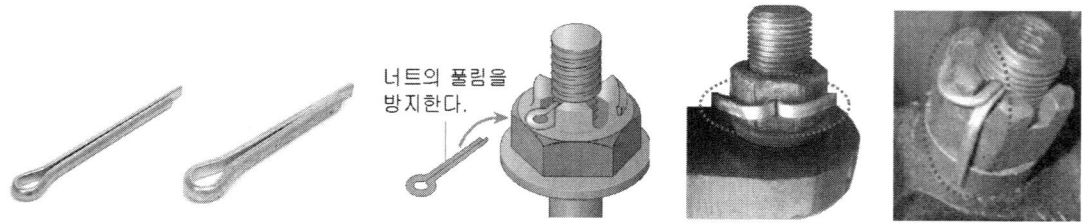

### 라) 와셔에 의한 방법

(1) 스프링 와셔

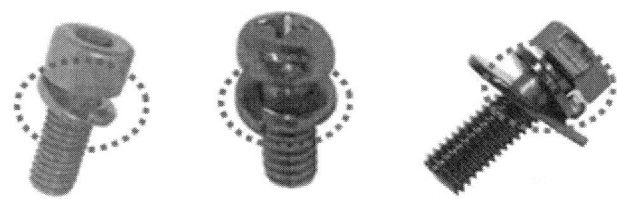

(2) 혀붙이 와셔

(3) 이붙이(톱니붙이) 와셔

(4) 풀림방지 와셔

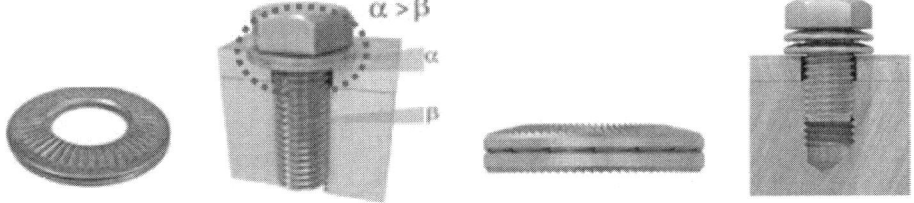

### 마) 멈춤 나사에 의한 방법

바) 플라스틱 플러그에 의한 방법

사) 철사를 이용하는 방법

## 5 키

키(key)는 축에 기어, 풀리, 플라이 휠, 커플링, 클러치 등의 회전체를 고정시켜 회전운동을 전달시키는 결합용과 보스를 축에 고정하지 않고 축 방향으로 이동할 수 있게 한 것이 있다.

### 가) 키의 종류

키의 종류에는 용도에 따라 성크 키, 미끄럼 키, 반달 키, 평 키, 안장 키, 접선 키, 둥근 키, 원뿔 키 등이 있다.

#### (1) 성크 키(sunk key)

가장 널리 사용하는 일반적인 키로서 묻힘 키라고도 하며, 축과 보스 양쪽에 모두 키 홈을 파고, 키를 끼워 넣어 토크를 전달시킨다.

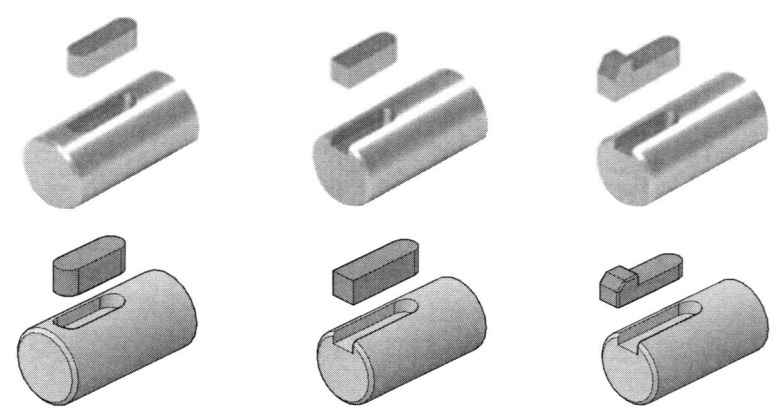

↑ 평행 키(양쪽 둥글기)   ↑ 평행 키(한쪽 둥글기)   ↑ 구배 키(머리달린 경사 키)]

## (2) 미끄럼 키(sliding key)

미끄럼 키는 페더 키(feather key) 또는 안내 키라고도 하며, 축 방향으로 보스를 미끄럼 운동시킬 필요가 있을 때 사용한다.

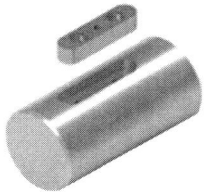 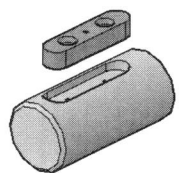

## (3) 반달 키(woodruff key)

축에 반달모양의 홈을 만들어 반달모양으로 가공된 키를 끼운다. 축에 키 홈을 깊게 파기 때문에 축의 강도가 약해지는 결점이 있으나, 키가 자동적으로 축과 보스에 조정되는 장점이 있다.

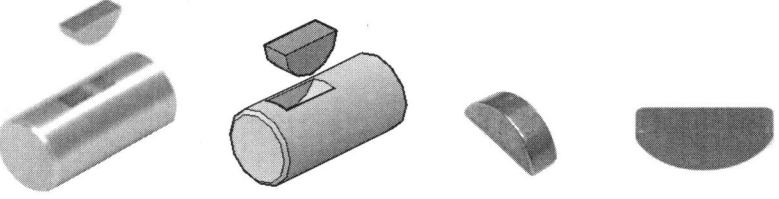

## (4) 평 키(flat key)

납작 키라고도 하며 키에는 기울기가 없다. 축에는 키 홈을 가공하지 않고, 보스에만 1/100의 테이퍼진 키 홈을 만들어서 때려 박는다. 축 방향으로 이동할 수 없고, 안장 키보다 약간 큰 토크 전달이 가능하다.

## (5) 안장 키

새들 키(saddle key)라고도 하며 키에는 기울기가 없다. 축을 평평하게 가공하고 보스에 기울기 1/100의 테이퍼진 키 홈을 만들어서 때려 박는다. 축의 강도저하가 없고, 축의 임의의 위치에 부착시켜 사용하는 이점이 있으나, 큰 토크를 전달할 때는 미끄러지기 쉬우므로 부적당하다.

### (6) 접선 키(tangential key)

축의 접선 방향으로 끼우는 키로서 1/100의 기울기를 가진 2개의 키를 한 쌍으로 하여 사용한다. 회전 방향이 양쪽 방향일 때는 중심각이 120°되는 위치에 두 쌍을 설치한다. 접선 키는 아주 큰 회전력을 전달하는 데 적합하다.

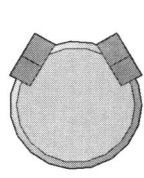 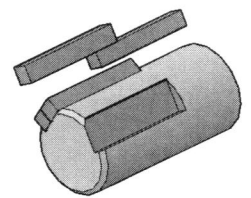

### (7) 둥근 키(round key)

축과 보스 사이에 구멍을 가공하여 원형 단면의 평행 핀 또는 테이퍼 핀으로 때려 박은 키로서 사용법은 간단하나 전달 토크가 작다.

 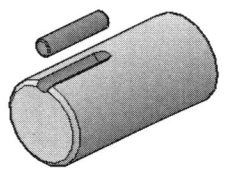

## 6 핀

핀(pin)은 2개 이상의 부품을 결합하는 데 주로 사용하며, 나사 및 너트의 이완 방지, 핸들을 축에 고정하거나 힘이 적게 걸리는 부품을 설치할 때, 분해 조립할 부품의 위치를 결정하는 데 많이 사용한다.

### 가) 평행 핀(parallel pin)

⇧ A형   ⇧ B형

나) 테이퍼 핀(taper pin)

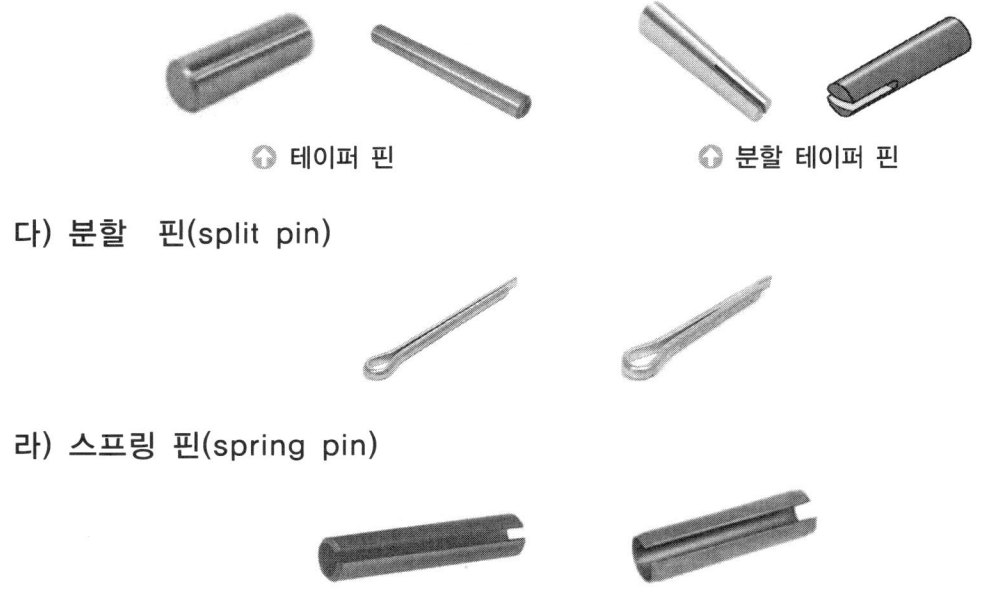

다) 분할 핀(split pin)

라) 스프링 핀(spring pin)

## 7 스플라인

　스플라인(spline)은 축에 여러 개의 같은 키 홈을 파서 여기에 맞는 한 짝의 보스 부분을 만들어 서로 잘 미끄러져 운동할 수 있게 한 것이다. 키보다 큰 토크를 전달할 수 있으며, 고정용과 축 방향으로 미끄러지는 활동용이 있다.

## 8 세레이션

　수많은 작은 삼각형의 스플라인을 세레이션(serration)이라 하고, 축과 보스 사이에 상대 각 위치를 되도록 세밀히 조절해서 고정할 때 사용한다. 이의 높이가 낮고 잇 수가 많으므로 측압 강도가 크게 되고, 같은 축 지름에서 스플라인 축보다 큰 회전력을 전달시킬 수 있다.

  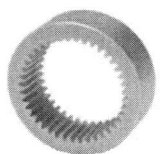

## II. 축계 기계요소

### 1. 축 이음의 분류

축의 길이는 구조, 가공의 제한으로 하나로 제작하지 못하는 경우가 있다. 이럴 때에는 여러 개의 짧은 축을 제작한 후 이음하여 사용하게 된다. 이와 같이 토크를 전달하기 위하여 축을 연결하는데 사용하는 요소를 축 이음(shaft coupling)이라 한다.

#### 가) 커플링의 종류

(1) 고정 커플링(fixed coupling)

고정 커플링은 두 축이 동일선 상에 있도록 한 이음으로 축과 커플링은 볼트나 키를 사용하여 결합하며, 원통 커플링과 플랜지 커플링이 있다.
① 원통 커플링 : 머프 커플링, 마찰 원통 커플링, 셀러 커플링, 클램프 커플링
② 플랜지 커플링 : 단조 플랜지 커플링, 조립식 플랜지 커플링, 세레이션 커플링

(2) 플렉시블 커플링(flexible coupling)

플렉시블 커플링은 두 축이 동일선 상에 있는 것을 원칙으로 하며, 온도 변화에 따라 신축되거나 탄성변형에 의해 동일선 상에 있지 않을 때도 원활한 전동을 할 수 있는 축 이음으로 기어형 커플링, 체인 커플링, 그리드형 커플링, 고무 커플링 등이 있다.

(3) 올덤 커플링(oldham's coupling)

올덤 커플링은 두 축이 평행하고 축의 중심선이 약간 어긋났을 때 각 속도의 변동 없이 토크를 전달하는 데 사용하는 축 이음이다.

### (4) 유니버설 커플링(universal coupling)

유니버설 조인트는 두 축의 중심선이 어느 각도로 교차되고, 그 사이의 각도가 운전 중 다소 변하여도 자유로이 운동을 전달할 수 있는 축 이음이다.

## 2 커플링

### 가) 고정 커플링

#### (1) 원통 커플링(cylindrical coupling)

원통 커플링은 가장 간단한 구조로 원통 속에 두 축을 끼워 넣고 일직선이 되도록 키, 볼트 등으로 결합시켜 키의 전단력이나 마찰력으로 전동하는 이음이다.

① 머프 커플링(muff coupling)
② 반겹치기 커플링(half lap coupling)
③ 마찰 원통 커플링(friction clip coupling)
④ 셀러 커플링(seller coupling)
⑤ 클램프 커플링(clamp coupling)

#### (2) 플랜지 커플링(flange coupling)

주철 또는 주강제의 플랜지를 축에 억지 끼워 맞춤을 하거나, 키로 결합시킨 후 두 플랜지를 볼트로 체결하는 것을 플랜지 커플링이라 한다.

### 나) 플렉시블 커플링(flexible coupling)

플렉시블 커플링은 두 축이 동일선 상에 있는 것을 원칙으로 하며, 온도 변화에 따라 신축되거나 탄성변형에 의해 동일선 상에 있지 않을 때도 원활한 전동을 할 수 있는 축 이음으로 기어형 커플링, 체인 커플링, 그리드형 커플링, 고무 커플링 등이 있다.

### (1) 기어 커플링(gear type shaft coupling)

연결하고자 하는 두 축의 끝에 한 쌍의 외접기어를 각각 키 박음하여 결합한다. 외치와 내치 사이의 틈새가 축의 편심을 어느 정도 흡수할 수 있으며, 고속 및 큰 토크에도 견딜 수 있다.

### (2) 체인 커플링(chain coupling)

연결하고자 하는 두 축의 끝에 스프로킷 휠을 키 박음하여 장착하고, 2줄 체인을 사용하여 두 축에 끼워져 있는 스프로킷 휠을 이은 것이다. 회전속도가 중간속도이고, 일정한 하중이 작용하는 기계에 장착한다.

### (3) 그리드 커플링(grid type flexible coupling)

결합하고자 하는 두 축의 끝 부분에 축 방향으로 홈(groove)이 파져 있는 한 쌍의 원통을 키 박음하여 각각 고정시킨다. 양 축의 홈이 일직선이 되도록 조정한 후 그리드(금속격자)를 홈 속에 집어넣어 연결시킨다.

### (4) 고무 축 이음(rubber shaft coupling)

고무 축 이음은 구조가 간단하고, 어느 한도 이내에서 축심의 어긋남을 허용할 수 있으며, 진동 및 충격을 잘 흡수한다.

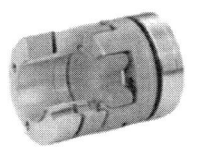

⬆ 고무 스프로킷 휠 커플링(죠우 커플링)

⬆ 비틀림 전단형 고무 축 이음(타이어형)

### 다) 유니버설 커플링(universal coupling)

유니버설 조인트 또는 훅 조인트라고도 하며, 두 축이 같은 평면 내에 있으면서 그 중심선이 어느 각도로서 교차하고 있을 때 사용하는 축 이음으로, 원동축과 종동축의 양 끝은 두 갈래로 나누어져 있고, 여기에 십자형의 저널(journal)을 조인트로써 회전할 수 있도록 연결한 것이다.

## 3 베어링의 개요

베어링은 축을 지지하고 축의 회전을 원활하게 하는 기계요소로서 미끄럼 베어링과 구름 베어링이 있다. 축과 베어링 사이에는 마찰에 의한 동력손실과 마찰열에 의한 베어링이 손상될 수도 있다. 적당한 윤활을 통해 마찰 감소 및 마찰열 발생을 줄여주고 베어링의 온도를 일정하게 유지시켜 소음과 진동이 없는 원활한 구동을 하게 된다.

## 가) 베어링의 종류

### (1) 축과 베어링의 접촉에 따른 베어링 분류

① 미끄럼 베어링(sliding bearing) : 저널과 베어링이 서로 미끄럼에 의해 접촉한다.

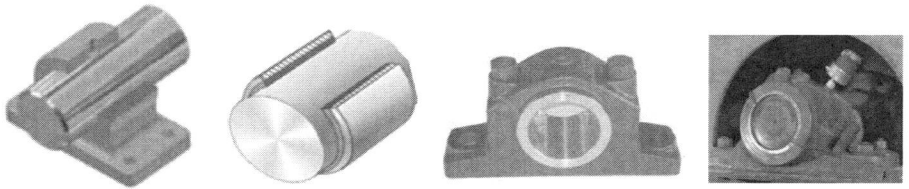

② 구름 베어링(rolling bearing) : 볼(ball), 롤러(roller)에 의해서 구름 접촉한다.

### (2) 작용하중의 방향에 따른 베어링 분류

① 레이디얼 베어링(radial bearing) : 레이디얼 하중, 즉 축선에 직각으로 작용하는 하중을 받쳐준다.

② 스러스트 베어링(thrust bearing) : 스러스트 하중, 즉 축선과 같은 방향으로 작용하는 하중을 받쳐준다.

③ 테이퍼 베어링(taper bearing) : 레이디얼 하중과 스러스트 하중이 동시에 작용하는 하중을 받쳐준다.

 **미끄럼 베어링**

### 가) 미끄럼 베어링의 구조

미끄럼 베어링의 구조는 베어링 메탈(bearing metal), 윤활부, 베어링 하우징(bearing housing)으로 되어 있으며, 베어링 메탈은 접촉면의 마찰을 감소시키고 저널의 마멸을 방지한다. 윤활부는 윤활제를 베어링의 접촉면에 공급하여 마찰을 감소시키고, 마찰열을 흡수하여 방산시키는 기능을 갖고 있다.

### 나) 미끄럼 베어링의 종류

#### (1) 레이디얼 미끄럼 베어링

① 단일체 베어링(solid bearing) : 구조가 간단하고, 경하중의 저속용에 쓰이며 베어링 하우징에 끼워 고정된 축을 지지하는 데 주로 사용한다. 베어링 하우징 상부에는 급유구가 붙어 있다.

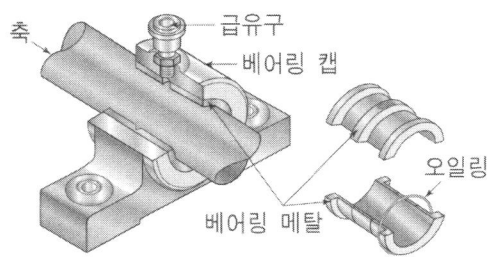

② 분할 베어링(split bearing) : 본체(body)와 캡(cap)으로 분할된 베어링으로, 중하중의 고속용에 쓰인다. 원활한 윤활을 위해 오일 홈(groove)을 만든다.

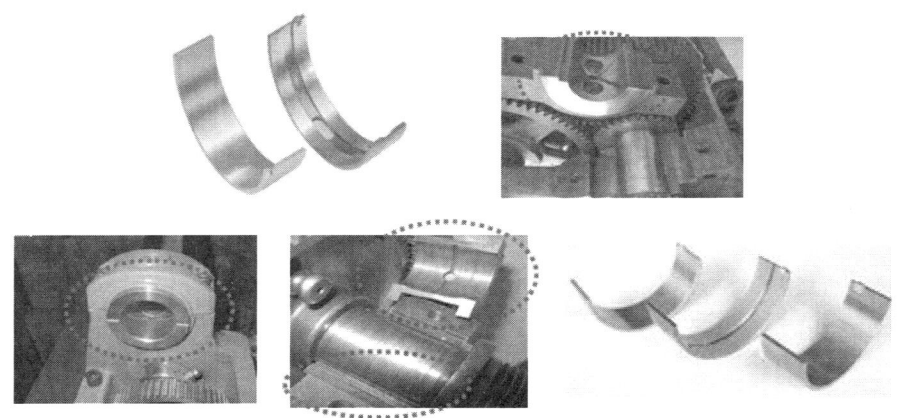

### (2) 스러스트 미끄럼 베어링

① **피벗 베어링(pivot bearing)** : 피벗 베어링은 절구 베어링이라고도 하며, 세워져 있는 축에 의하여 스러스트 하중을 받을 때 사용한다.

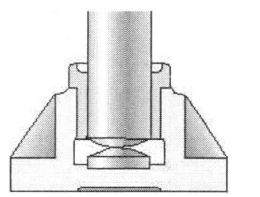 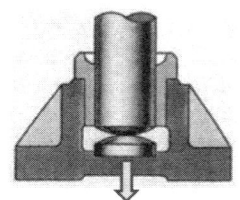

② **칼라 베어링(collar bearing)** : 칼라 베어링은 수평으로 된 축이 스러스트 하중을 받을 때 사용하는 베어링으로 여러 단의 칼라가 배열되어 있어 길이가 비교적 길다.

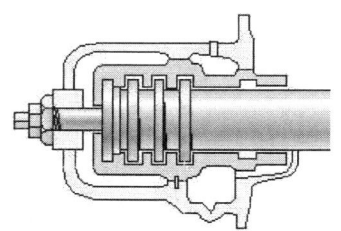

## 5 구름 베어링

구름 베어링은 마찰이 작아서 마찰 손실이 적고, 기동저항과 발열도 작아 고속회전을 할 수 있다. 그러나 충격에 약하고, 소음이 생기기 쉬운 결점이 있다.

### 가) 구름 베어링의 구조

구름 베어링은 그림과 같이 궤도륜(외륜, 내륜) 사이에 전동체(rolling element)가 들어 있다. 전동체는 리테이너(retainer)에 의하여 일정한 간격을 유지하고, 소음과 마멸을 방지하게 된다. 내륜은 축과 결합하고, 외륜은 하우징과 결합한다.

전동체의 형상에 따라 전동체가 볼(ball)인 볼 베어링과 롤러(roller)인 롤러 베어링으로 구분한다. 롤러 베어링은 롤러의 모양에 따라 원통 롤러, 테이퍼 롤러, 자동조심 롤러, 니들롤러로 구분한다. 볼 베어링은 전동체가 점접촉을 하므로 마찰저항이 적어 고속 및 고정밀 회전에 적합하고, 롤러 베어링은 전동체가 선 접촉을 하므로 중하중용으로 적합하다.

### 나) 구름 베어링의 종류

#### (1) 레이디얼 볼 베어링

① 깊은 홈 볼 베어링

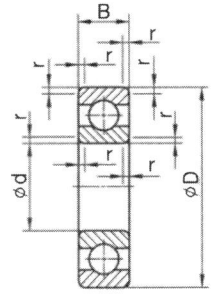 

② 마그네토 볼 베어링

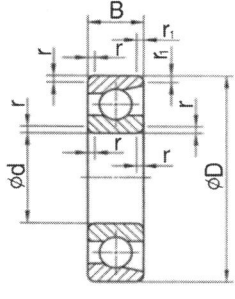 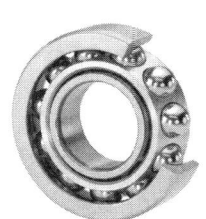

③ 앵귤러 볼 베어링

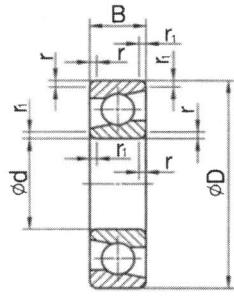 

④ 자동조심 볼 베어링

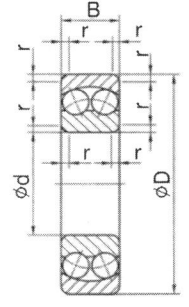 

## (2) 레이디얼 롤러 베어링

### ① 원통 롤러 베어링

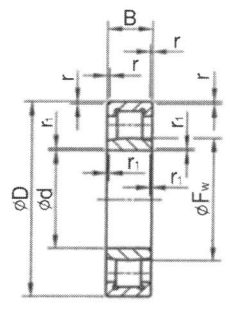

### ② 테이퍼 롤러 베어링

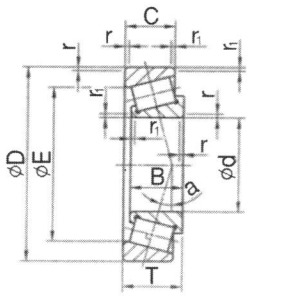

### ③ 자동조심 롤러 베어링

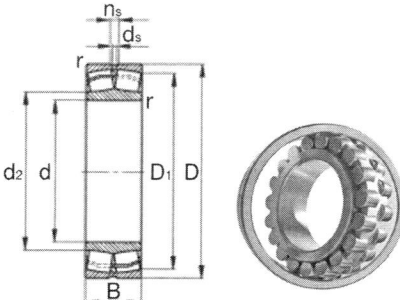

### ④ 니들 롤러 베어링

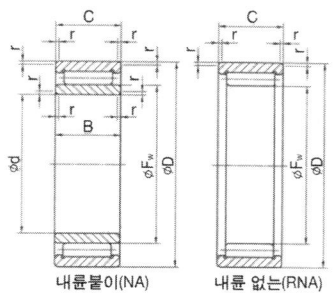

내륜붙이(NA)   내륜 없는(RNA)

## (3) 스러스트 볼 베어링

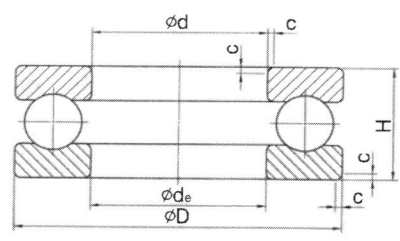

## (4) 스러스트 자동조심 롤러 베어링

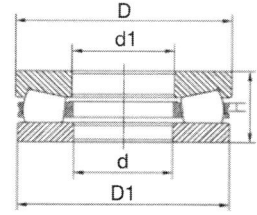

## 다) 구름 베어링 규격

### (1) 베어링 호칭번호의 구성

| 기본번호 | | | 보조기호 | | | | | |
|---|---|---|---|---|---|---|---|---|
| 베어링 계열 기호 | 안지름 번호 | 접촉각 기호 | 내부 기호 | 실·실드기호 | 궤도륜 모양 기호 | 조합 기호 | 내부 틈새 기호 | 정밀도 등급 기호 |

① 기본기호

- 형식기호(첫 번째 숫자) : 형식번호 1, 2, 3, 4인 경우 복렬 베어링
  형식번호 6, 7인 경우 단열 베어링
  형식번호 N인 경우 원통 롤러 베어링
- 지름번호(두 번째 숫자) : 지름번호 0, 1인 경우 특별 경하중
  지름번호 2인 경우 경하중
  지름번호 3인 경우 보통 하중
  지름번호 4인 경우 큰 하중
- 안지름번호(세, 네 번째 숫자) : 안지름번호 00인 경우 10mm
  안지름번호 01인 경우 12mm
  안지름번호 02인 경우 15mm
  안지름번호 03인 경우 17mm
  안지름번호 04부터는 번호 × 5
- 접촉각 기호(다섯 번째 기호)

# Ⅲ 간접전동 기계요소

## 1 벨트 전동

### 가) 평 벨트(flat belt)

#### (1) 벨트의 종류

평 벨트는 휨과 탄력성이 필요하므로 고무, 가죽, 직물, 링크, 레이스, 강철 등의 벨트가 사용되나 현재는 고무벨트가 가장 일반적으로 사용되고 있다.

#### (2) 평 벨트 거는 방법

평 벨트를 거는 방법에는 회전 방향이 같은 평행 걸기(open belting)와 회전 방향이 반대인 십자 걸기(cross belting)가 있다.

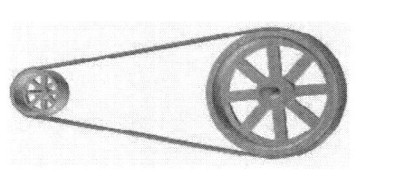 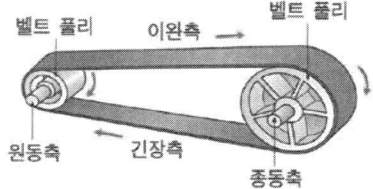

◑ 평행 걸기

 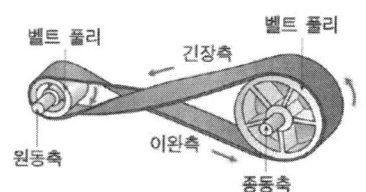

◑ 십자 걸기

### 나) V벨트 전동

V벨트 전동장치는 고무나 가죽으로 된 사다리꼴 단면을 갖는 V벨트를 풀리 홈에 끼워 마찰에 의해 운동을 전달한다.

▶ V벨트 전동의 장점

① 홈의 양면에 밀착되므로 마찰력이 평 벨트보다 크고, 미끄럼이 적어 비교적 작은 힘으로 큰 회전력을 전달할 수 있다.

② 이음매가 없어 운전이 정숙하고, 충격을 완화하는 작용을 한다.
③ 지름이 작은 풀리에도 사용할 수 있다.
④ 설치 면적이 좁으므로 사용이 편리하다.

### (1) V벨트

V벨트의 종류는 KS규격에서 단면의 형상에 따라 M형, A형, B형, C형, D형, E형 6종류로 규정하고 있으며, M형을 제외한 5종류가 동력 전달용으로 사용된다.

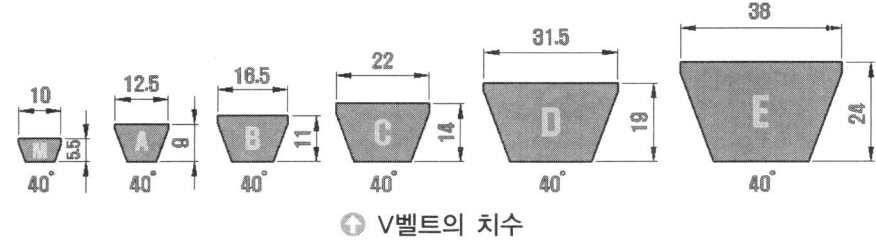

▲ V벨트의 치수

V벨트의 길이는 풀리의 피치원을 지나는 길이를 유효 둘레라고 할 때, 유효 둘레를 인치로 나타낸 숫자를 호칭 번호로 표시한다.

### (2) V벨트 풀리

V벨트 풀리는 림(rim)을 제외하고 나머지는 평 벨트 풀리와 같다.

홈의 형상은 V벨트와 같고, V벨트가 굽혀지면 안쪽은 압축을 받아 넓어지고, 바깥쪽은 인장을 받아 좁아진다. 구동 중 V벨트의 각도는 보다 작아지며, 이 각도는 풀리의 지름이 작아질수록 더 작아 쐐기현상으로 동력을 전달한다.

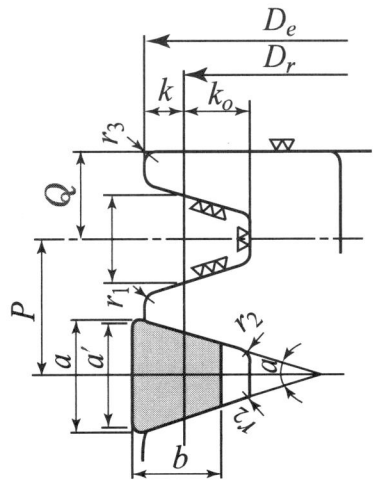

| 형 | 호칭 지름 | $\alpha(°)$ | $l_0$ | $k$ | $k_0$ | $e$ | $f$ | $r_1$ | $r_2$ | $r_3$ |
|---|---|---|---|---|---|---|---|---|---|---|
| M | 50 이상 71 이하<br>71 초과 90 이하<br>90 초과 | 34<br>36<br>38 | 8.0 | 2.7 | 6.3 | 13.0 | 9.5 | 0.2<br>~<br>0.5 | 0.5<br>~<br>1.0 | 1<br>~<br>2 |
| A | 71 이상 100 이하<br>100 초과 125 이하<br>125 초과 | 34<br>36<br>38 | 9.2 | 4.5 | 8.0 | 15.0 | 10.0 | 0.2<br>~<br>0.5 | 0.5<br>~<br>1.0 | 1<br>~<br>2 |
| B | 125 이상 160 이하<br>160 초과 200 이하<br>200 초과 | 34<br>36<br>38 | 12.5 | 5.5 | 9.5 | 19.0 | 12.5 | 0.2<br>~<br>0.5 | 0.5<br>~<br>1.0 | 1<br>~<br>2 |
| C | 200 이상 250 이하<br>250 초과 315 이하<br>315 초과 | 34<br>36<br>38 | 16.9 | 7.0 | 12.0 | 22.5 | 17.0 | 0.2<br>~<br>0.5 | 1.0<br>~<br>1.6 | 2<br>~<br>3 |
| D | 355 이상 450 이하<br>450 초과 | 36<br>38 | 24.6 | 9.5 | 15.5 | 37.0 | 24.0 | 0.2<br>~<br>0.5 | 1.6<br>~<br>2.0 | 3<br>~<br>5 |
| E | 500 이상 630 이하<br>630 초과 | 36<br>38 | 28.7 | 12.7 | 19.3 | 44.5 | 29.0 | 0.2<br>~<br>0.5 | 1.6<br>~<br>2.0 | 4<br>~<br>5 |

### 다) 치형 벨트(toothed belt)

치형 벨트는 기계의 자동화, 고속화, 경량화 등으로 성능이 급속히 향상되고 있으며, 이와 같은 요구에 부응하여 만들어진 벨트로 타이밍 벨트(timing belt)라고도 한다.

↑ 치형 벨트의 외관 및 구조

#### (1) 치형 벨트의 종류

치형 벨트는 피치의 크기에 따라 구분하며 XL, L, H, XH, XXH 등이 있다.

## 2 체인 전동

체인 전동은 두 개의 스프로킷 휠(sprocket wheel)에 감아서 휠을 회전시켜 동력을 전달하는 장치로 미끄럼이 없으며, 정확한 속도비로 전동시킬 수 있다.
두 축 사이 거리라 기어를 사용하기에는 너무 멀고, 벨트를 사용하기에는 가까울 때 사용한다. 고속 전동 시 소음과 진동이 발생되고 두 축이 평행한 경우에만 전동이 가능하다. 인장강도가 크므로 큰 동력을 전달하고, 유지 및 수리가 간단하며 수명이 길다.

↑ 체인 전동

### 가) 체인의 종류

#### (1) 롤러 체인(roller chain)

일반적으로 많이 사용되며 저속회전에서 고속회전까지 넓은 범위에서 사용되는 동력 전달용 체인이다.

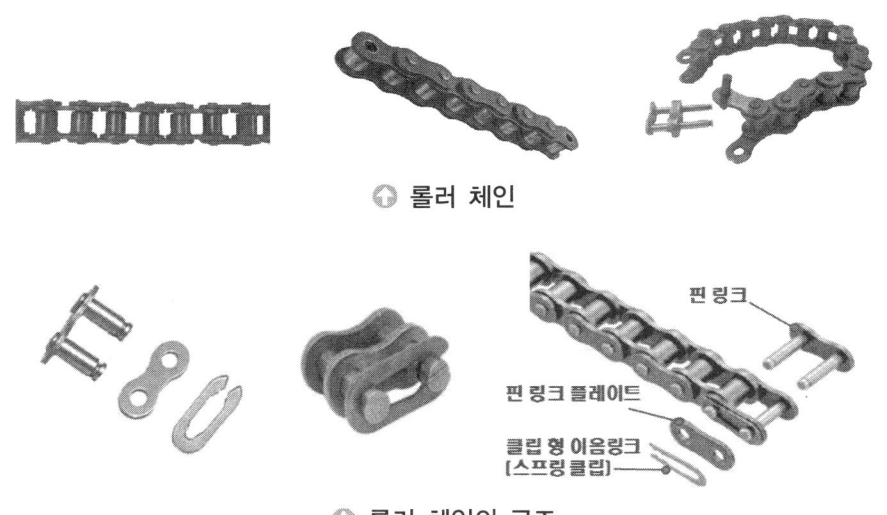

⬆ 롤러 체인

⬆ 롤러 체인의 구조

### (2) 사일런트 체인(silent chain)

링크가 스프로킷에 미끄러져 맞물림으로 롤러 체인보다 소음이 적고, 고속용에 적합하며, 가격이 비싸다.

  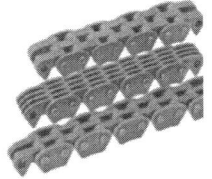

⬆ 사일런트 체인

# IV. 직접전동 기계요소

## 1 기어

기어전동 장치는 미끄럼이 없어 일정 속도비로 회전력을 연속적으로 전달할 수 있는 장점이 있다.

## 가) 기어의 종류

### (1) 두 축이 서로 평행한 경우
두 축이 서로 평행한 경우 사용하는 기어이다.

① 스퍼 기어(spur gear)

직선형의 치형을 가지며 잇줄이 축에 평행하다. 제작이 용이하므로 가장 많이 쓰인다.

② 내접 기어(internal gear)

원통의 안쪽에 이가 만들어져 있으며 스퍼기어와 맞물리며, 잇줄이 축에 대하여 평행하고, 맞물린 기어와 회전 방향이 같다.

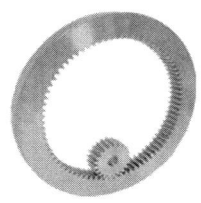

③ 랙(rack)

작은 스퍼기어(피니언 기어)와 맞물리고 잇줄이 축 방향과 일치한다. 회전운동을 직선운동으로 바꾸는 데 사용한다.

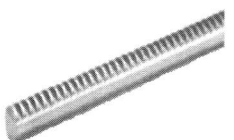

④ 헬리컬 기어(helical gear)

잇줄이 축 방향과 일치하지 않는 기어로 이의 물림이 좋아 정숙한 운전을 하나 축 방향 하중이 발생하는 단점이 있다.

### (2) 두 축이 교차한 경우
두 축이 서로 교차하여 운동을 전달하며 원추형으로 만든 기어이다.

① 직선 베벨 기어(straight bevel gear)
   잇줄이 피치원뿔의 모직선과 일치하는 기어이다.

② 스파이럴 베벨 기어(spiral bevel gear)
   잇줄이 곡선이고 모직선에 비틀려 있는 기어이다.

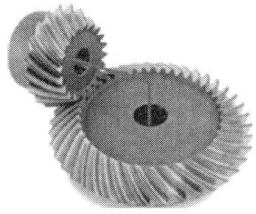

### (3) 두 축이 엇갈린 경우
두 축이 평행하지도 않고, 만나지도 않는 축 사이 동력을 전달하는 기어이다.

① 원통 웜 기어(cylindrical worm gear)
   두 축이 직각을 이루는 경우에 적합하다. 큰 감속비를 얻을 수 있으나 효율이 낮다.

② 하이포이드 기어(hypoid gear)

두 축이 서로 평행하지도 않고 교차하지도 않는 축 사이의 운동을 전달하는 기어이다.

# Ⅳ 보전용 기본공구

## 1 수동공구

### 가) 수동공구

기계장비 설치 및 조립, 유지보수, 수리작업을 하기 위해서는 여러 가지 도구가 필요하다. 사용방법에 따라 수공구 및 동력공구, 특수공구로 나누어 질 수 있다.

**(1) 렌치**

렌치는 '심하게 비틀다.'라는 의미의 동사와 명사가 있으며, 렌치(wrench)는 영국에서 주로 사용되는 용어이고 같은 의미로 미국에서는 스패너(spanner)를 주로 사용한다.

렌치(wrench)는 볼트나 너트를 조이고 풀기 위하여 사용되는 공구이며, 경강을 단조하여 만든다. 구폭(口幅)을 조절할 수 있는 것과 없는 것이 있으며, 치수와 형상이 규격화되어 있다.

① 단구렌치/스패너(single open-end wrench)

볼트, 너트 규격에 따라 한 쪽 끝단에만 개구부가 있는 렌치

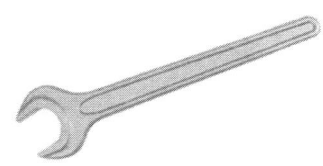

② 양구 렌치/스패너(double open-end wrench)
볼트, 너트 규격에 따라 서로 다른 크기의 개구부가 2개 있는 렌치

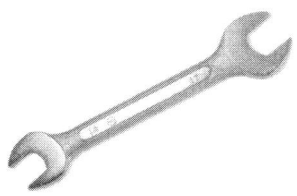

③ 조합 렌치/스패너(combination open & box-end wrench)
한쪽에는 포크 형 다른 쪽에는 다각형의 머리가 달린 렌치로 양끝의 크기가 같다.

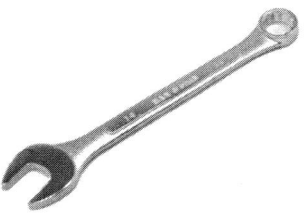

④ 조정 렌치/스패너(adjustable wrench/monkey wrench)
규격이 고정된 스패너와 달리 턱 간격이 조절 가능한 렌치, 활용도는 넓으나 입이 약한 편이므로 볼트 머리나 너트의 각이 파손되기 쉬워 사용에 주의

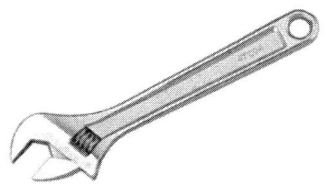

⑤ 옵셋 렌치/스패너(offset wrench)
양쪽에 8~12각형의 다각형으로 폐쇄되어 있는 박스렌치이고, 볼트나 너트에 체결되는 렌치 부분과 손잡이의 높이가 다른 렌치

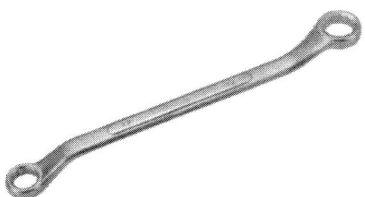

⑥ 후크 렌치/스패너(hook wrench)
　개구부가 갈고리 모양으로 베어링 너트, 로크 너트 등을 체결하는 렌치

⑦ 소켓 렌치 세트(socket wrench set)

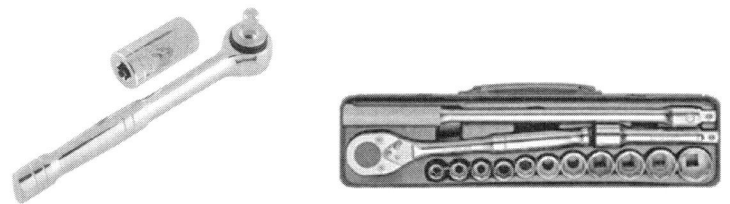

⑧ 타격 렌치(hammer wrench)
　큰 체결력을 필요로 하는 대형 볼트 등에 사용하는 렌치

⑨ 토크 렌치(torque wrench)
　볼트나 너트 체결 시 정해진 체결력을 가하기 위한 렌치

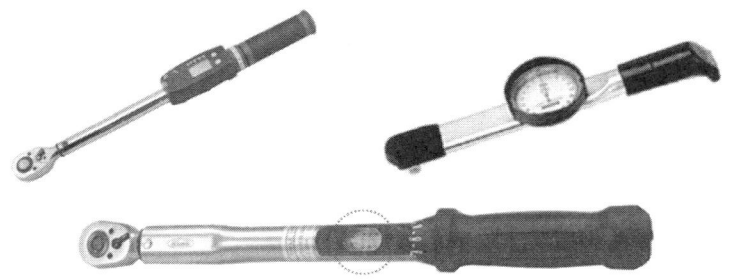

⑩ L 렌치(hex key wrench)

6각 구멍붙이 볼트를 풀거나 조일 때 사용하는 렌치

(2) 플라이어(Pliers)

레버의 원리를 이용해서 악력을 배가시키는 작업용 공구이다. 판재, 둥근 봉 외에 작은 것을 집는 데 사용하고, 선재를 절단할 수 있는 커팅플라이어도 포함한다.

① 슬립 조인트 플라이어(slip joint pliers)

조(jaw)에는 물건을 집었을 때 움직이지 않게 하기 위한 세레이션이 있는 플라이어로 구멍이 2단으로 되어 있어 두 턱의 너비를 조절할 수 있다.

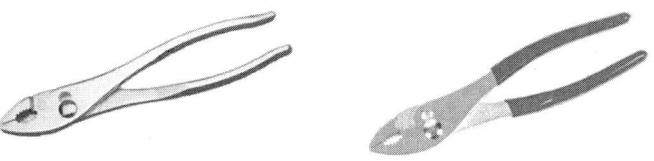

② 사이드 커팅 플라이어(side cutting pliers)

전선의 절단이나 피복 벗기기 또는 전선의 양끝을 비틀어 잇는 데 사용한다.

③ 커팅 플라이어(cutting pliers)

피복전선의 심선을 일부 드러내기 위해서 심선에 닿지 않도록 피복부를 잘라 내거나 환강·철사 등의 선재를 절단할 때 사용한다.

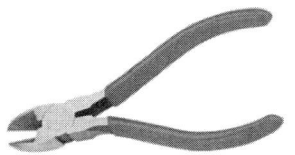

④ 롱노즈 플라이어(needle (long) nose pliers)

직선과 곡선형이 있으며 끝이 뾰족하고 긴 플라이어로 물체를 물게 되는 부분이 길어 좁은 장소에서 세공할 때 사용한다.

⑤ 리브 조인트 플라이어(rib joint pliers)

조(jaw)가 평행하게 열리는 구조로 되어 있어 물리는 면적을 크게 하여 세게 집을 수 있는 구조이며 조절식 채널을 이용해 간격을 다양하게 조절할 수 있다.

⑥ 바이스 그립 플라이어(vise grip pliers/clamp pliers)

고정 조(jaw)의 손잡이에 있는 볼트를 조절하여 바이스처럼 대상물을 고정할 수 있는 구조이다. 작은 물체의 가공 작업을 하는 경우 물체를 고정시킬 목적으로 사용되는데, 필요한 경우에는 클램프(clamp) 용도로 사용할 수 있다.

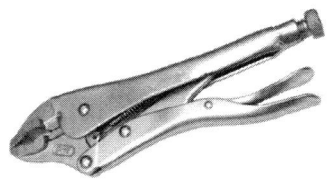

⑦ 스냅링 플라이어(snap ring pliers)

축 또는 하우징 등에 설치된 스냅 링을 확장 또는 축소시켜 빼거나 끼울 때 사용한다.

### (3) 풀러(puller)

베어링 풀러, 기어 풀러 등이 있으며, 기어, 베어링, 휠 등을 축 또는 케이스에서 빼내는 데 사용되는 공구로 2개 또는 3개의 조(jaw)와 나사(screw)로 되어 있다.

① 기어 풀러(jaw gear puller)

② 베어링 풀러(bearing puller)

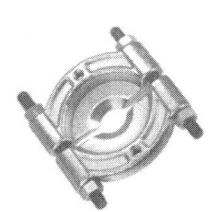

## Ⅳ. 보전용 측정기

### 1 직접 측정기

#### 가) 강철자

최소 측정범위는 0.5~1mm이며, 주로 철공용으로 사용된다.

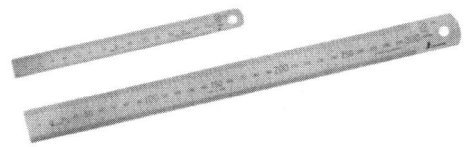

## 나) 버니어 캘리퍼스(vernier calipers)

길이, 안지름, 바깥지름, 깊이, 두께 등을 0.05 또는 0.02mm로 측정하며 피측정물을 직접 측정하므로 널리 사용된다.

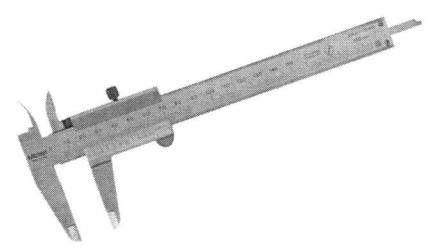

### (1) 눈금 읽는 법

어미자(본척)와 아들자(부척)의 '0'점의 본척 눈금 값을 읽은 후 본척과 부척의 눈금이 합치되는 점을 찾아 읽는다.

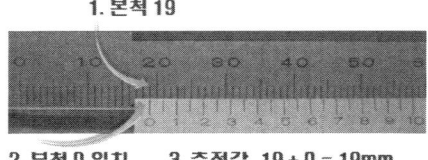

1. 본척 19
2. 부척 0 일치   3. 측정값 19 + 0 = 19mm

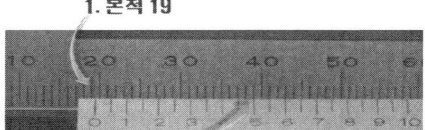

1. 본척 19
2. 부척 0.5 일치   3. 측정값 19 + 0.5 = 19.5mm

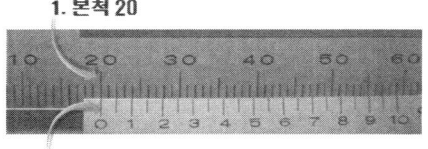

1. 본척 20
2. 부척 0 일치   3. 측정값 20 + 0 = 20mm

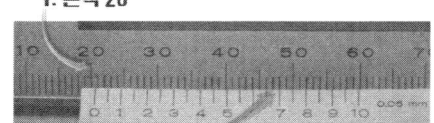

1. 본척 20
2. 부척 0.7 일치   3. 측정값 20 + 0.7 = 20.7mm

## 다) 마이크로미터(micrometer)

길이, 안지름, 바깥지름, 깊이, 두께 등을 0.01mm로 측정하며 용도는 버니어 캘리퍼스와 같다.

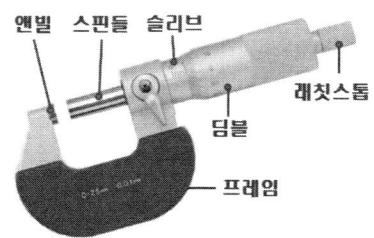

## (1) 마이크로미터의 구조

스핀들과 같은 축의 1줄 수나사와 암나사가 맞물려 스핀들이 1회전하면 0.5mm이동한다.

① 딤블은 슬리브 위에서 회전하며 50등분 되어 있다.
② 딤블과 스핀들은 동일 축에 고정되어 있으며 최소 0.01mm까지 측정할 수 있다.

## (2) 측정범위

① 외경 및 깊이 마이크로미터는 0~25, 25~50, 50~75mm로 25mm단위로 측정
② 내경 마이크로미터는 5~25, 25~50mm

## (3) 마이크로미터의 종류

① 표준 마이크로미터
② 버니어 마이크로미터
③ 다이얼 게이지 마이크로미터
④ 지시 마이크로미터
⑤ 기어 이두께 마이크로미터
⑦ 나사 마이크로미터
⑧ 포인트 마이크로미터
⑨ 내측 마이크로미터

## (4) 눈금 읽는 법

슬리브 기선 상에 치수를 읽은 후 딤블의 눈금 값을 합하여 읽는다.

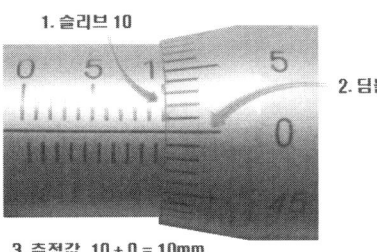

1. 슬리브 10
2. 딤블 0
3. 측정값 10 + 0 = 10mm

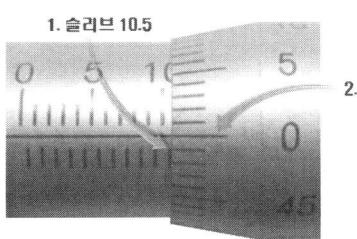

1. 슬리브 10.5
2. 딤블 0
3. 측정값 10.5 + 0 = 10.5mm

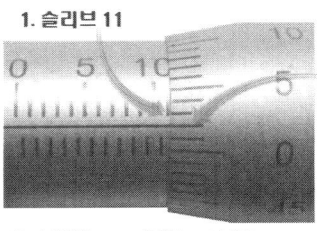

1. 슬리브 11
2. 딤블 0.02
3. 측정값 11 + 0.02 = 11.02mm

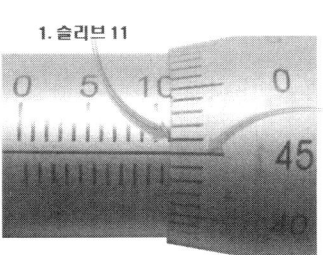

1. 슬리브 11
2. 딤블 0.45
3. 측정값 11 + 0.45 = 11.45mm

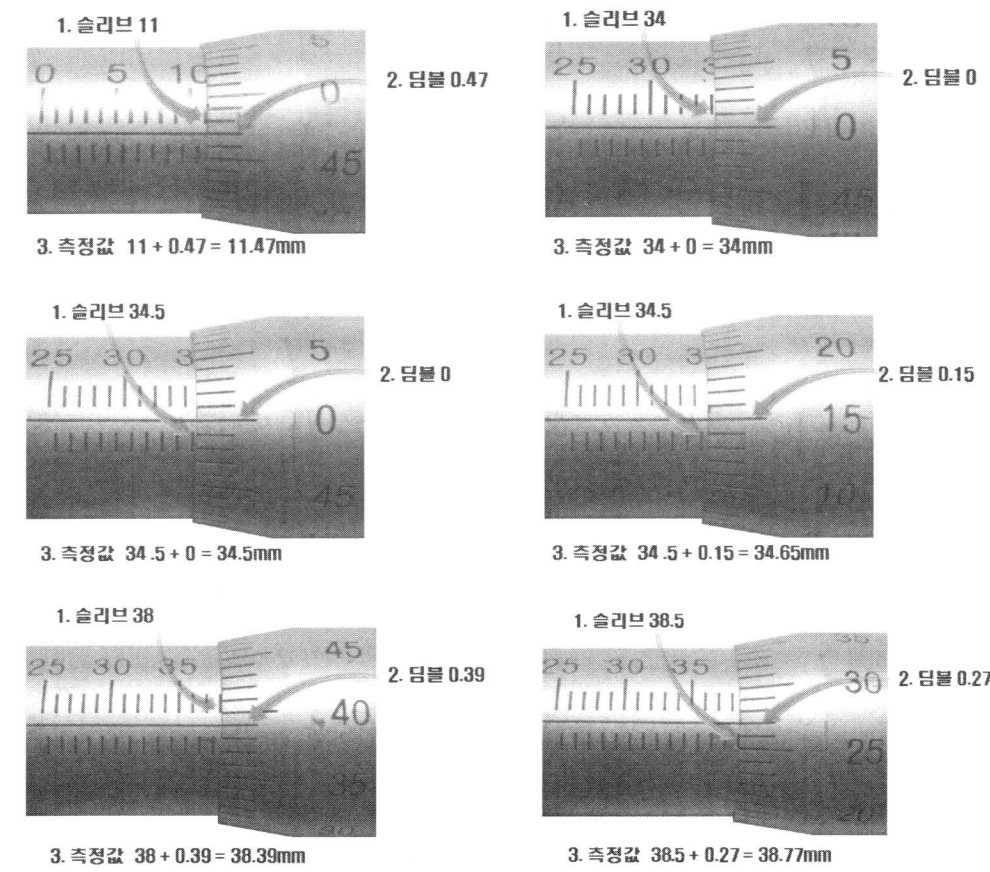

### 라) 하이트 게이지(hight gauge)

높이 게이지로 스케일과 베이스, 서피스 게이지를 조합한 구조이며, 공작물의 높이 측정과 스크라이버로 정밀한 금 긋기에 사용한다.

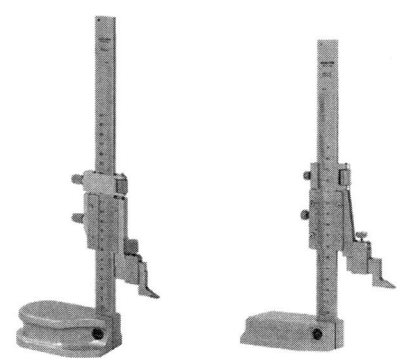

## 2 비교측정기

### 가) 다이얼 게이지(dial gauge)

접촉단의 변위를 기어장치에 의해 길이나 진원도 등을 측정하는 비교측정기이다.

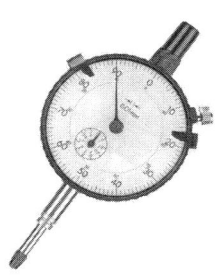

### 나) 기타 비교측정기

① 미니미터
② 옵티미터
③ 전기, 공기 마이크로미터
④ 측미 현미경
⑤ 패소미터

### 다) 단도기

측정기 면과 면 사이 거리로 측정

#### (1) 블록 게이지(block gauge)

길이 측정의 표준이 되는 게이지로 요한슨 블록이라 한다. 면과 면, 선과 선의 기준을 정하는 대표적인 게이지로 비교측정이나 치수 보정 시 사용한다.

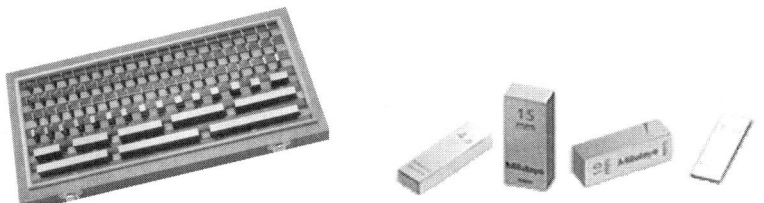

① 블록 게이지의 정밀도를 나타내는 등급은 K(참조용), 0(표준용), 1(검사용), 2(공작용)급의 4등급으로 규정한다.

### (2) 한계 게이지(limit gauge)

완성된 제품의 구멍 또는 축의 허용한계를 측정한다. 2개의 게이지를 짝지어 통과 측과 정지 측으로 만들어 제품이 이 두 한도 내에 들도록 제작됐는가를 측정

① 플러그 게이지

구멍의 지름을 주로 측정하는 한계 게이지이다.

• 구멍 플러그 게이지

• 나사 플러그 게이지

② 스냅 게이지

축의 지름이나 구의 지름 또는 정육면체의 두께를 측정하는 한계 게이지이다.

③ 링 게이지

지름이 작거나 두께가 얇은 공작물을 측정하는 한계 게이지이다.

• 구멍 링 게이지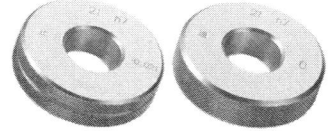

• 나사 링 게이지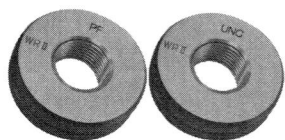

### 라) 기타 게이지

#### (1) 틈새 게이지(thickness gauge)

미세한 틈새 및 간격 측정에 사용

 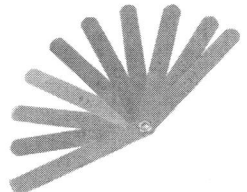 

## (2) 피치 게이지(pitch gauge)
나사 피치 측정에 사용

## (3) 반지름 게이지(radius gauge)
라운드 및 반지름 측정에 사용

## (4) 센터 게이지(center gauge)
선반에서 나사 가공 시 바이트 설치 각 검사에 사용

## (5) 드릴 게이지(drill gauge)
드릴 지름 측정에 사용

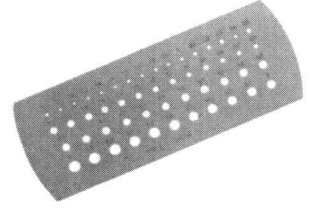

## (6) 와이어 게이지(wire gauge)
철사 지름 측정에 사용

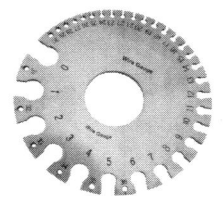

## (7) 테이퍼 게이지(taper gauge)
테이퍼 구멍 측정에 사용

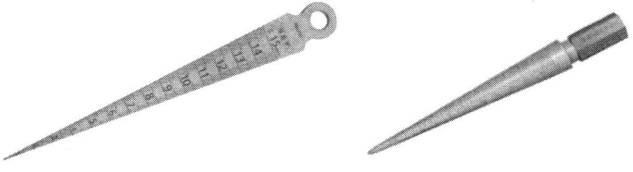

# 3 정비용 측정기

### 가) 베어링 체커
운전 중 베어링 윤활 상태를 점검하는 측정 기구로, 상태에 따라 '안전, 주의, 위험' 단계로 구분

### 나) 진동계
산업기계, 전동기, 공작기계, 터빈, 차량 등의 진동 측정 기구로 '진폭, 진동수, 진동 파형 등을 측정하는 계기

### 다) 지시 소음계

소리의 크기를 측정하는 계기로 도로, 주택, 공장 등 소음의 크기를 측정한다.

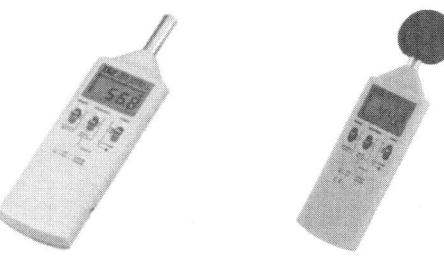

### 라) 표면 온도계

열전대를 이용하여 물체의 표면 온도 측정

### 마) 회전계

기계 회전축의 속도를 측정하는 기기로 접촉식, 비접촉식, 공용식이 있다.

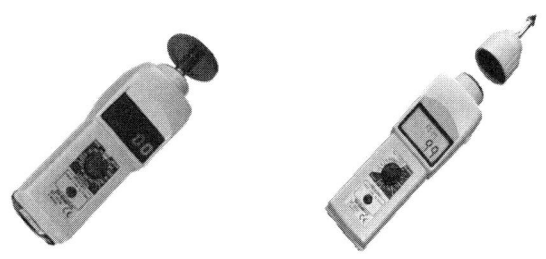

설비보전기능사 실기

# Ⅶ 동영상 예상문제

## 1 예상문제(1)

| 설비보전 기능사(1) | 시험시간 60분 | 수험번호 | 성별 | 형별 A |
|---|---|---|---|---|

**○1** 다음 동영상에서 보여주는 측정기의 명칭은?

**정답** 외측 마이크로미터

**○2** 다음 동영상에서 화살표가 지시하는 기계요소 A, B의 명칭은?

**정답** A : 피니언 기어, B : 랙 기어

**○3** 다음 동영상에서 사용하는 공기구의 명칭과 설정 값은?

**정답** 명칭 : 토크 렌치, 설정 값 : 100kgf·cm

## 4  다음 동영상에서 보여주는 게이지의 측정값은?

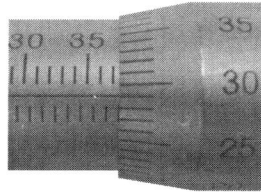

정답  37.79mm

## 5  다음 동영상에서 화살표가 지시하는 부품의 명칭은?

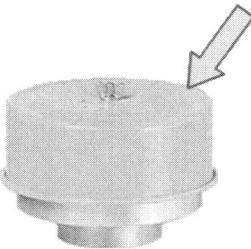

정답  에어 브리더

## 6  다음 동영상에서 보여주는 측정기의 명칭은?

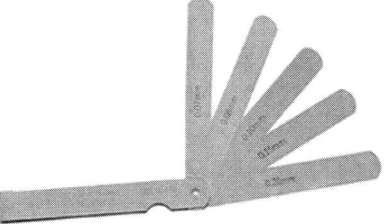

정답  틈새 게이지

**7** 다음 동영상과 같이 소음 측정 시 소음 변동이 적을 때 사용되는 검파기의 위치는?

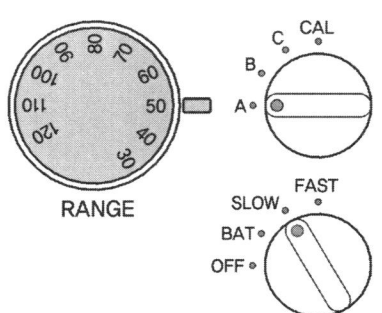

정답  SLOW

**8** 다음 동영상에서 화살표가 지시하는 기계요소의 명칭은?

정답  V벨트 풀리

**9** 다음 동영상과 같이 화살표 방향으로 진동을 측정할 때 측정 방향은?

정답  수평 방향

# 10 다음 동영상에서 측정한 게이지의 측정값은?

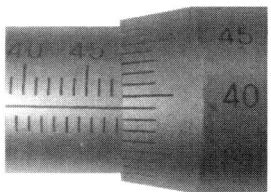

**정답** 47.89mm

## 2 예상문제(2)

| 설비보전 기능사(2) | 시험시간 60분 | 수험번호 | 성별 | 형별 A |
|---|---|---|---|---|

**1** 다음 동영상에서 보여주는 기계요소의 명칭은?

**정답** 기어 커플링

**2** 다음 동영상과 같이 회전체의 회전 속도를 측정하는 계측기 명칭은?

**정답** 스트로보스코프

**3** 다음 동영상에서 화살표가 지시하는 기계요소의 명칭은?

**정답** 분할 핀

**4** 다음 동영상에서 화살표가 지시하는 기계요소 단면 모양의 종류를 모두 쓰시오.

**정답** M, A, B, C, D, E형

**5** 다음 동영상에서 화살표가 지시하는 부품의 명칭은?

**정답** 클립형 이음 링크

**6** 다음 동영상에서 측정한 게이지의 측정값은?

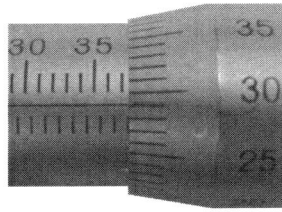

**정답** 37.79mm

**○7** 다음 동영상에서 잘못된 작업 방법을 올바른 작업 방법으로 쓰시오.

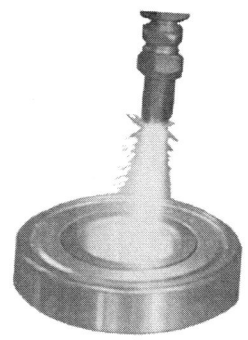

**정답**
- 잘못된 방법 : 과열에 의한 강도저하 및 변형 발생
  불균형 과열에 의한 재질 변화
  내부의 윤활제 열화
- 올바른 방법 : 고주파 베어링 유도 가열기 사용

**○8** 다음 동영상에서 보여주는 공기구의 명칭은?

**정답** 고주파 베어링 유도 가열기

## 09 다음 동영상에서 풀림방지 효과가 가장 큰 것은?

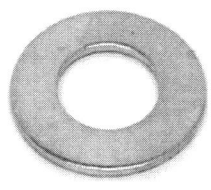  

**정답** 외치형 이붙이 와셔

## 10 다음 동영상과 같은 결함의 원인을 쓰시오.

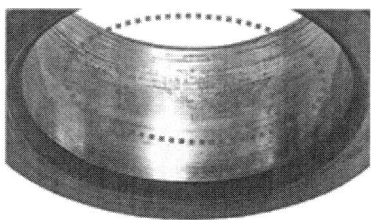

**정답** 헐거운 끼워 맞춤에 의한 틈새 과다

## 3 예상문제(3)

| 설비보전 기능사(3) | 시험시간 60분 | 수험번호 | 성별 | 형별 A |
|---|---|---|---|---|

### 1 다음 동영상에서 보여주는 작업은 무슨 작업인가? (설명 : 화살표 지시부 적색 광명단 칠)

**정답** 치합 검사(기어 이 맞물림 검사)

### 2 다음 동영상에서 베어링의 안지름은?

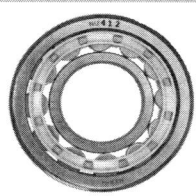

**정답** 60mm

### 3 다음 동영상에서 화살표가 지시하는 공기구의 명칭은?

**정답** 기어 풀러

## 4 다음 동영상에서 화살표가 지시하는 부품의 명칭은?

**정답** 묻힘 키

## 5 다음 동영상과 같은 작업을 할 때 발생할 수 있는 현상과 올바른 작업 방법은?

**정답**
- 잘못된 방법 : 과열에 의한 강도저하 및 변형 발생
  불균형 과열에 의한 재질 변화, 내부의 윤활제 열화
- 올바른 방법 : 고주파 베어링 유도 가열기 사용

## 6 다음 동영상에서 화살표가 지시하는 부품의 명칭은?

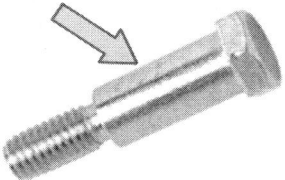

**정답** 리머 볼트

**7** 다음 동영상에서 화살표 방향으로 진동을 측정할 때 측정 방향은?

정답  축 방향

**8** 다음 동영상과 같이 베어링의 진동을 측정하기 위해 사용되는 센서는?

정답  가속도 센서

**9** 다음 동영상에서 화살표가 지시하는 A, B의 나사 감김 방향은?

정답  A : 왼나사, B : 오른나사

# 10 다음 동영상에서 게이지 측정값은?

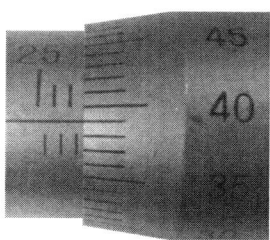

**정답** 27.89mm

# 4 예상문제(4)

| 설비보전 기능사(4) | 시험시간 60분 | 수험번호 | 성별 | 형별 A |
|---|---|---|---|---|

## 1. 다음 동영상에서 보여주는 부품의 명칭은?

**정답** 볼 스크루

## 2. 다음 동영상에서 화살표가 지시하는 기계요소의 명칭은?

**정답** 헬리컬 기어

## 3. 다음 동영상에서 보여주는 A, B의 명칭은?

**정답** A : 강철자, B : 버니어 캘리퍼스

## 4 다음 동영상의 작업 시 가열 한계온도는?

**정답** 120℃

## 5 다음 동영상에서 화살표가 지시하는 부품의 명칭은?

**정답** 치형 벨트

## 6 다음 동영상에서와 같은 진동측정 작업(A, B, C, D) 시 가장 부적합한 것은? (동영상에서 작업자의 행위 설명 : 모터부 임펠러 커버에 부착하여 측정)

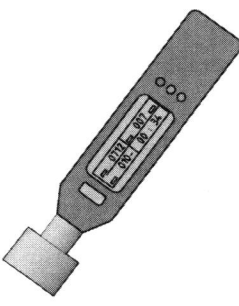

**정답** D 커버 방향

**7** 다음 동영상에서 보여주는 부품의 명칭은?

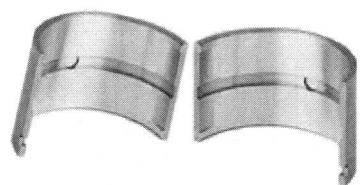

**정답** 분할형 미끄럼 베어링

**8** 다음 동영상에서 3개의 기어가 회전할 때 발생되는 기어 맞물림 주파수는 몇 개인가?

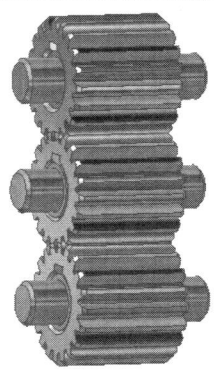

**정답** 2개

**9** 다음 동영상에서 화살표가 지시하는 부품의 명칭은?

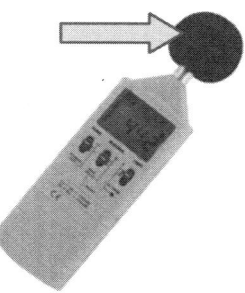

**정답** 방풍망

**10** 다음 동영상에서 보여주는 부품의 명칭은?

**정답** 6각 구멍붙이 볼트

## 5 예상문제(5)

| 설비보전 기능사(5) | 시험시간 60분 | 수험번호 | 성별 | 형별 A |
|---|---|---|---|---|

**1** 다음 동영상에서 화살표가 지시하는 부품의 명칭은?

**정답** 필로우 블록 유닛(UCP베어링 유닛)

**2** 다음 동영상에서 보여주는 A, B, C, D의 명칭은?

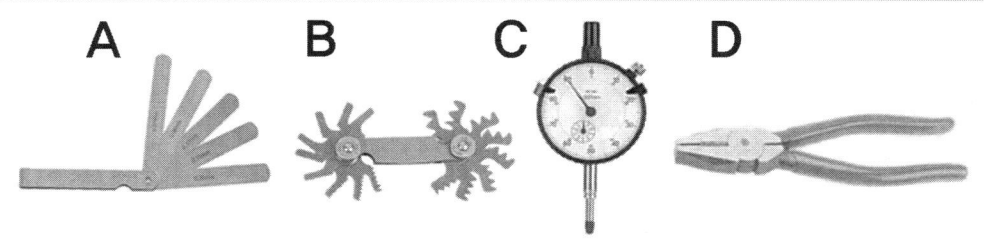

**정답** A : 틈새 게이지, B : 피치 게이지, C : 다이얼 게이지, D : 사이드 커팅 플라이어

**3** 다음 동영상에서 보여주는 공구의 명칭은?

**정답** 베어링 풀러

## 4. 다음 동영상에서 게이지 측정값은?

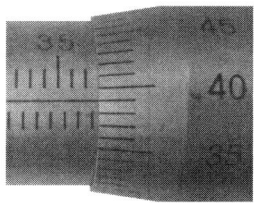

**정답** 37.89mm

## 5. 다음 동영상에서 화살표가 지시하는 명칭은?

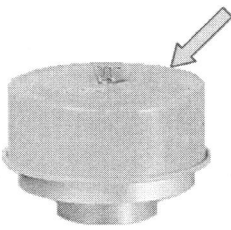

**정답** 에어 브리더

## 6. 다음 동영상의 소음측정 방법 중 소음 변동이 클 때의 방법은?

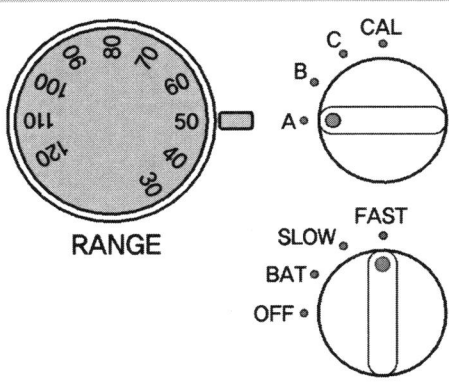

**정답** FAST

## 7 다음 동영상에서 화살표가 지시하는 부품의 명칭은?

**정답** 테이크 업 유닛(UCT베어링 유닛)

## 8 다음 동영상에서 소음 측정 시 레벨은?

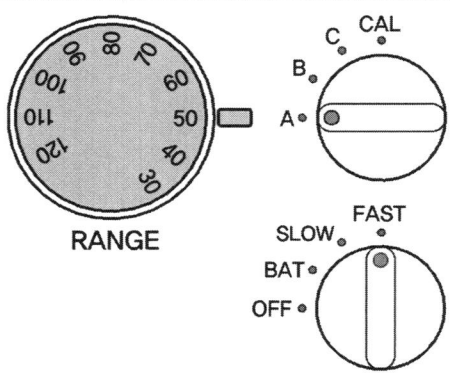

**정답** 50

## 9 다음 동영상에서 화살표가 지시하는 부품의 명칭은?

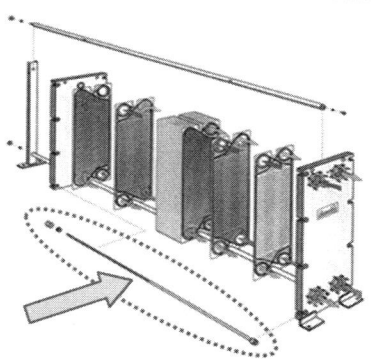

**정답** 조임 볼트(tightening bolt)

## 10 다음 동영상에서 보여주는 공기구의 명칭은?

**정답** 고주파 베어링 유도 가열기

## 6 예상문제(6)

| 설비보전 기능사(6) | 시험시간 60분 | 수험번호 | 성별 | 형별 A |
|---|---|---|---|---|

### 1 다음 동영상에서 보여주는 부품의 명칭은?

**정답** 측면 홈붙이 둥근 너트(베어링 로크 너트)

### 2 다음 동영상에서 보여주는 공구의 명칭은?

**정답** 후크 렌치(스패너)

### 3 다음 동영상에서 보여주는 게이지의 명칭과 측정값은?

**정답**
- 명칭 : 토크 렌치
- 측정값 : 400kgf·cm

## 4 다음 동영상에서 보여주는 A, B, C, D의 기계요소의 명칭은?

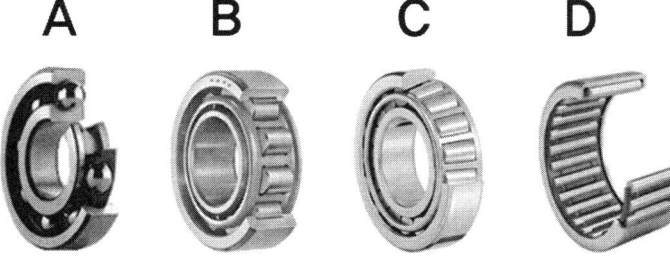

**정답** A : 볼 베어링, B : 원통 롤러 베어링, C : 테이퍼 롤러 베어링, D : 니들 베어링

## 5 다음 동영상에서 보여주는 게이지의 명칭은?

**정답** 링 게이지

## 6 다음 동영상에서 게이지 측정값은?

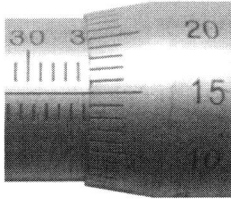

**정답** 34.65mm

## 7 다음 동영상에서 게이지 측정값은?

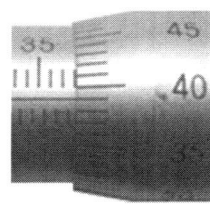

**정답** 38.39mm

## 8 다음 동영상에서 화살표가 지시하는 부품의 명칭은?

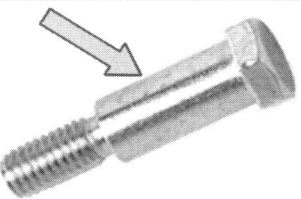

**정답** 리머 볼트

## 9 다음 동영상에서와 같은 진동측정 작업(A~D) 시 가장 부적합한 것은? (설명 : 모터부 임펠러 커버에 부착하여 측정)

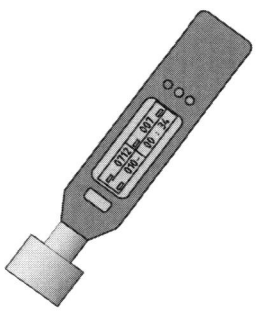

**정답** D 커버 방향

# 10 다음 동영상에서 A, B의 소음 측정값은?

**정답** A : 77dB(A), B : 58dB(A)

## 7 예상문제(7)

| 설비보전 기능사(7) | 시험시간 60분 | 수험번호 | 성별 | 형별 A |

**1** 다음 동영상에서 화살표가 지시하는 요소의 명칭은?

**정답** 사일런트 체인

**2** 다음 동영상에서 화살표가 지시하는 요소의 명칭은?

**정답** 크랭크 축

**3** 다음 동영상에서 화살표가 지시하는 기계요소의 명칭은?

**정답** 치형 벨트(타이밍 벨트)

## 4. 다음 동영상에서 너트의 풀림 방지에 가장 좋은 것은?

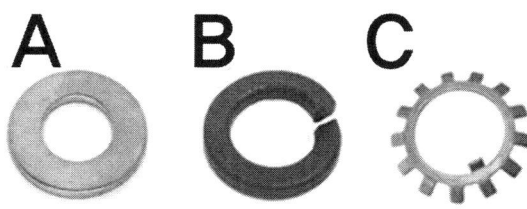

**정답** C : 외치형 로크 와셔

## 5. 다음 동영상에서 잘못된 작업방법을 올바른 작업 방법으로 쓰시오. (설명 : 작업자는 가스토치를 이용해 화염으로 베어링을 가열)

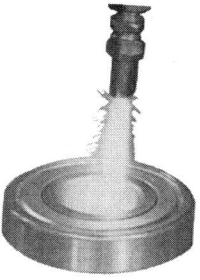

**정답**
- 잘못된 방법 : 과열에 의한 강도저하 및 변형 발생
  불균형 과열에 의한 재질 변화
  내부의 윤활제 열화
- 올바른 방법 : 고주파 베어링 유도 가열기 사용

## 6. 다음 동영상에서 화살표가 지시하는 기계요소 단면 모양의 종류를 모두 쓰시오.

**정답** M, A, B, C, D, E형

○**7** 다음 동영상에서 보여주는 게이지의 명칭은?

**정답** 토크 렌치

○**8** 다음 동영상에서 보여주는 측정기의 명칭은?

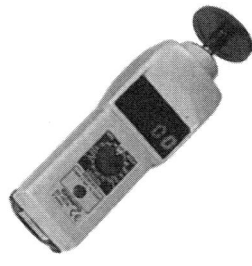

**정답** 회전계(타코메타)

○**9** 다음 동영상에서와 같은 진동측정 작업(A~D) 시 가장 부적합한 것은? (설명 : 모터부 임펠러 커버에 부착하여 측정)

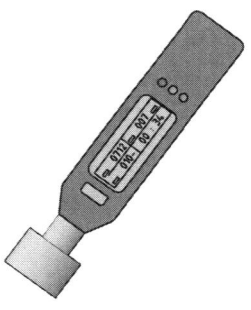

**정답** D 커버 방향

# 10 다음 동영상에서 소음레벨은?

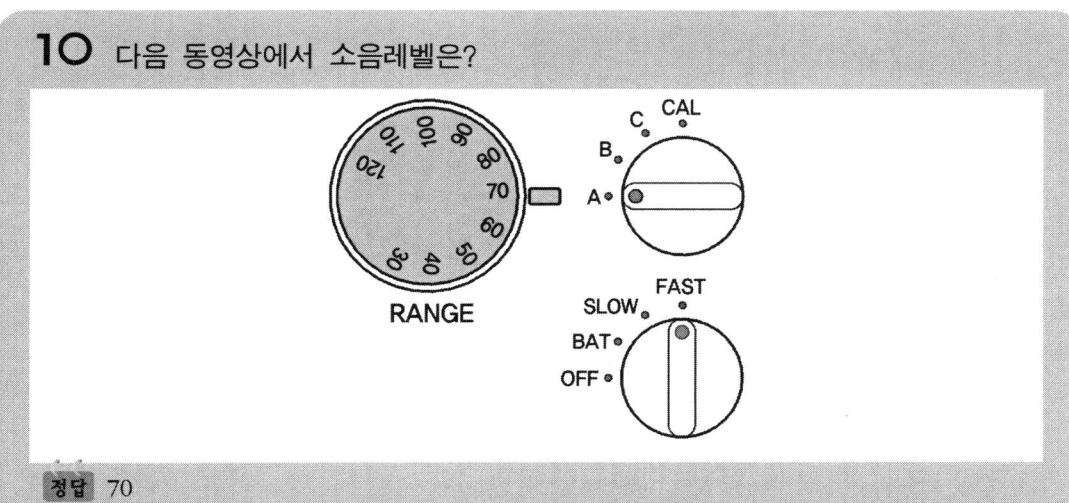

**정답** 70

## 8 예상문제(8)

| 설비보전 기능사(8) | 시험시간 60분 | 수험번호 | 성별 | 형별 A |
|---|---|---|---|---|

**1** 다음 동영상에서 보여주는 A, B의 인장강도는?

4T, 10.9

**정답** A : 40kgf/mm², B : 100kgf/mm²

**2** 다음 동영상에서 보여주는 센서의 명칭은?

저널베어링 유닛 내부에 연결된 센서

**정답** 온도감지센서

**3** 다음 동영상에서 화살표가 지시하는 부품의 명칭은?

**정답** 플랜지 커플링

## 4  다음 동영상에서 베어링 안지름은?

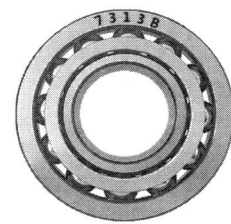

7313B

**정답** 65mm

## 5  다음 동영상에서 보여주는 작업은 무슨 작업인가?

**정답** 런 아웃 측정

## 6  다음 동영상에서 보여주는 작업은 무슨 작업인가?

**정답** 기어 백래쉬 검사

**7** 다음 동영상에서 화살표가 지시하는 기계요소의 명칭은?

정답 기어 풀러

**8** 다음 동영상에서 A~E의 공기구 명칭은?

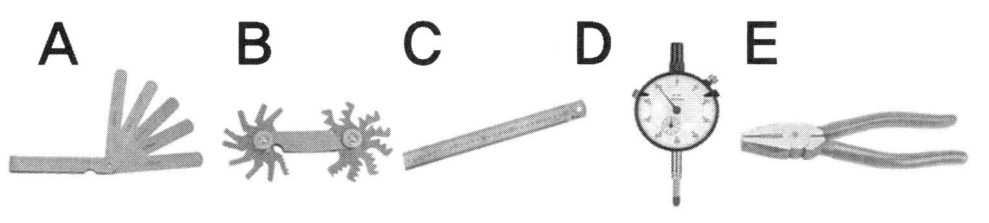

정답 A : 틈새 게이지, B : 피치 게이지, C : 강철자, D : 다이얼 게이지, E : 사이드 커팅 플라이어

**9** 다음 동영상에서 화살표가 지시하는 공구의 명칭은?

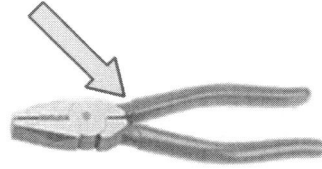

정답 사이드 커팅 플라이어(조합 플라이어)

**10** 다음 동영상에서 보여주는 기계요소의 명칭은?

**정답** 스퍼 기어

## 9 예상문제(9)

| 설비보전 기능사(9) | 시험시간 60분 | 수험번호 | 성별 | 형별 A |
|---|---|---|---|---|

### 1 다음 동영상에서 보여주는 기계요소의 명칭은?

**정답** 핀 볼트

### 2 다음 동영상에서 보여주는 기계요소의 명칭은?

**정답** 볼 스크루

### 3 다음 동영상에서 보여주는 공기구의 명칭은?

**정답** 고주파 베어링 유도 가열기

## 4 다음 동영상에서 화살표가 지시하는 V벨트의 길이는?

75-1905

**정답** 75inch, 1905mm

## 5 다음 동영상에서 보여주는 작업은 무엇을 하는 작업인가?

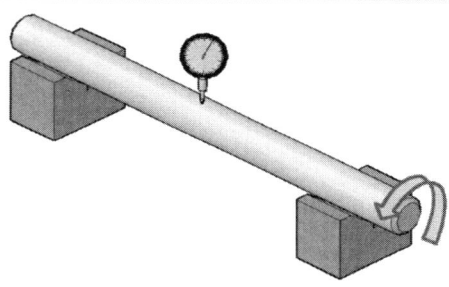

**정답** 진원도 측정

## 6 다음 동영상에서 보여주는 작업은 무엇을 하는 작업인가?

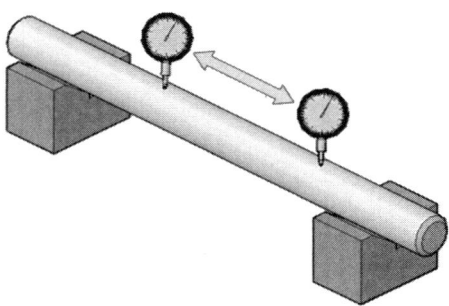

**정답** 축의 휨 측정

○ 7 다음 동영상에서 보여주는 작업은 무엇을 하는 작업인가?

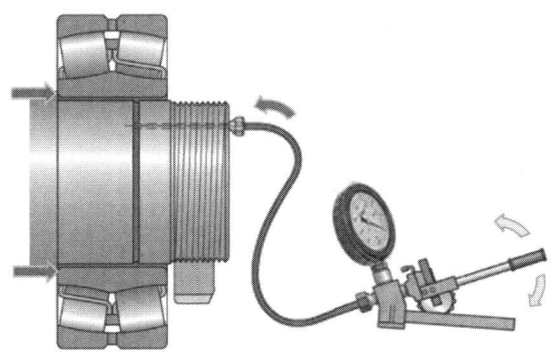

정답 오일 인젝션법에 의한 베어링 해체 작업

○ 8 다음 동영상에서 화살표가 지시하는 부품의 명칭은?

정답 외치형 로크 와셔

○ 9 다음 동영상에서 보여주는 작업은 무엇을 하는 작업인가?

정답 위상각 측정

**10** 다음 동영상에서 보여주는 소음 측정값은?

**정답** 67dB(A)

# 10 예상문제(10)

| 설비보전 기능사(10) | 시험시간 60분 | 수험번호 | 성별 | 형별 A |
|---|---|---|---|---|

## 1. 다음 동영상에서 보여주는 작업 시 유의사항 3가지를 쓰시오.

**정답**
- 가열온도는 120℃를 초과하지 않는다.
- 시계 등 전자제품, 금속제 휴대품을 착용하지 않는다.
- 절연장갑을 착용한다.

## 2. 다음 동영상에서 보여주는 부품의 명칭은?

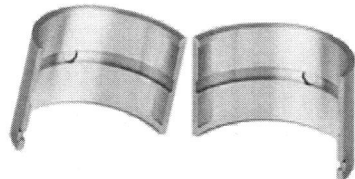

**정답** 분할형 미끄럼 베어링

**3** 다음 동영상에서 보여주는 기계요소의 명칭은?

정답 그리드 커플링

**4** 다음 동영상에서 보여주는 기계요소의 명칭은?

정답 측면 홈붙이 둥근 너트(베어링 로크 너트)

**5** 다음 동영상에서 화살표가 지시하는 기계요소의 명칭은?

정답 롤러 체인

## 6  다음 동영상에서 보여주는 기계요소의 명칭은?

**정답** 유니버설 커플링

## 7  다음 동영상에서 보여주는 작업 시 유의사항 3가지를 쓰시오.

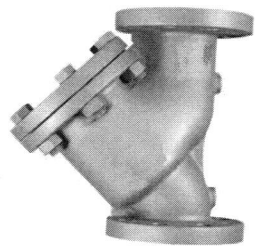

**정답**
- 체결 시 대각선 방향으로 조립
- 전용공구 사용
- 균등한 힘을 가하여 체결
- 접촉면 이물질 제거

## 8  다음 동영상에서 보여주는 A와 B의 소음 레벨을 쓰시오.

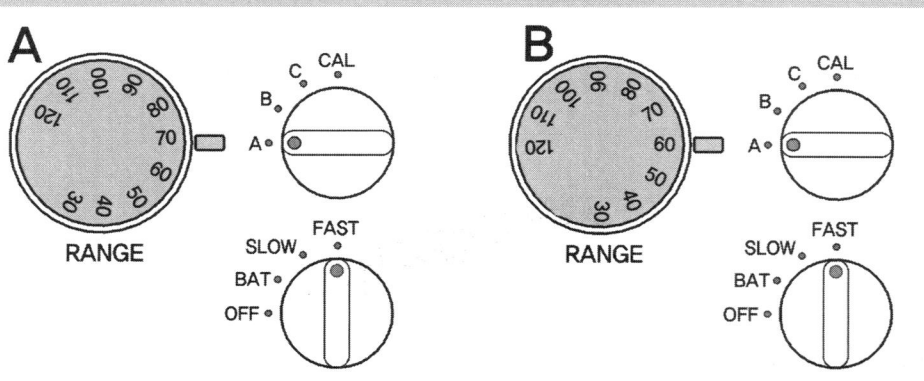

**정답** A : 70, B : 60

**09** 다음 동영상에서 보여주는 작업 시 소음계와 측정자와의 거리는?

정답 50cm

**10** 다음 동영상에서 화살표 방향으로 진동을 측정할 때 측정 방향은?

정답 수직 방향

## 11 예상문제(11)

| 설비보전 기능사(11) | 시험시간 60분 | 수험번호 | 성별 | 형별 A |
|---|---|---|---|---|

**1** 다음 동영상에서 화살표가 지시하는 규격의 의미는?

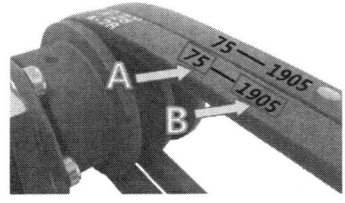

정답 A : 호칭번호(inch), B : 벨트 바깥둘레 길이(mm)

**2** 다음 동영상에서 화살표가 지시하는 부품의 명칭은?

정답 묻힘 키

**3** 다음 동영상에서 보여주는 기계요소의 명칭은?

정답 그리드 커플링

**4** 다음 동영상에서 보여주는 기계요소의 명칭은?

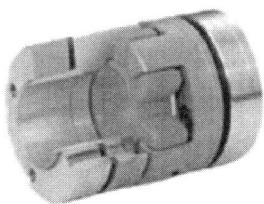

정답 죠우 커플링

**5** 다음 동영상에서 보여주는 부품의 명칭은?

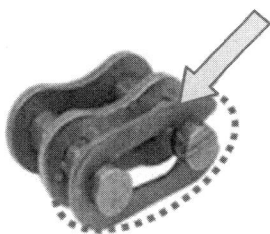

정답 클립형 이음 링크

**6** 다음 동영상에서 보여주는 게이지의 측정값은?

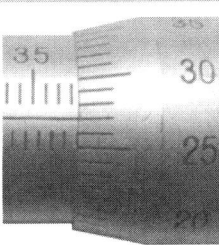

정답 38.77mm

## 7 다음 동영상에서 보여주는 게이지의 측정값은?

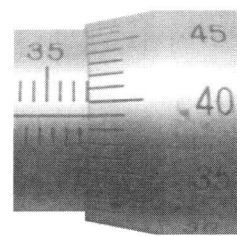

정답 38.39mm

## 8 다음 동영상에서 보여주는 A, B의 베어링의 안지름은?

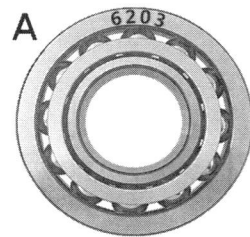

**6203**

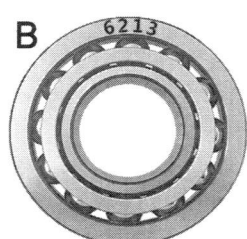

**6213**

정답 A : 17mm, B : 65mm

## 9 다음 동영상에서 A, B의 나사 감김 방향은?

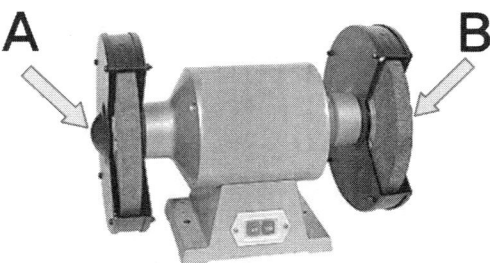

정답 A : 왼나사, B : 오른나사

**10** 다음 동영상에서 보여주는 작업은 무슨 작업인가? (설명 : 화살표 지시부 적색 광명단 칠)

**정답** 치합검사(기어 이 맞물림 검사)

## 12 예상문제(12)

| 설비보전 기능사(12) | 시험시간 60분 | 수험번호 | 성별 | 형별 A |
|---|---|---|---|---|

**1** 다음 동영상에서 보여주는 부품의 명칭은?

정답 6각 구멍붙이 볼트

**2** 다음 동영상에서 화살표가 지시하는 기계요소의 명칭은?

정답 크랭크 축

**3** 다음 동영상에서 보여주는 A, B, C 각 부품의 명칭은?

정답 A : 둥근 와셔, B : 스프링 와셔, C : 외치형 로크 와셔

○**4** 다음 동영상에서 보여주는 기계요소의 명칭과 화살표가 지시하는 부품의 명칭은?

**정답** 플렉시블 커플링, 리머 볼트

○**5** 다음 동영상에서 화살표가 지시하는 부품의 명칭은?

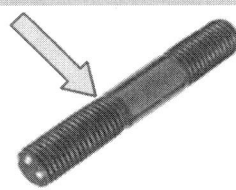

**정답** 스터드 볼트

○**6** 다음 동영상에서 보여주는 기계요소의 명칭은?

**정답** 볼 스크루

## 13 예상문제(13)

| 설비보전 기능사(13) | 시험시간 60분 | 수험번호 | 성별 | 형별 A |
|---|---|---|---|---|

**1** 다음 동영상에서 보여주는 부품의 명칭은?

**정답** 6각 구멍붙이 볼트

**2** 다음 동영상에서 보여주는 공구의 명칭은?

**정답** 후크 렌치(스패너)

**3** 다음 동영상에서 화살표가 지시하는 부품의 명칭은?

**정답** 측면 홈붙이 둥근 너트(베어링 로크 너트)

## 4 다음 동영상에서 보여주는 공구의 명칭은?

정답 토크 렌치

## 5 다음 동영상에서 화살표가 지시하는 부품의 명칭은?

정답 아이 너트

## 6 다음 동영상에서 화살표가 지시하는 부품의 명칭은?

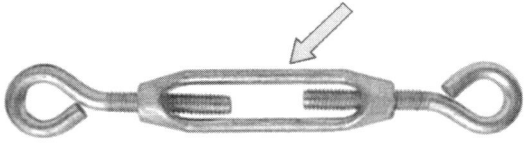

정답 턴 버클

## 7 다음 동영상에서 화살표가 지시하는 부품의 명칭은?

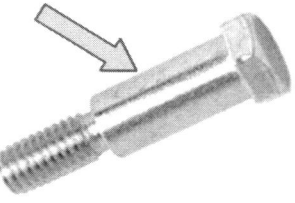

정답 리머 볼트

○**8** 다음 동영상에서 화살표가 지시하는 부품의 명칭은?

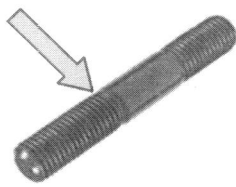

정답 스터드 볼트

○**9** 다음 동영상에서 화살표가 지시하는 기계요소의 명칭은?

정답 크랭크 축

**10** 다음 동영상에서 화살표가 지시하는 공기구의 명칭은?

정답 기어 풀러

# 14 예상문제(14)

| 설비보전 기능사(14) | 시험시간 60분 | 수험번호 | 성별 | 형별 A |
|---|---|---|---|---|

**1** 다음 동영상에서 화살표가 지시하는 기계요소 단면 모양의 종류를 모두 쓰시오.

**정답** M, A, B, C, D, E형

**2** 다음 동영상에서 화살표가 지시하는 기계요소의 명칭은?

**정답** V벨트 풀리

**3** 다음 동영상에서 게이지 측정값은?

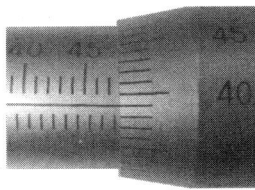

**정답** 47.89mm

**4** 다음 동영상에서 A, B의 나사 감김 방향과 그 이유는?

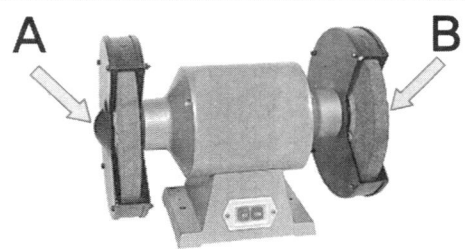

정답
- A : 왼나사, B : 오른나사
- 이유 : 회전 방향에 따른 풀림 방지

**5** 다음 동영상에서 화살표가 지시하는 부품의 명칭은?

정답 묻힘 키

**6** 다음 동영상에서 보여주는 기계요소의 명칭은?

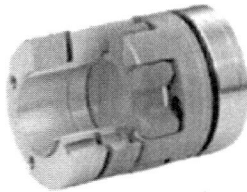

정답 죠우 커플링

## 7 다음 동영상에서 화살표가 지시하는 기계요소의 명칭은?

**정답** 필로우 블록 유닛(UCP베어링 유닛)

## 8 다음 동영상에서 화살표가 지시하는 기계요소의 명칭은?

**정답** 테이크 업 유닛(UCT베어링 유닛)

## 9 다음 동영상에서 보여주는 작업은 무슨 작업인가?

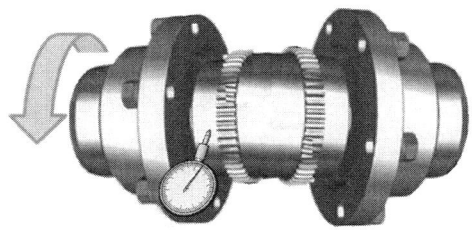

**정답** 런 아웃 측정

## 10 다음 동영상에서 화살표가 지시하는 부품의 명칭은?

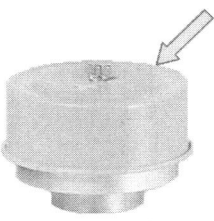

**정답** 에어 브리더

# 15 예상문제(15)

| 설비보전 기능사(15) | 시험시간 60분 | 수험번호 | 성별 | 형별 A |
|---|---|---|---|---|

**1** 다음 동영상에서 화살표가 지시하는 기계요소의 명칭은?

**정답** 플랜지 유닛(UCF베어링 유닛)

**2** 다음 동영상에서 화살표가 지시하는 부품의 명칭은?

**정답** 유면계

**3** 다음 동영상에서 보여주는 부품의 명칭은?

**정답** 분배밸브

**4** 다음 동영상에서 보여주는 A, B, C, D, E의 명칭은?

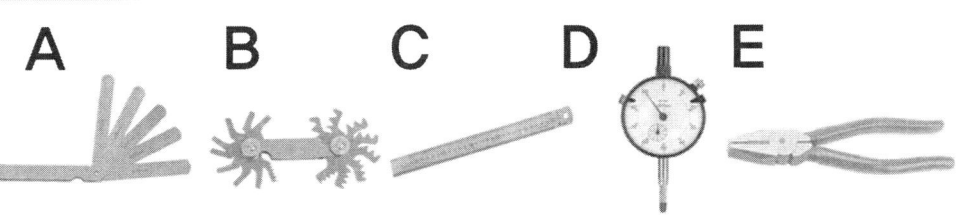

**정답** A : 틈새 게이지, B : 피치 게이지, C : 강철자, D : 다이얼 게이지, E : 사이드 커팅 플라이어

**5** 다음 동영상에서 화살표가 지시하는 기계요소의 명칭은?

**정답** 헬리컬 기어

**6** 다음 동영상에서 보여주는 작업은 무슨 작업인가?

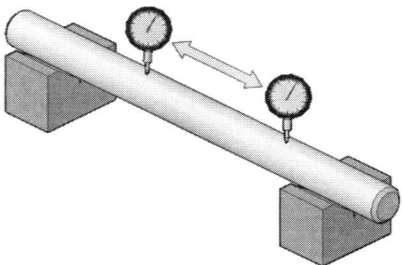

**정답** 축의 휨 측정

## 7. 다음 동영상에서 보여주는 작업은 무슨 작업인가?

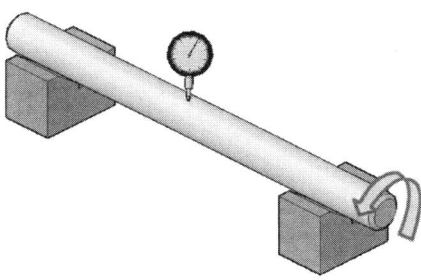

**정답** 진원도 측정

## 8. 다음 동영상에서 보여주는 기계요소의 명칭은?

**정답** 기어 커플링

## 9. 다음 동영상에서 화살표 방향으로 진동을 측정할 때 측정 방향은?

**정답** 수평 방향

**10** 다음 동영상에서 화살표 방향으로 진동을 측정할 때 측정 방향은?

**정답** 축 방향

## 16 예상문제(16)

| 설비보전 기능사(16) | 시험시간 60분 | 수험번호 | 성별 | 형별 A |
|---|---|---|---|---|

**1** 다음 동영상에서 화살표가 지시하는 기계요소의 명칭은?

**정답** 테이크 업 유닛(UCT베어링 유닛)

**2** 다음 동영상에서 보여주는 베어링의 안지름은?

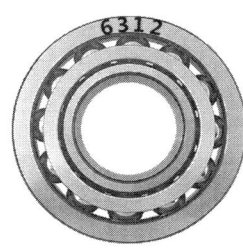

6312

**정답** 60mm

**3** 다음 동영상에서 보여주는 센서의 명칭은?

저널베어링 유닛 내부에 연결된 센서

**정답** 온도감지센서

### 4 다음 동영상에서 화살표가 지시하는 A, B의 명칭은?

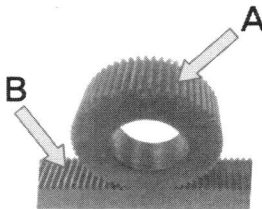

**정답** A : 피니언 기어, B : 랙 기어

### 5 다음 동영상에서 화살표가 지시하는 부품의 명칭은?

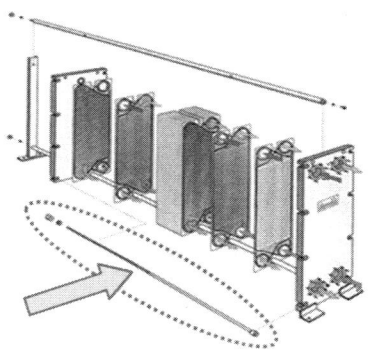

**정답** 조임 볼트(tightening bolt)

### 6 다음 동영상에서 보여주는 기계요소의 명칭은?

**정답** 리드 스크루

**7** 다음 동영상에서 보여주는 작업은 무슨 작업인가?

**정답** 치합 검사(기어 이 맞물림 검사)

**8** 다음 동영상에서 화살표가 지시하는 부품의 명칭은?

**정답** 클립형 이음 링크

**9** 다음 동영상에서 보여주는 작업은 무슨 작업인가?

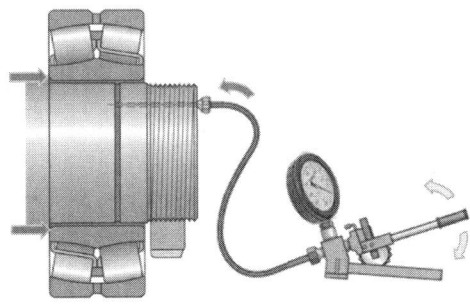

**정답** 오일 인젝션 법에 의한 베어링 해체 작업

**10** 다음 동영상에서 보여주는 A~D의 기계요소의 명칭은?

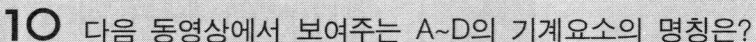

**정답** A : 볼 베어링, B : 원통 롤러 베어링, C : 테이퍼 롤러 베어링, D : 니들 베어링

# 17 예상문제(17)

| 설비보전 기능사(17) | 시험시간 60분 | 수험번호 | 성별 | 형별 A |
|---|---|---|---|---|

### 1 다음 동영상에서 화살표가 지시하는 기계요소의 명칭은?

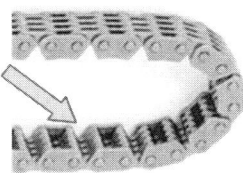

**정답** 사일런트 체인

### 2 다음 동영상에서 보여주는 작업 시 필요한 공구는? (설명 : 두 축의 중심을 바로 잡는 작업)

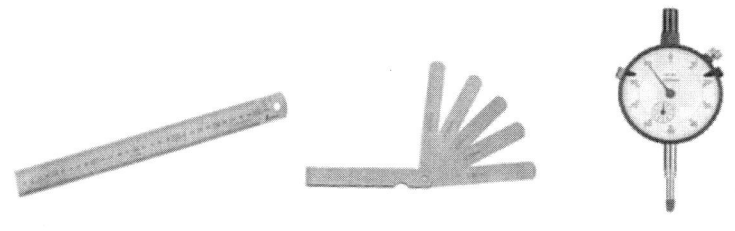

**정답** 강철자, 틈새 게이지, 다이얼 게이지

### 3 다음 동영상에서 화살표가 지시하는 공기구의 명칭은?

**정답** 기어 풀러

**4** 다음 동영상에서 보여주는 열화 현상과 이유는 무엇인가?

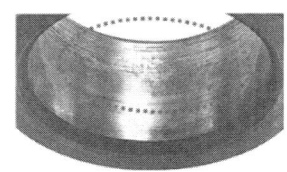

정답
- 크리프 현상
- 베어링과 축의 헐거운 끼워 맞춤에 의한 틈새 과다

**5** 다음 동영상에서 보여주는 작업은 무슨 작업인가?

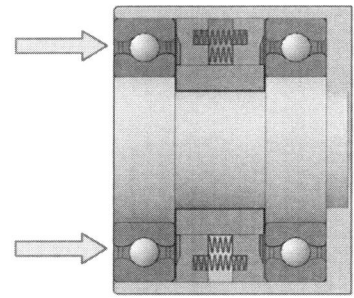

정답 예압 작업

**6** 다음 동영상에서 보여주는 작업 시 소음계와 측정자와의 거리는?

정답 50cm

**7** 다음 동영상과 같이 소음 측정 시 소음 변동이 클 때 사용되는 검파기의 위치는?

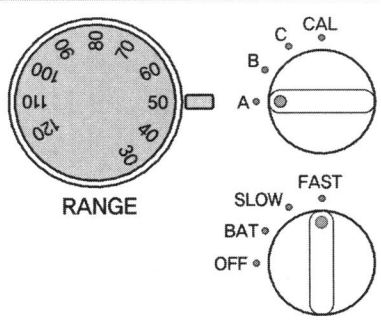

**정답** FAST

**8** 다음 동영상에서 소음 레벨과 측정값은?

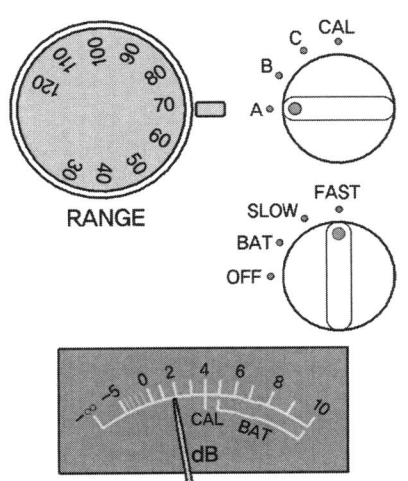

**정답** RANGE : 70, 측정값 : 72dB(A)

**9** 다음 동영상에서 보여주는 기계요소의 명칭은?

**정답** 체인 커플링

**10** 다음 동영상에서 화살표가 지시하는 A, B의 의미는?

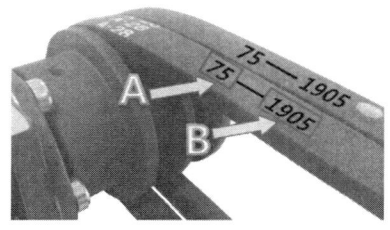

**정답** A : 호칭번호(inch), B : 벨트 바깥둘레 길이(mm)

## 18 예상문제(18)

| 설비보전 기능사(18) | 시험시간 60분 | 수험번호 | 성별 | 형별 A |
|---|---|---|---|---|

**1** 다음 동영상에서 잘못된 작업 방법을 올바른 작업 방법으로 쓰시오.
　　(설명 : 작업자는 가스토치를 이용해 화염으로 베어링을 가열)

**정답**
- 잘못된 방법 : 과열에 의한 강도저하 및 변형 발생
　　　　　　　불균형 과열에 의한 재질 변화
　　　　　　　내부의 윤활제 열화
- 올바른 방법 : 고주파 베어링 유도 가열기 사용

**2** 다음 동영상에서 사용되는 센서의 명칭과 특징을 3가지 쓰시오.

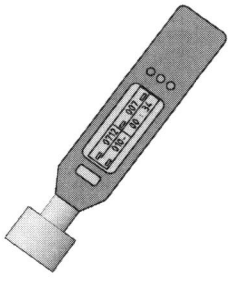

**정답**
- 명칭 : 마그네틱 가속도 센서
- 특징 : 이동 및 탈부착이 용이하다.
　　　　습기에 대한 영향을 받지 않는다.
　　　　측정 물에 손상을 주지 않는다.

**3** 다음 동영상에서 화살표가 지시하는 부품의 명칭은?

정답 그리스 컵

**4** 다음 동영상에서 화살표가 지시하는 부품의 명칭은?

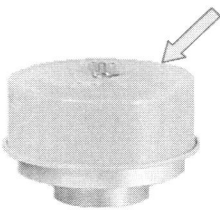

정답 에어 브리더

**5** 다음 동영상에서 보여주는 측정기의 명칭은?

정답 스트로보스코프

**6** 다음 동영상과 같은 작업을 할 때 주의사항을 3가지 쓰시오.

정답
- 베어링 가열온도는 102℃를 초과하지 않는다.
- 가열기 주위에 시계 등 전자 제품을 회피한다.
- 심장이 약한 사람은 가열기에서 멀리 위치한다.
- 접지를 한다.
- 절연장갑을 착용한다.

**7** 다음 동영상에서 화살표가 지시하는 부품의 명칭과 용도는?

정답
- 명칭 : 분할 핀
- 용도 : 부품의 결합 및 볼트, 너트 풀림 방지

**8** 다음 동영상에서 화살표가 지시하는 명칭은?

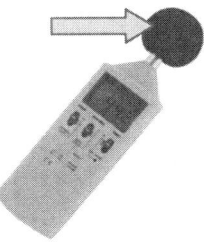

정답 방풍망

## 9 다음 동영상에서 A, B의 인장강도는?

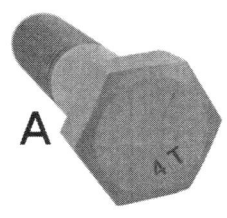 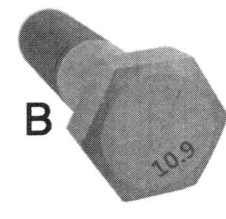

4T, 10.9

**정답** A : 40kgf/mm², B : 100kgf/mm²

## 10 다음 동영상에서 화살표가 지시하는 부품의 명칭은?

**정답** 아이볼트

# 19 예상문제(19)

| 설비보전 기능사(19) | 시험시간 60분 | 수험번호 | 성별 | 형별 A |
|---|---|---|---|---|

## 1. 다음 동영상에서 화살표가 지시하는 부품의 명칭과 역할을 쓰시오.

**정답**
- 명칭 : 스테이 볼트
- 역할 : 체결 부품의 일정한 간격 유지

## 2. 다음 동영상에서 화살표가 지시하는 부품의 명칭과 역할을 쓰시오.

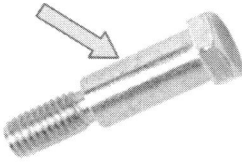

**정답**
- 명칭 : 리머 볼트
- 역할 : 전달하중을 받는 기계요소의 체결용

## 3. 다음 동영상에서 보여주는 베어링의 명칭과 안지름은?

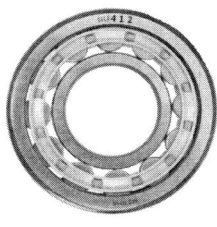

NU412

**정답**
- 명칭 : 원통롤러 베어링
- 안지름 : 60mm

**4** 다음 동영상에서 보여주는 작업은 무슨 작업인가?

**정답** 기어 백래쉬 검사

**5** 다음 동영상에서 게이지 측정값은?

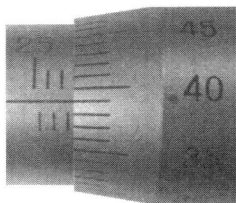

**정답** 27.89mm

**6** 다음 동영상에서 화살표가 지시하는 부품의 명칭은?

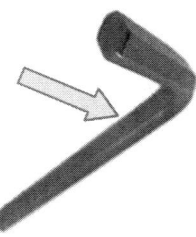

**정답** 육각 L렌치

**7** 다음 동영상에서 화살표 방향으로 진동을 측정할 때 측정 방향은?

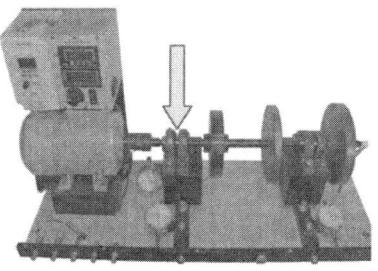

정답  수직 방향

**8** 다음 동영상에서 화살표가 지시하는 센서의 명칭은?

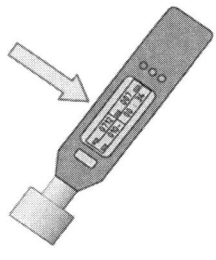

정답  마그네틱 가속도 센서

**9** 다음 동영상에서 보여주는 작업 시 사용되는 공구 명칭은? (설명 : 휘어진 축을 약간 약간씩 이동하며 수정)

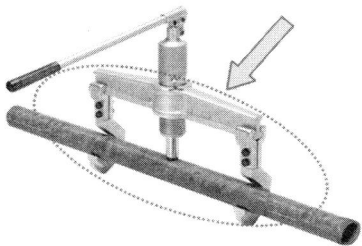

정답  짐 크로우

**10** 다음 동영상에서 보여주는 작업은 무슨 작업인가?

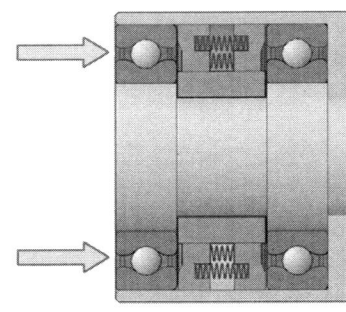

**정답** 예압 작업

## 20 예상문제(20)

| 설비보전 기능사(20) | 시험시간 60분 | 수험번호 | 성별 | 형별 A |
|---|---|---|---|---|

**○1** 다음 동영상에서 화살표가 지시하는 부품의 명칭과 역할을 쓰시오.

정답
- 명칭 : 아이볼트
- 역할 : 중량물 체결용

**○2** 다음 동영상에서 화살표가 지시하는 센서의 명칭은?

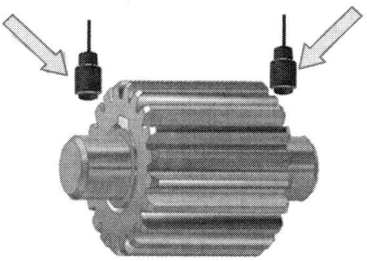

정답  변위 센서

**○3** 다음 동영상에서 보여주는 베어링의 안지름은?

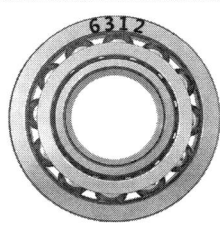

3612

정답  60mm

**4** 다음 동영상에서 보여주는 부품의 명칭은?

정답  스파이럴 베벨 기어

**5** 다음 동영상에서 게이지 측정값은?

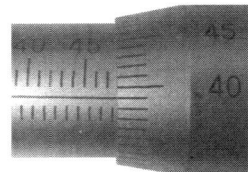

정답  47.89mm

**6** 다음 동영상에서 보여주는 부품의 명칭은?

정답  핀 볼트

**7** 다음 동영상에서 보여주는 부품의 명칭은?

정답  볼 스크루

**8** 다음 동영상에서 화살표가 지시하는 부품의 명칭은?

정답 롤러 체인

**9** 다음 동영상에서 보여주는 작업 시 사용되는 공구 명칭은?

정답 기어 풀러

**10** 다음 동영상에서 화살표가 지시하는 부품의 명칭은?

정답 헬리컬 기어

# 제 2 장

# 공유압 회로 구성

- I 공압기기
- II 유압기기
- III 제어기기 기호
- IV 전기회로 구성
- V 공압회로 구성 및 조립
- VI 공압실습 예제
- VII 유압실습 예제

# 제 2 장 공유압 회로 구성

## I 공압기기

###  공기압 발생 장치

#### 가) 공기압축기

압축 공기를 생산하여 에너지로 사용하려면 공기를 작업 압력으로 만들어 주는 장치가 필요하다.

공기압축기는 공기를 흡입하여 압축하는 과정에서 공기압 에너지를 만드는 장치이다.

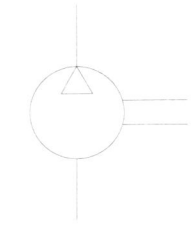

#### 나) 압축공기조절 유닛(air service unit)

압축공기조절 유닛의 구성은 다음과 같다.

① 압축공기 필터
② 압축공기 조절기(감압밸브)
③ 압축공기 윤활기(루브리게이터)

 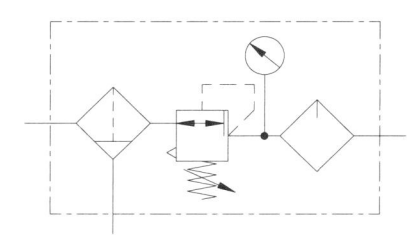

다) 압력조절 밸브

 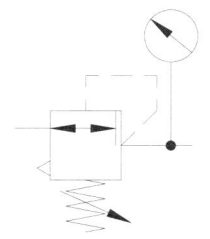

라) 공기분배기

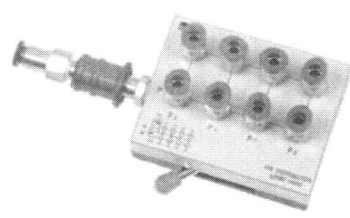 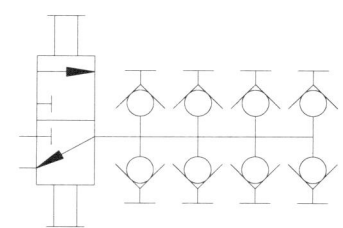

## 2  공압밸브

### 가) 압력조절 밸브

고압의 압축 공기를 낮은 일정의 적정한 압력으로 감압하여 안정된 압축 공기를 공기압 기기에 공급하는 기능을 한다.

 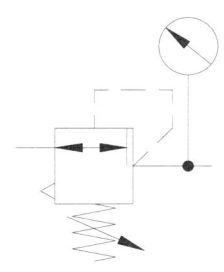

### 나) 교축밸브

공기압 회로의 유량을 일정하게 유지할 때 사용한다.

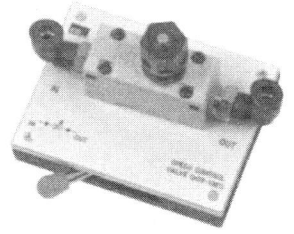 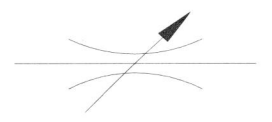

### 다) 속도제어 밸브

유량을 조절하는 동시에 흐름의 방향에 따라서 교축 작용을 한다.

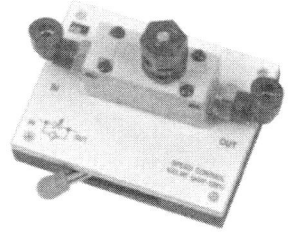 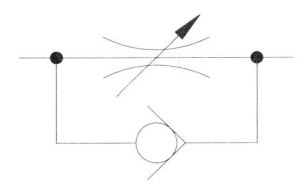

## 3. 전기공압 밸브

### 가) 5/2-Way 단동 솔레노이드 밸브

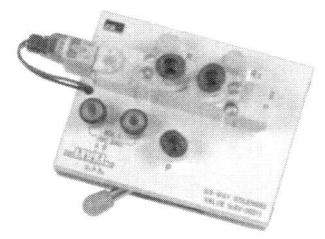 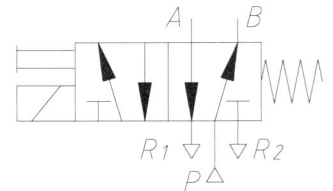

### 나) 5/2-Way 복동 솔레노이드 밸브

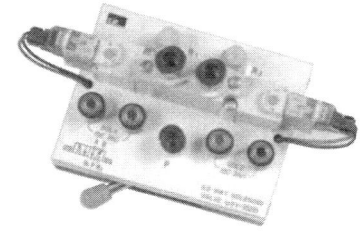 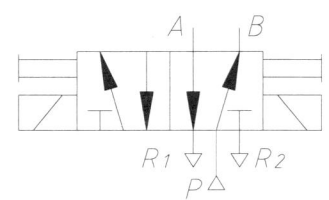

## 4. 공압실린더

### 가) 에어쿠션 내장형 공압복동 실린더

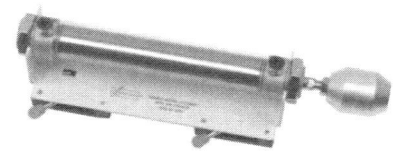 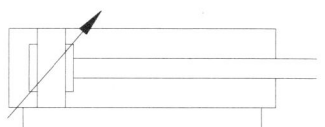

### 나) 스피드 컨트롤러 부착형 공압복동 실린더

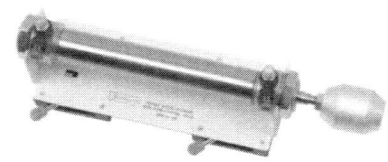 

## 5 기타

가) 전원공급기

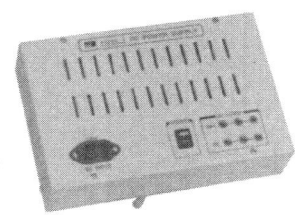

나) 3쌍 릴레이 유닛

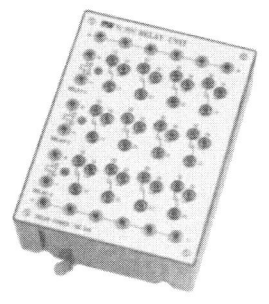

다) 신호입력 스위치 유닛 A

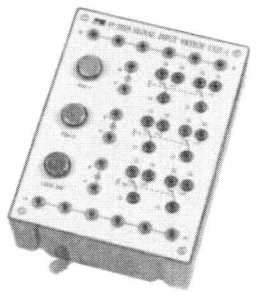

라) 신호입력 스위치 유닛 B

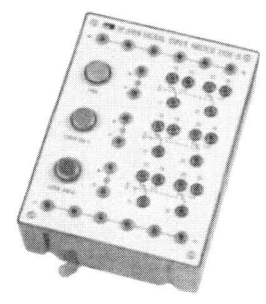

마) 전기 Limit 스위치(좌)

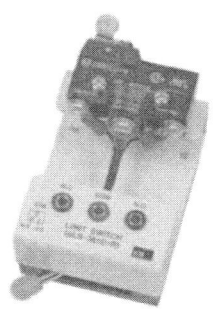

바) 전기 Limit 스위치(우)

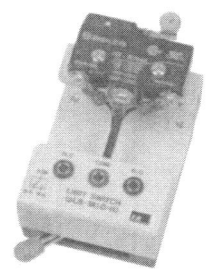 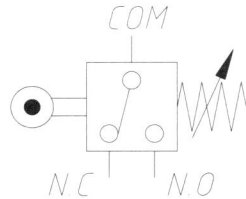

# Ⅱ 유압기기

## 1 유압동력원

### 가) 유압펌프 유닛

전동기에서 공급되는 기계적 에너지를 유압 에너지로 변환하는 기기로 흡입과 토출 작용을 한다.

 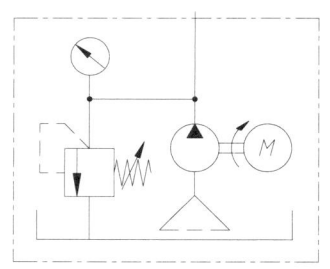

### 나) 압력필터 모듈 장치

 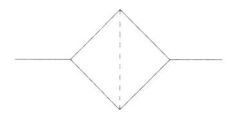

### 다) 유량계

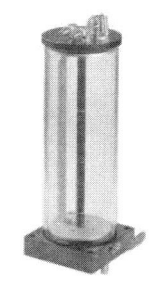

### 라) 어큐뮬레이터

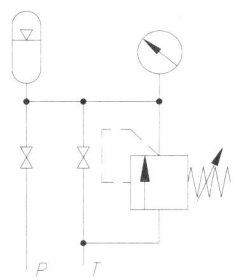

## 2 유압밸브

### 가) 압력 릴리프 밸브

회로의 최고 압력을 제한하는 밸브로 유압회로의 압력을 일정하게 유지시키는 밸브이다.

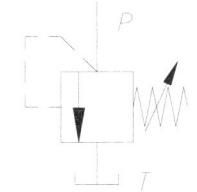

### 나) 카운터 밸런스 밸브

유압회로의 일부에 배압을 발생시키고자 할 때 사용하는 밸브이다.

 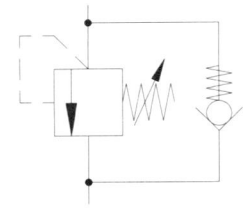

### 다) 스로틀 밸브
양쪽 방향 유량 흐름에 대한 제어가 가능한 밸브이다.

 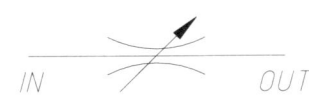

### 라) 스로틀 체크 밸브
한쪽 방향의 유량 흐름에 대한 제어가 가능하고 역방향의 흐름은 제어가 불가능한 밸브이다.

 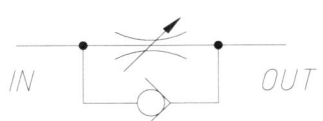

### 마) 차단밸브

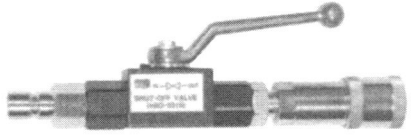 

### 바) Line Check 밸브

사) 파일럿 조작 체크 밸브

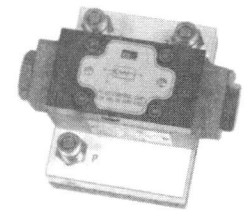 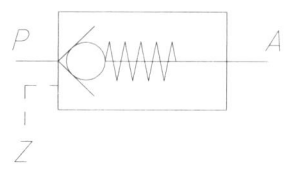

아) Pressure Sensitive 스위치

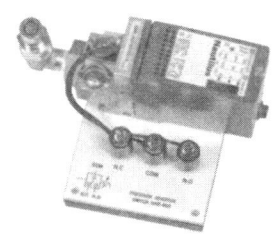 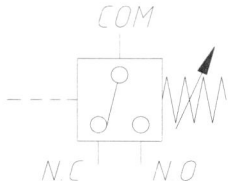

## 3 전기유압 밸브

가) 2/2-Way 단동 솔레노이드 밸브(N.C)

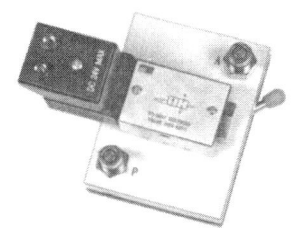 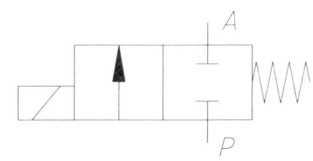

나) 3/2-Way 단동 솔레노이드 밸브

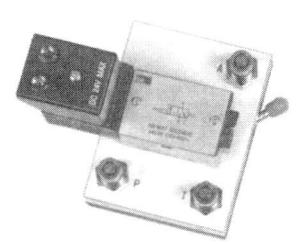 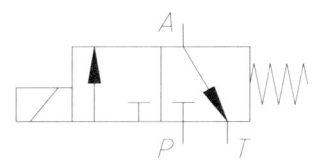

다) 4/2-Way 단동 솔레노이드 밸브

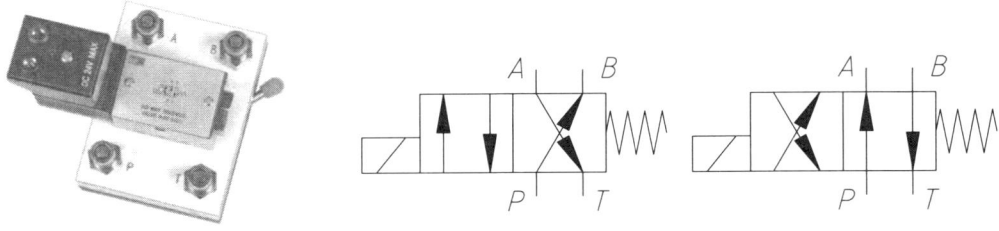

라) 4/2-Way 복동 솔레노이드 밸브

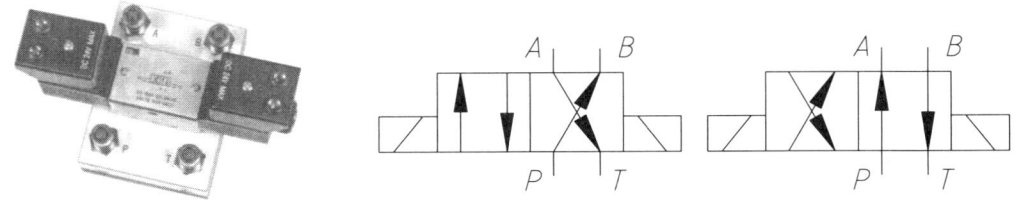

마) 4/3-Way 복동 솔레노이드 밸브(오픈 센터형)

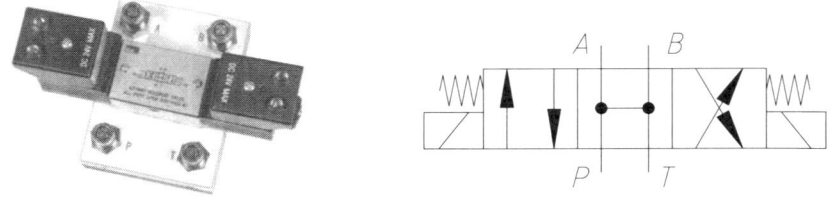

바) 4/3-Way 복동 솔레노이드 밸브(탠덤 센터형)

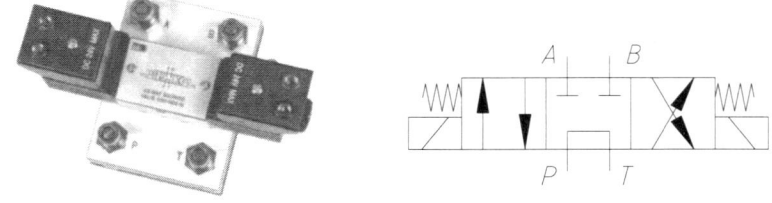

사) 4/3-Way 복동 솔레노이드 밸브(클로즈 센터형)

 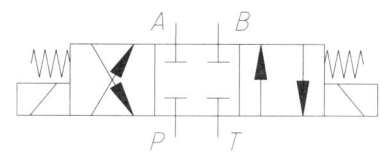

## 4 유압실린더

가) 유압복동 실린더

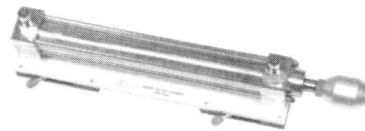 

나) 차동실린더

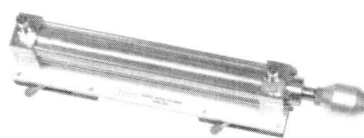 

다) 유압 모터

 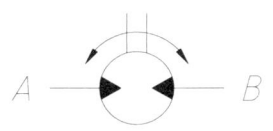

## 5 기타

가) 전원공급기

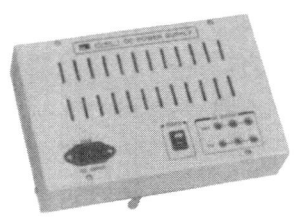

나) 3쌍 릴레이 유닛

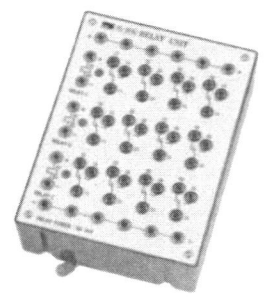

다) 신호입력 스위치 유닛 A

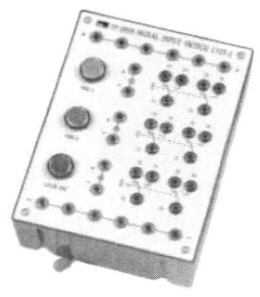

라) 신호입력 스위치 유닛 B

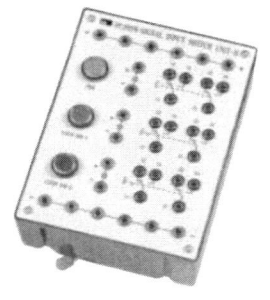

마) 전기 Limit 스위치(좌)

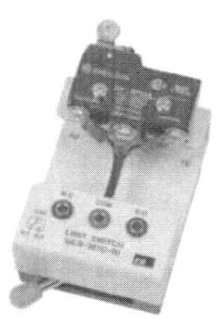
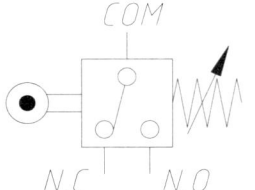

바) 전기 Limit 스위치(우)

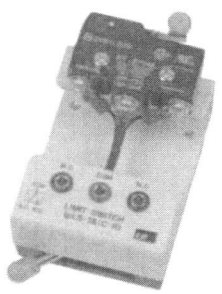 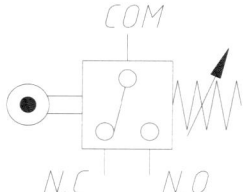

사) 압력게이지 부착형 유량분배기

아) Multi-Connector

자) T-Connector

차) 압력제거기

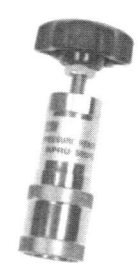

# Ⅲ 제어기기 기호

## 1 스위치와 릴레이

### 가) 접점

(1) 스위치

| 열림 접점(A접점) | 닫힘 접점(B접점) | 전환 접점(C접점) |
|---|---|---|
| 3<br>4 | 1<br>2 | 1<br>2　4 |

### 나) 푸시 버튼

(1) 수동 작동

| 열림 접점(A접점) | 닫힘 접점(B접점) | A접점(Lock) | B접점(Lock) |
|---|---|---|---|
| $S_1$　3　4 | $S_2$　1　2 | $S_1$　3　4 | $S_2$　1　2 |

## 다) 리밋 스위치

### (1) 기계적(롤러) 작동

| 열림 접점(A접점) | 닫힘 접점(B접점) | A접점(동작) | B접점(동작) |
|---|---|---|---|
| S3 | S4 | S3 | S4 |

## 라) 릴레이

### (1) 릴레이와 엑추에이터 코일

| 릴레이 | 여자지연 릴레이 | 소자지연 릴레이 | 솔레노이드 밸브 |
|---|---|---|---|
| K1 (A1, A2) | K1 (A1, A2) | K1 (A1, A2) | |

### (2) 지시기

| 램프(시각) | 부저(청각) | 압력계(측정) |
|---|---|---|

# 2 솔레노이드

## 가) 기계적 · 전기적 작동

| 솔레노이드 | 복동 솔레노이드 | 단동 솔레노이드 |
|---|---|---|

| 수동 작동 | 간접 작동 | 압력-전기 신호변환기 |
|---|---|---|
|  |  |  |

## 3 밸브의 표시

### 가) 밸브의 표시

| 밸브의 제어위치 사각형으로 표시 | 제어위치 수는 사각형 수로 표시 |
|---|---|
|  |  |
| 유로의 방향은 화살표로 표시 | 차단 표시 직각선을 그어 표시 |
|  |  |
| 배관 연결부는 짧은 선으로 표시 ||
|  ||

### 나) 포트와 제어위치

| 2/2-Way 방향제어 밸브(N.C) | 2/2-Way 방향제어 밸브(N.O) |
|---|---|
|  |  |
| 3/2-Way 방향제어 밸브(N.C) | 3/2-Way 방향제어 밸브(N.O) |
|  |  |

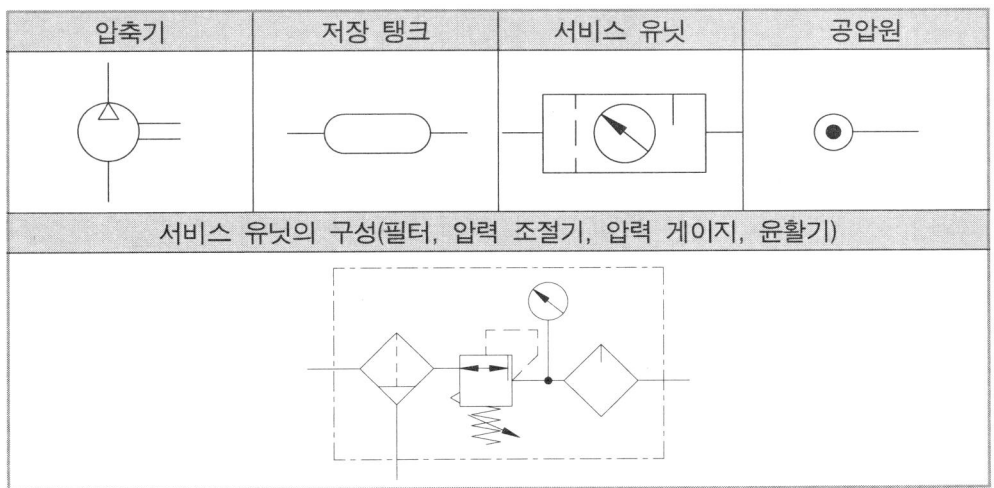

## 4 공압 심벌

### 가) 공압 발생장치

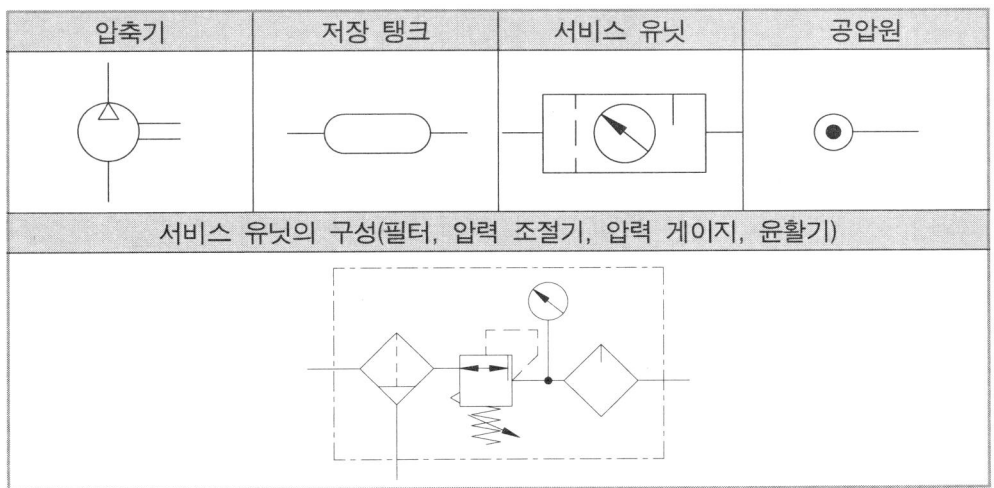

### 나) 논리턴 밸브와 유량제어 밸브

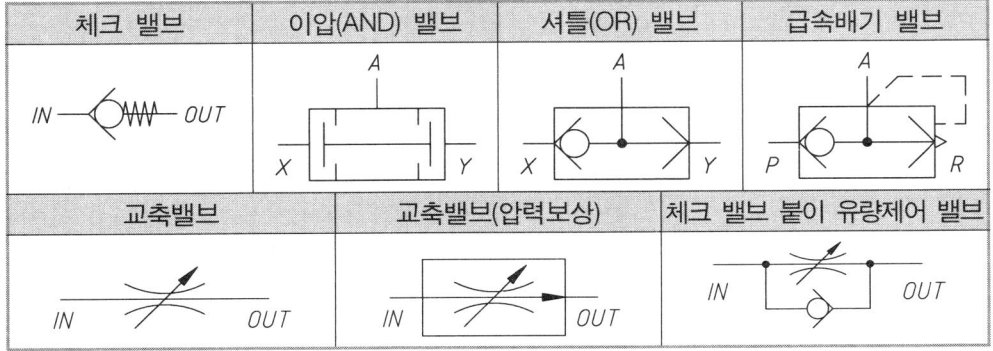

다) 방향제어 밸브

| 5/2-Way 복동 솔레노이드 밸브 | 5/2-Way 단동 솔레노이드 밸브 |
|---|---|
|  |  |

라) 선형 액추에이터

| 단동 실린더 | 복동 실린더 | 복동 실린더(쿠션 내장) |
|---|---|---|
|  |  |  |

## 5 유압 심벌

가) 유압 파워 유닛

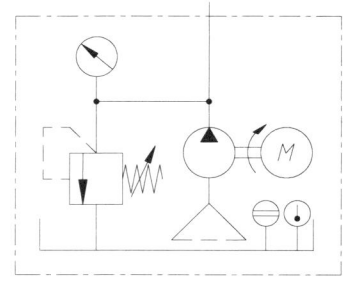

나) 유량제어 밸브

| 스로틀 밸브 | 체크 밸브 | 스로틀 체크 밸브 | 파일럿 체크 밸브 |
|---|---|---|---|
|  |  |  |  |

## 다) 압력제어 밸브

| 릴리프 밸브 | 감압밸브 | 언로딩 밸브 | 카운터밸런스 밸브 |
|---|---|---|---|

## 라) 방향제어 밸브

| 2/2-Way 밸브(N.C) | 2/2-Way 밸브(N.O) |
|---|---|
| 3/2-Way 밸브(N.C) | 3/2-Way 밸브(N.O) |
| 4/2-Way 밸브(단동 솔레노이드) | 4/2-Way 밸브(복동 솔레노이드) |
| 4/3-Way 밸브(탠덤 센터형) | 4/3-Way 밸브(클로즈 센터형) |

# Ⅳ. 전기회로 구성

## 1. 접점

### 가) 정상상태 열림 접점(A접점)

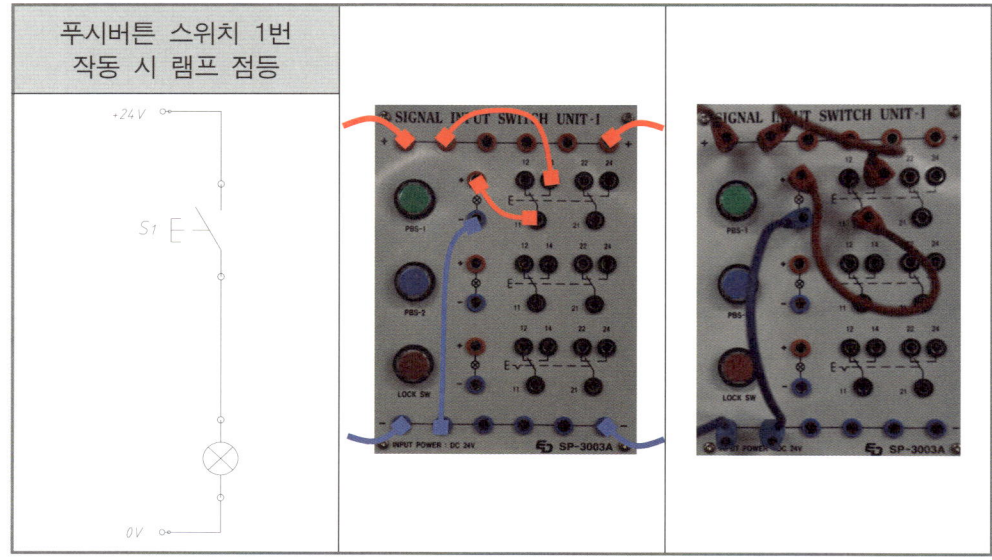

### 나) 정상상태 닫힘 접점(B접점)

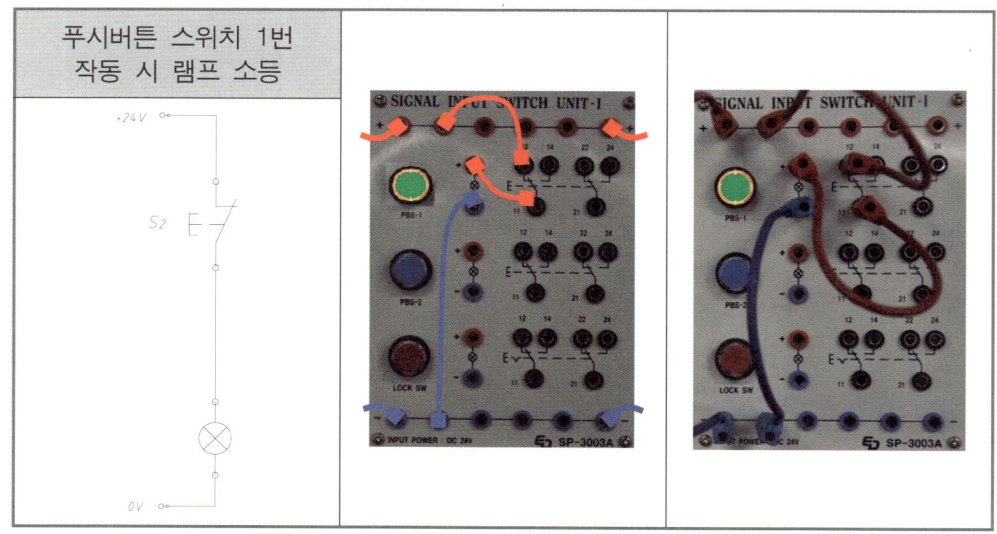

## 다) 전환 접점(C접점)

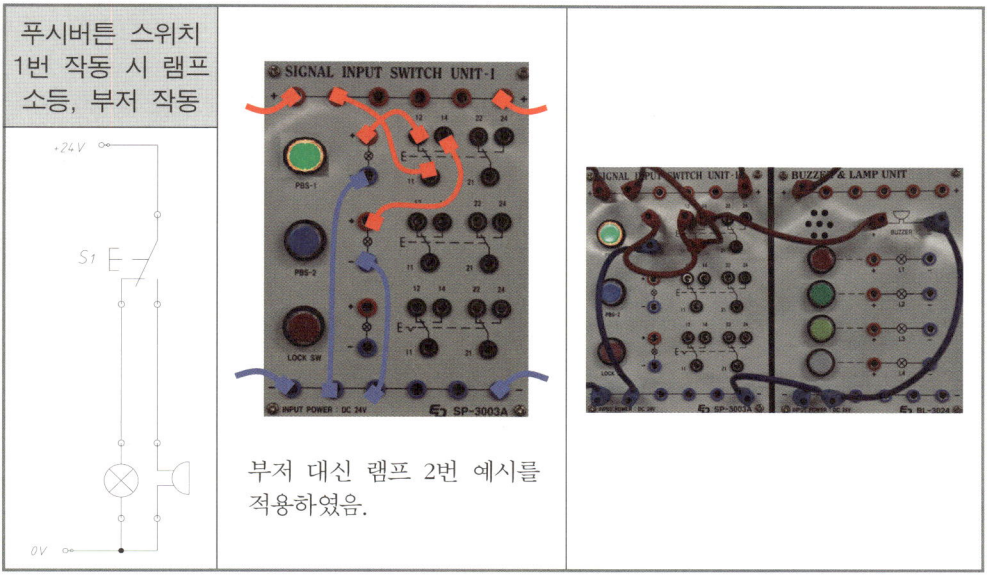

## 2 논리회로

### 가) 직렬접속(AND 논리회로)

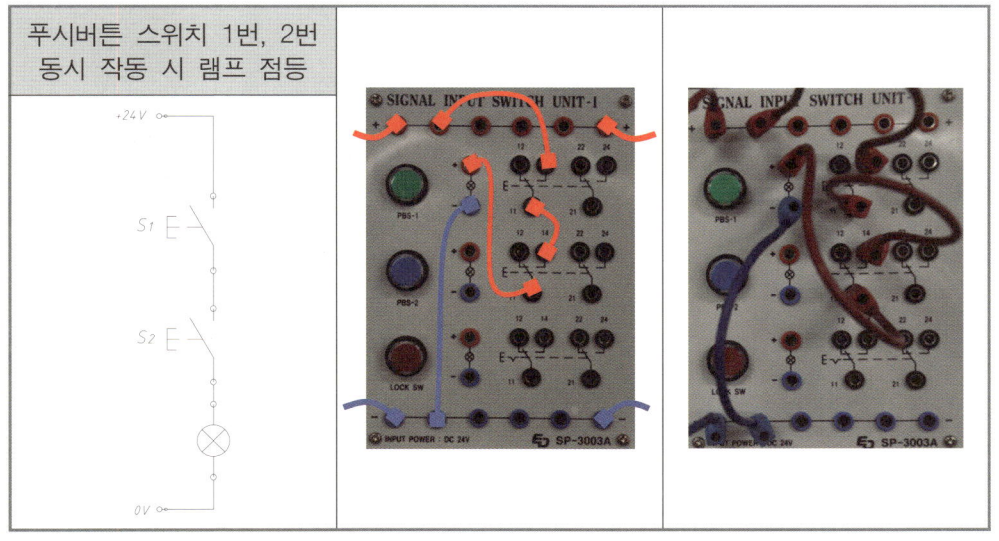

## 나) 병렬접속(OR 논리회로)

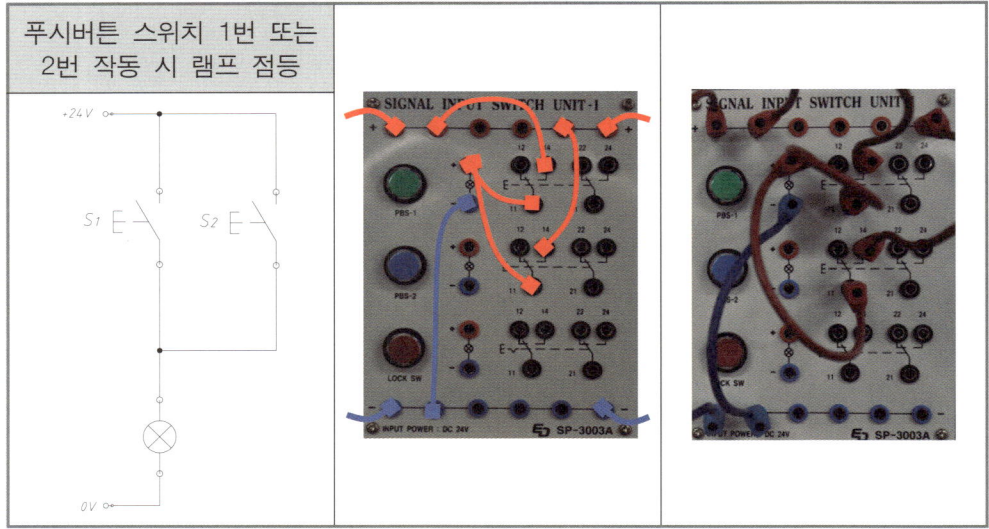

## 다) 스위치 연동회로(기계적 연계)

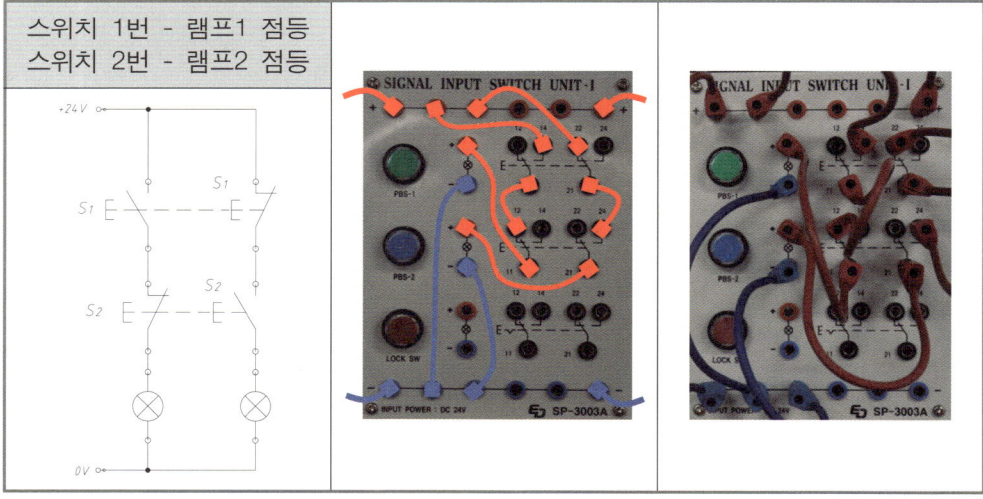

## 3 릴레이 제어

### 가) 릴레이를 이용한 제어회로

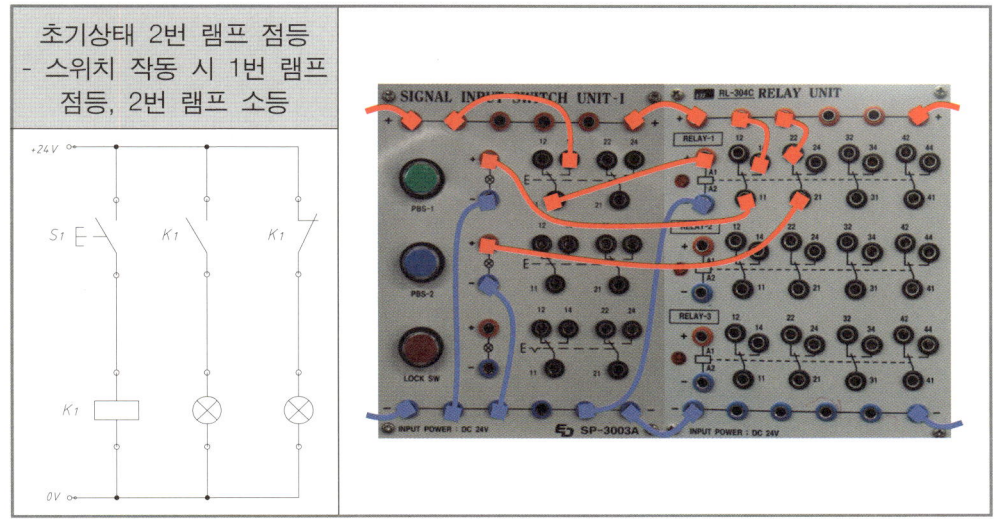

### 나) 자기유지 회로(Reset 우선)

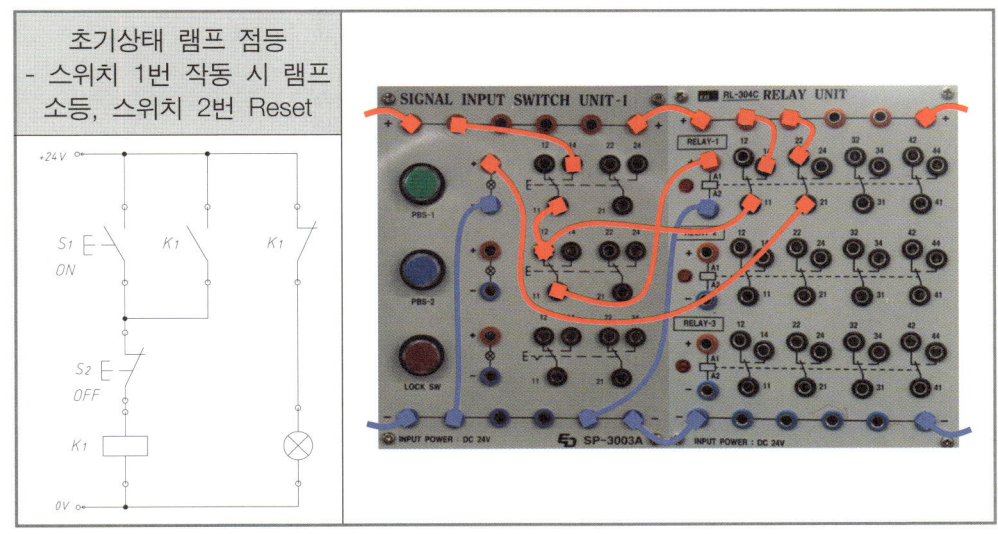

### 다) 자기유지 회로(Set우선)

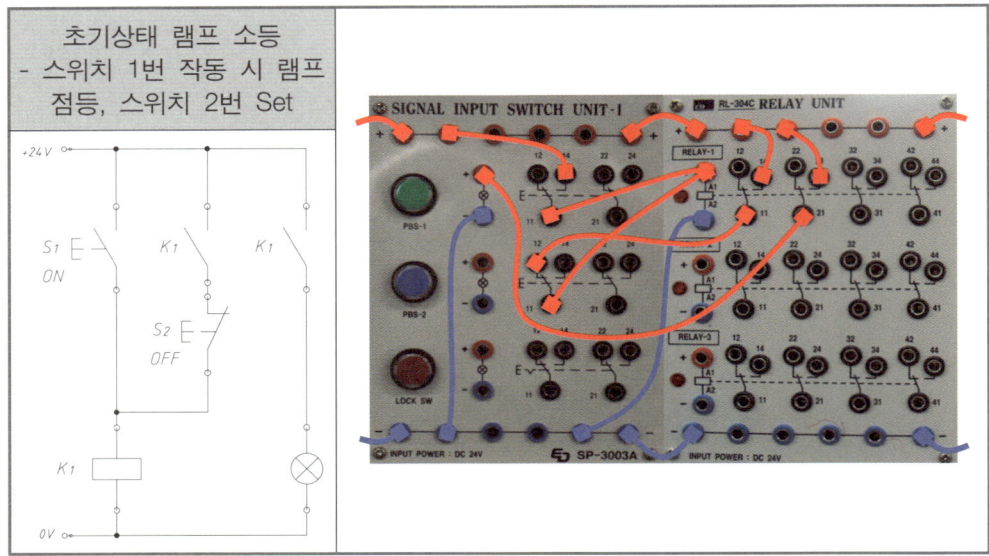

### 4 시간지연 회로

가) 여자지연(ON) 릴레이

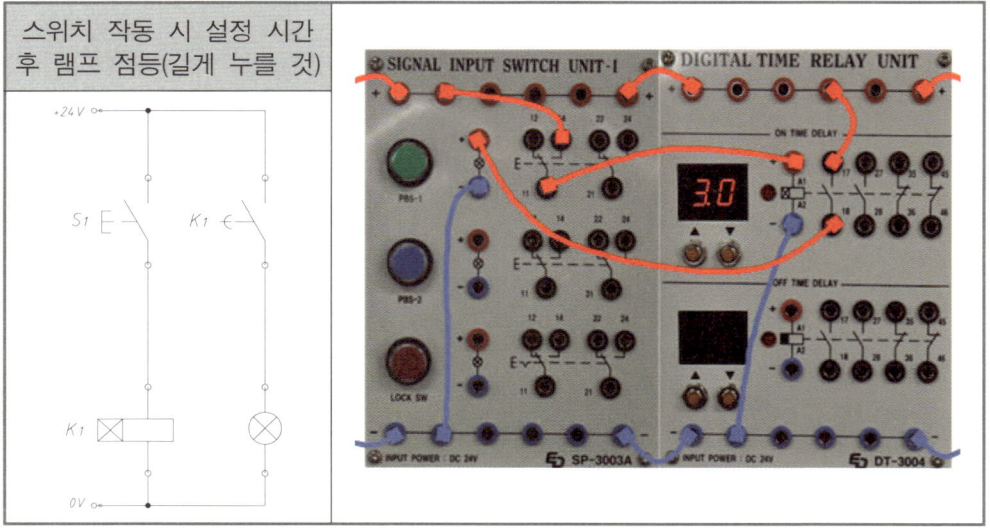

## 나) 소자지연(OFF) 릴레이

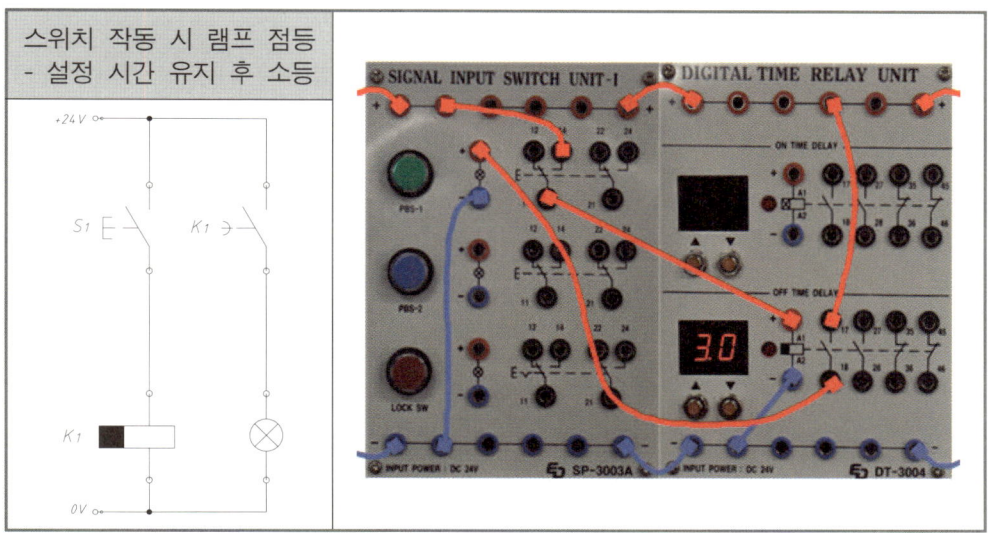

# V. 공압회로 구성 및 조립

## 1. 회로의 배치

### 가) 공압회로의 배치

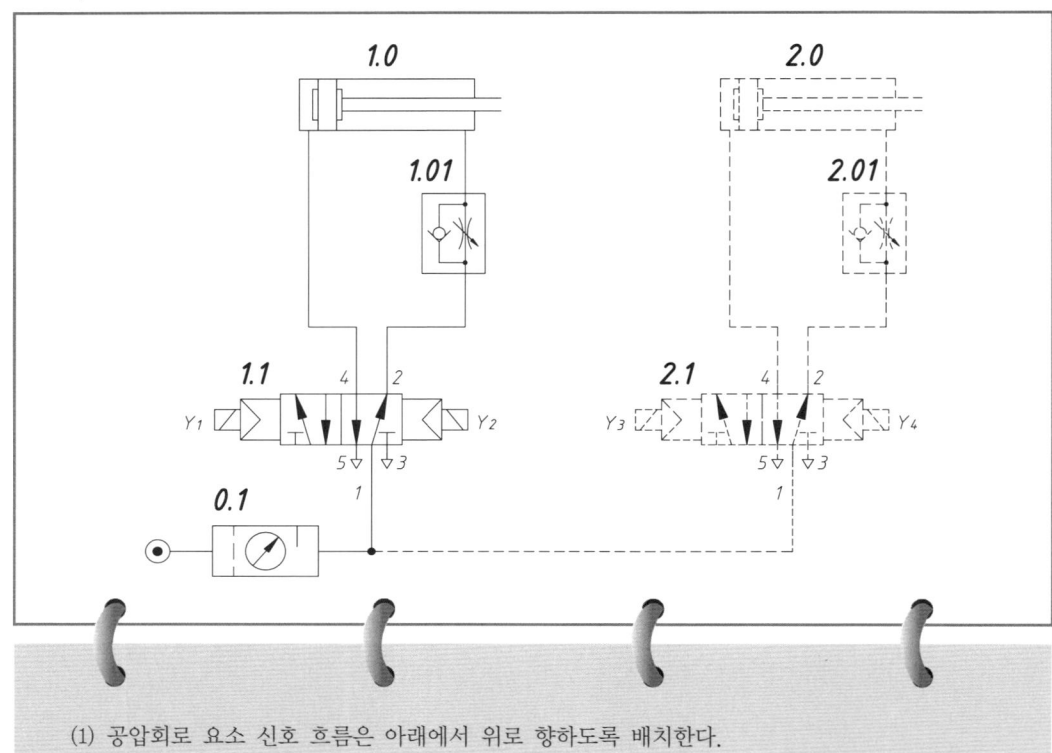

(1) 공압회로 요소 신호 흐름은 아래에서 위로 향하도록 배치한다.
(2) 다음 기준에 의해 공압회로 요소의 숫자 시스템이 결정된다.

| | |
|---|---|
| 0 | 공압 공급요소 |
| 1.0 , 2.0 등 | 작업요소(액추에이터) |
| .1 | 최종 제어요소 |
| .01 , .02 등 | 제어요소와 작업요소 사이의 공압요소 |

## 나) 전기회로의 배치

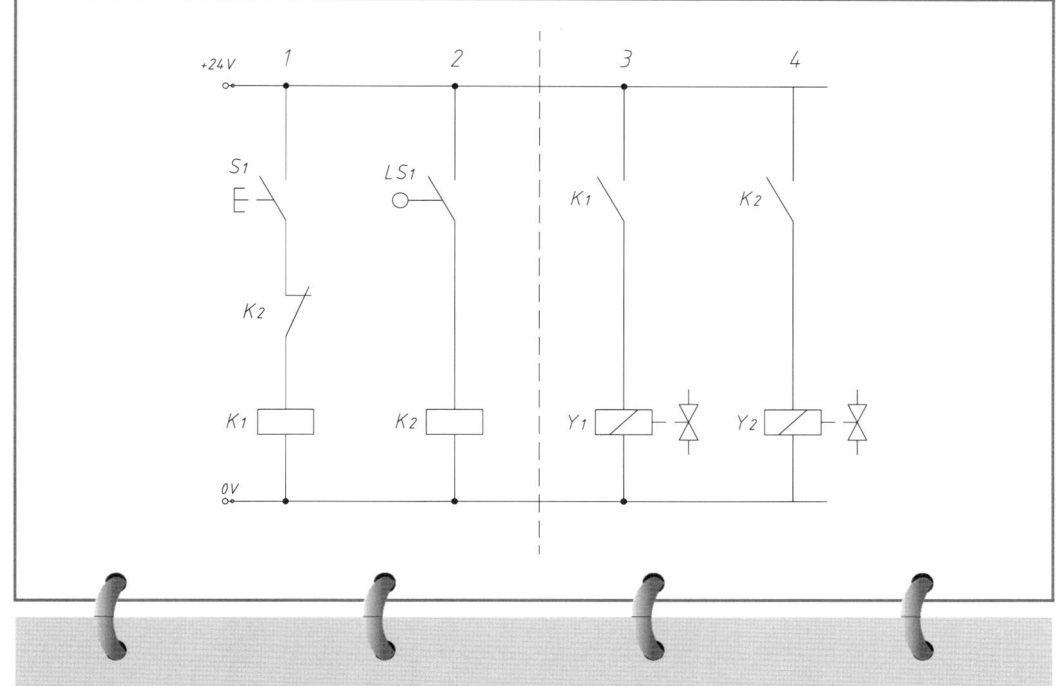

(1) 전기회로 요소는 위에서 아래로, 신호 흐름에 따라 왼쪽에서 오른쪽으로 번호를 부여한다.
(2) 시동 스위치와 정지 스위치 같은 주요 스위치는 따로 정의해 줄 수도 있다.

## 2 복동 실린더 직접 양방향 제어회로

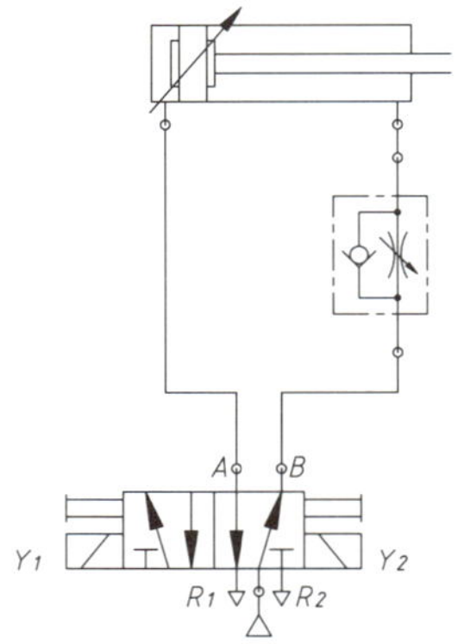

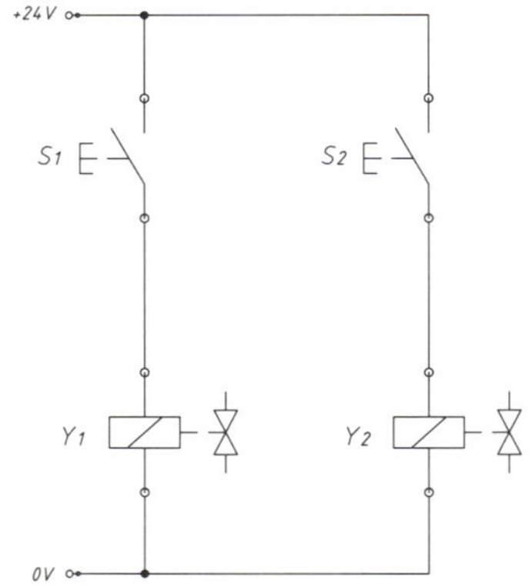

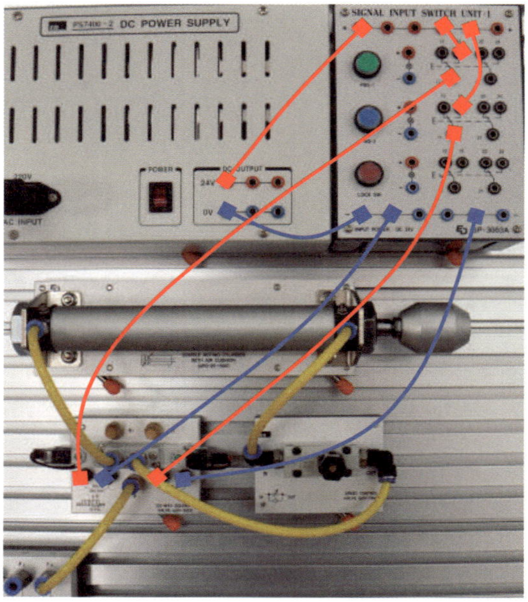

스위치 S1은 실린더 전진제어, 스위치 S2는 실린더 후진제어에 사용
푸시버튼 S1을 누르면 솔레노이드 Y1에 전류가 공급되고 5/2-Way 밸브는 방향이 전환된다. 이때 실린더는 전진하여 최종 전진 위치에 머무르게 된다(전기적 기억 기능).
푸시버튼 S2는 솔레노이드 Y2에 전기를 공급하여 피스톤을 복귀시킨다.

# 제2장 공유압 회로 구성

 **복동 실린더 직접 자동복귀 회로**

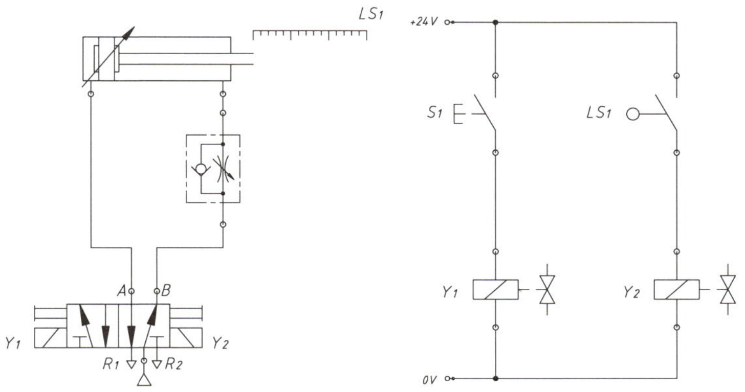

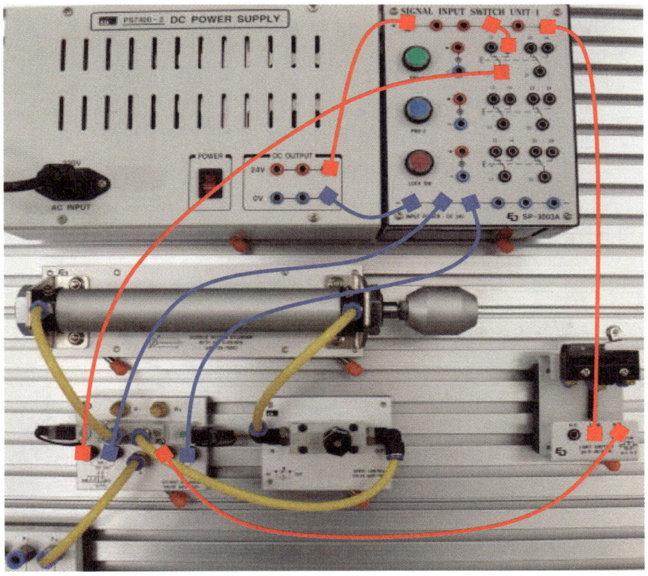

푸시버튼 스위치와 리밋 스위치에 의해서 복동 실린더를 1회 왕복 운동시킨다.
푸시버튼 S1을 누르면 솔레노이드 Y1에 전기가 공급되고 5/2-Way 밸브는 방향이 전환된다. 이때 실린더가 전진하여 최종 위치에 도달하면 리밋 스위치를 동작시켜 LS1은 Y2에 전류를 공급하게 되고, 밸브의 방향이 전환되어 실린더를 후진시킨다. 이때 밸브 전환이 가능한 이유는 S1의 신호가 회수된 상태이기 때문이다.

## 4 복동 실린더 직접 자동왕복 회로

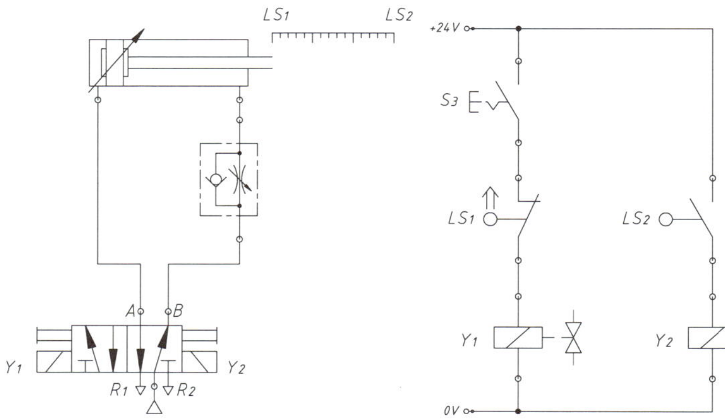

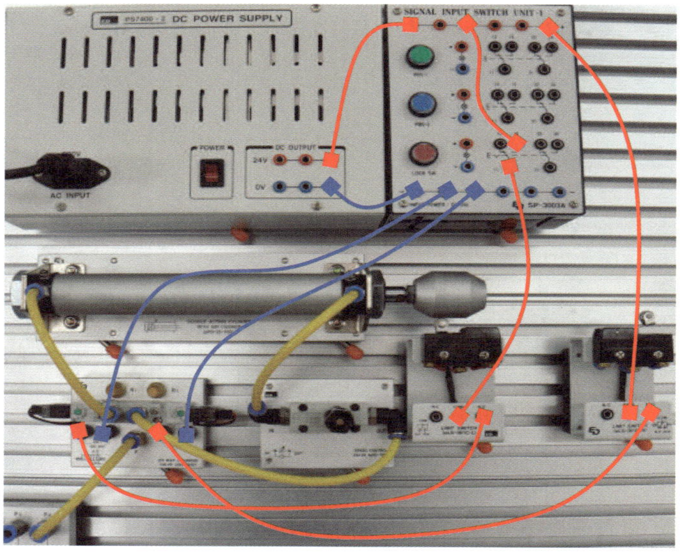

로크형 스위치와 리밋 스위치 2개를 이용하여 복동 실린더를 자동으로 왕복 운동시킨다. 로크형 스위치 S3을 누르면 리밋 스위치 LS1은 접점이 연결된 상태이므로 솔레노이드 Y1에 전기가 공급되고 실린더가 전진하면 LS1의 접점이 단락된다. 실린더가 전진하여 리밋 스위치 LS2를 동작시키면 솔레노이드 Y2에 전류를 공급하여 실린더를 후진시킨다. 로크 스위치 S3의 신호가 회수될 때까지 왕복 운동을 반복한다.

## 복동 실린더 간접 자동복귀 회로

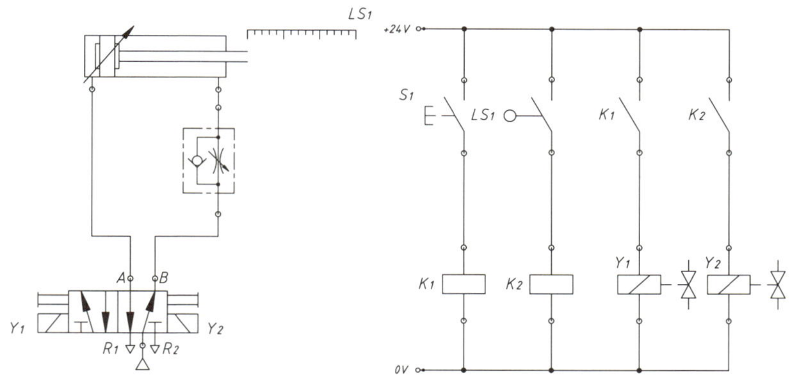

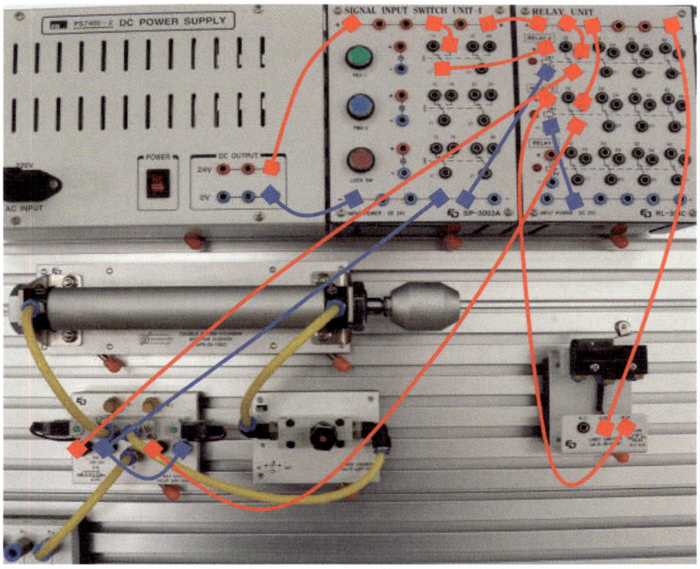

푸시버튼 스위치와 리밋 스위치에 의해서 복동 실린더를 1회 왕복 운동시킨다.
푸시버튼 S1을 누르면 릴레이 K1이 여자되고, 접점 K1이 연결되어 솔레노이드 Y1에 전기가 공급되고 5/2-Way 밸브는 방향이 전환된다. 이때 실린더가 전진하여 최종 위치에 도달하면 리밋 스위치를 동작시켜 LS1은 접점이 연결되어 릴레이 K2가 여자되고, 접점 K2가 연결되어 솔레노이드 Y2에 전류를 공급하게 되고 밸브의 방향이 전환되어 실린더를 후진시킨다.

## 6 복동 실린더 간접 자동왕복 회로

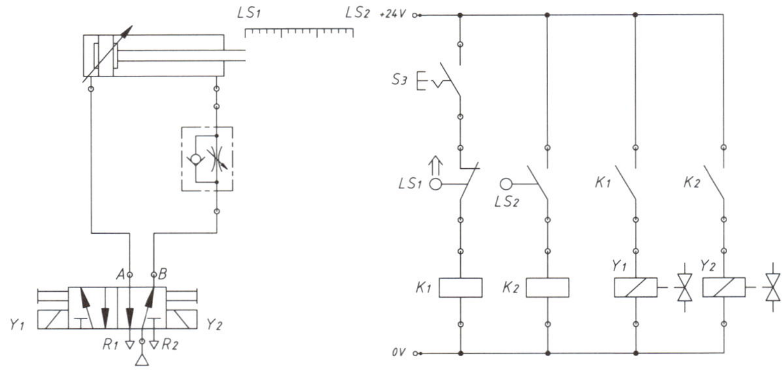

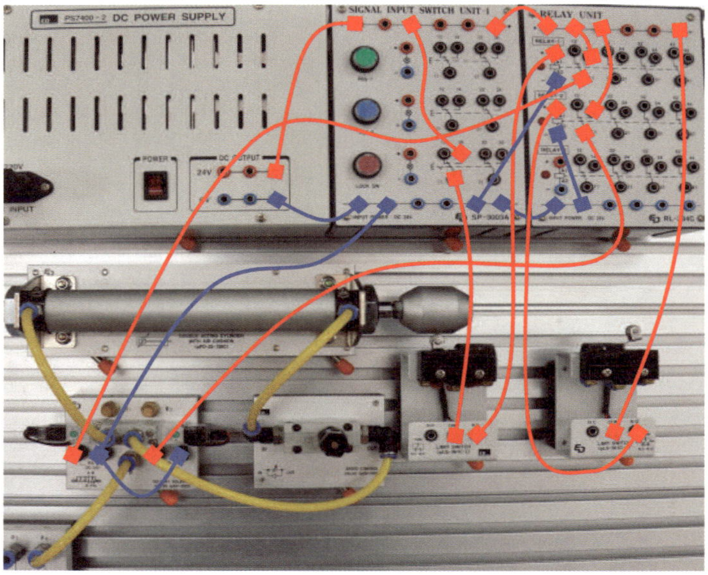

로크형 스위치와 리밋 스위치 2개를 이용하여 복동 실린더를 자동으로 왕복 운동시킨다. 스위치 S3을 누르면 리밋 스위치 LS1은 접점이 연결된 상태이므로 릴레이 K1이 여자되고, 접점 K1이 연결되어 솔레노이드 Y1에 전류가 공급되면 실린더가 전진하여 LS1의 접점이 단락된다. 실린더가 전진하여 리밋 스위치 LS2를 동작시키면 릴레이 K2가 여자되고, 접점 K2가 연결되어 솔레노이드 Y2에 전류를 공급하여 실린더를 후진시킨다. 로크 스위치 S3의 신호가 회수될 때까지 왕복 운동을 반복한다.

## 7 복동 실린더 간접 자동복귀 회로

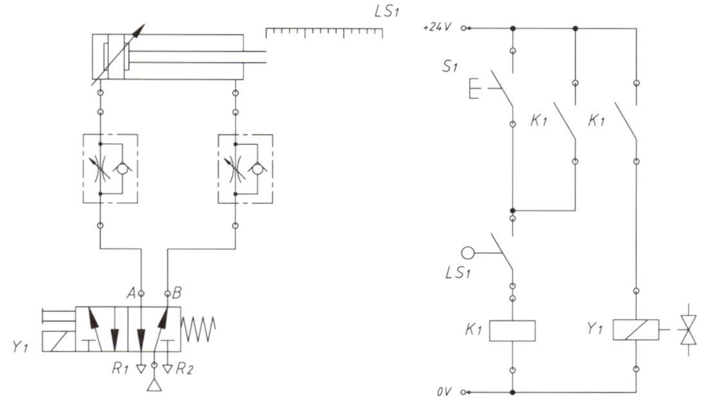

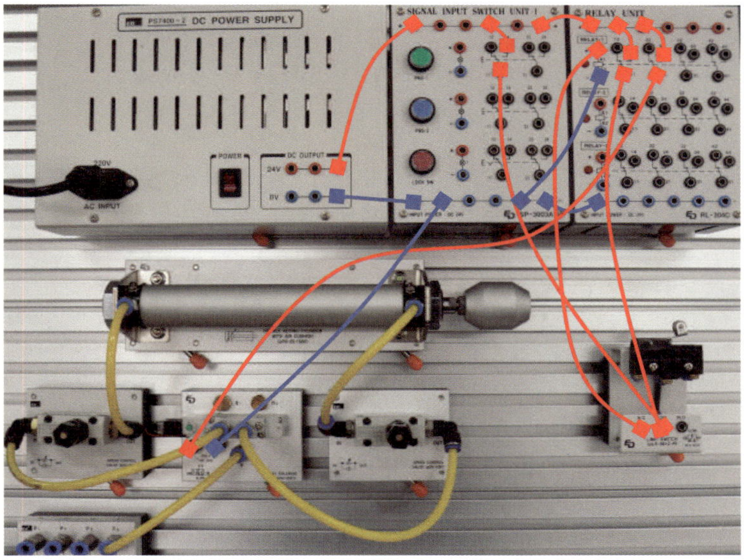

푸시버튼 스위치와 리밋 스위치에 의해서 복동 실린더를 1회 왕복 운동시킨다.
푸시버튼 S1을 누르면 리밋 스위치 정상상태 닫힘 접점을 통해 릴레이 K1이 여자되고, 접점 K1이 연결되어 솔레노이드 Y1에 전기가 공급되고 실린더가 전진한다. 자기유지를 통해 실린더가 최종 위치에 도달하면 리밋 스위치를 동작시켜 LS1의 접점이 단락되어 스프링의 힘으로 밸브의 방향이 전환되어 실린더를 후진시킨다.

## 8 복동 실린더 간접 자동왕복 회로

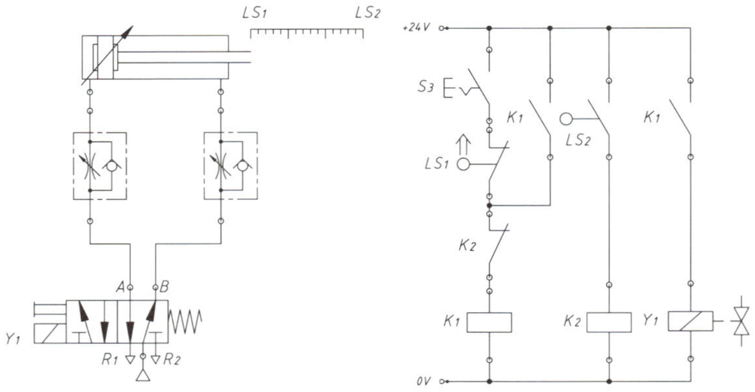

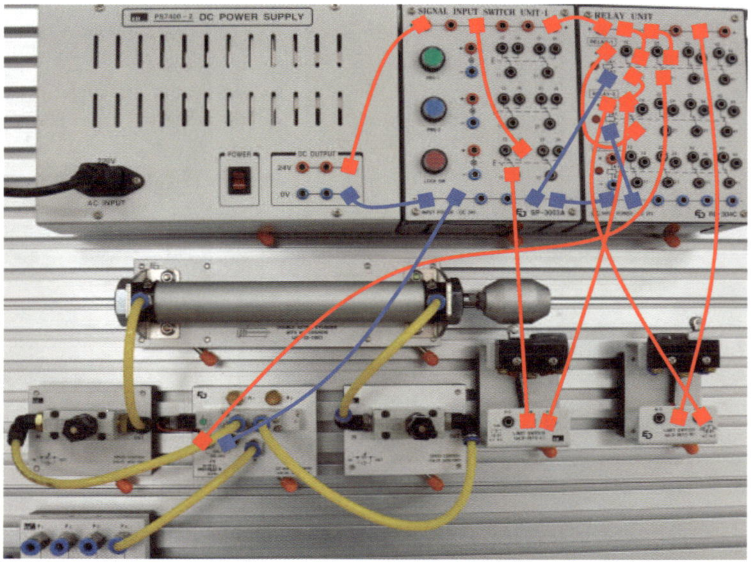

로크형 스위치와 리밋 스위치 2개를 이용하여 복동 실린더를 자동으로 왕복 운동시킨다. 스위치 S3을 누르면 리밋 스위치 LS1은 접점이 연결된 상태이므로 접점 K2 정상상태 닫힘 접점을 통해 릴레이 K1이 여자되고, 접점 K1이 연결되어 솔레노이드 Y1에 전류를 공급하여 실린더를 전진시킨다. 실린더는 리밋 스위치 LS2를 동작시켜 릴레이 K2가 여자되고 접점 K2가 단락되어 신호가 회수되어 실린더가 복귀한다. 로크 스위치 S3의 신호가 회수될 때까지 왕복 운동을 반복한다.

# Ⅵ 공유압 회로 구성

## 전기공압 1과제

| 자격종목 | 설비보전 기능사 | 과제명 | 공압회로 구성작업 | 척도 | NS |

나. 변위-단계선도

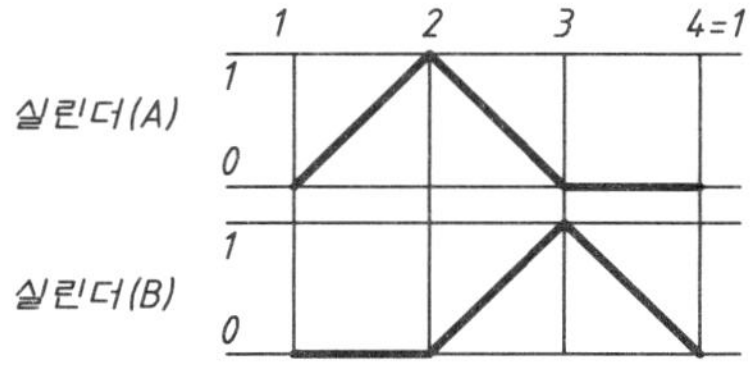

다. 회로도

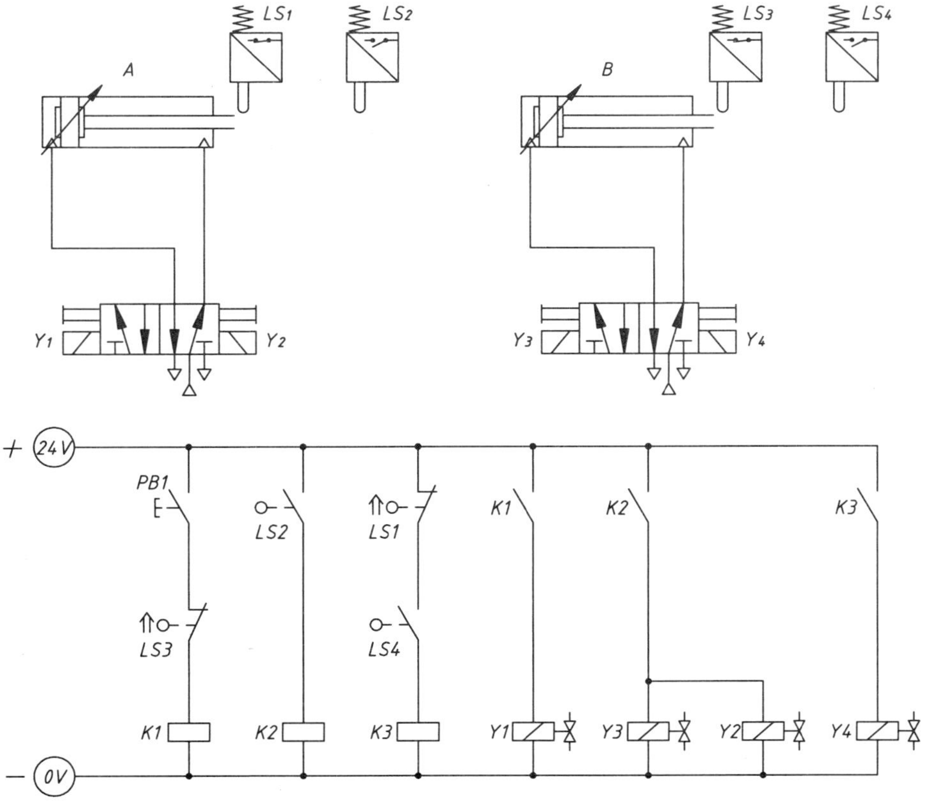

## 2 전기공압 2과제

| 자격종목 | 설비보전 기능사 | 과제명 | 공압회로 구성작업 | 척도 | NS |

나. 변위-단계선도

다. 회로도

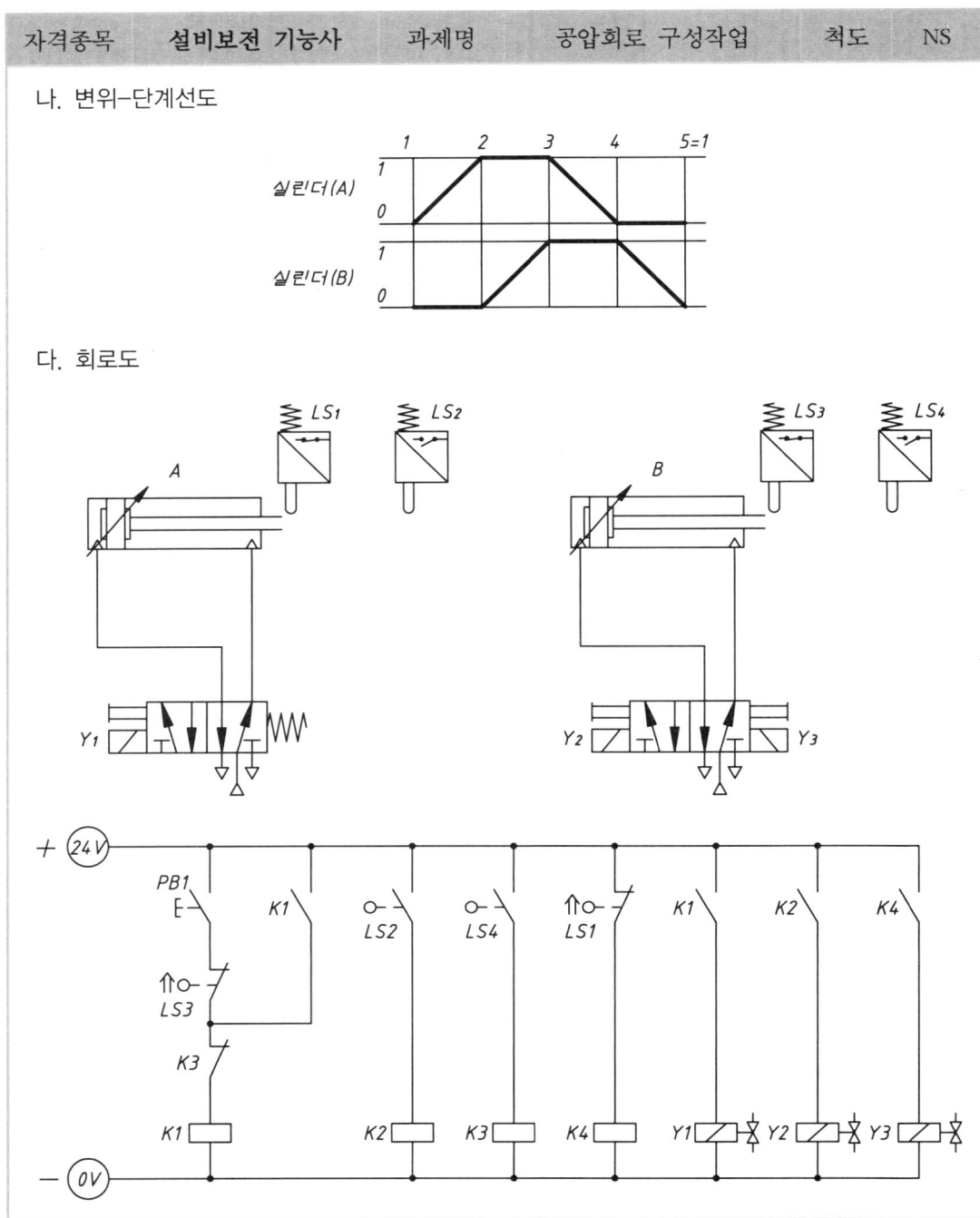

## 3. 전기공압 3과제

| 자격종목 | 설비보전 기능사 | 과제명 | 공압회로 구성작업 | 척도 | NS |

나. 변위−단계선도

다. 회로도

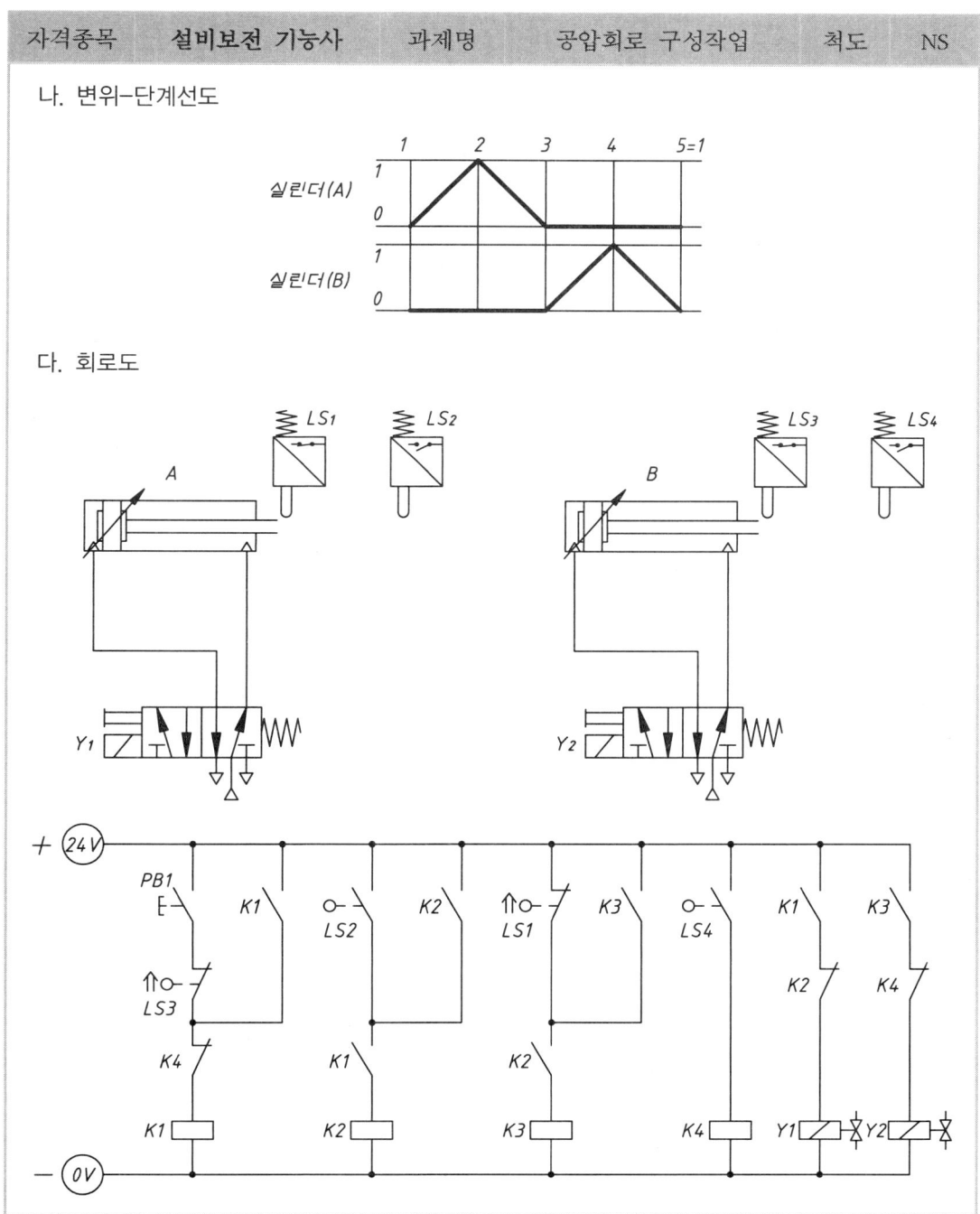

## 4. 전기공압 4과제

| 자격종목 | 설비보전 기능사 | 과제명 | 공압회로 구성작업 | 척도 | NS |

나. 변위-단계선도

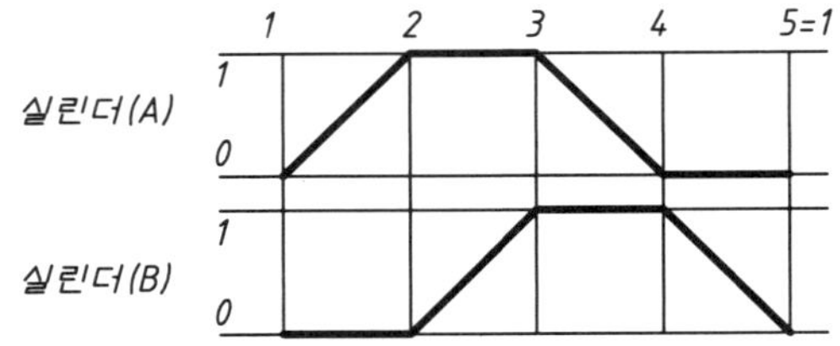

다. 회로도

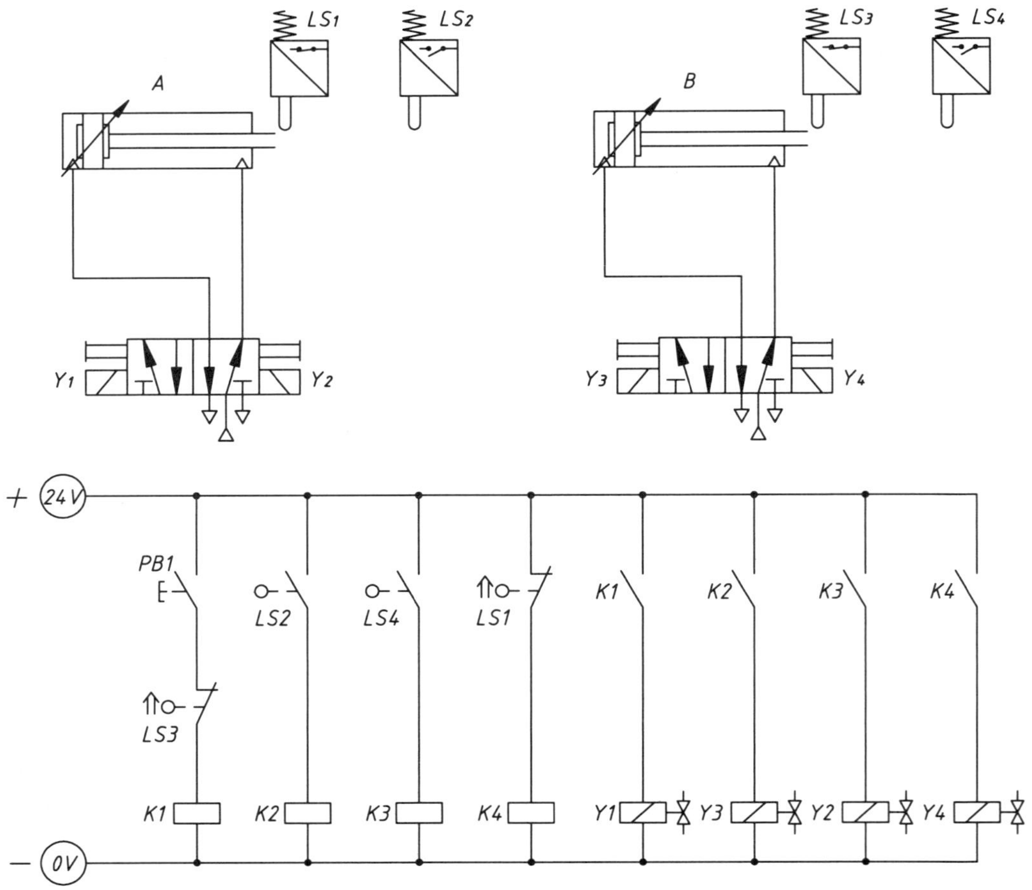

## 5 전기공압 5과제

| 자격종목 | 설비보전 기능사 | 과제명 | 공압회로 구성작업 | 척도 | NS |

나. 변위-단계선도

다. 회로도

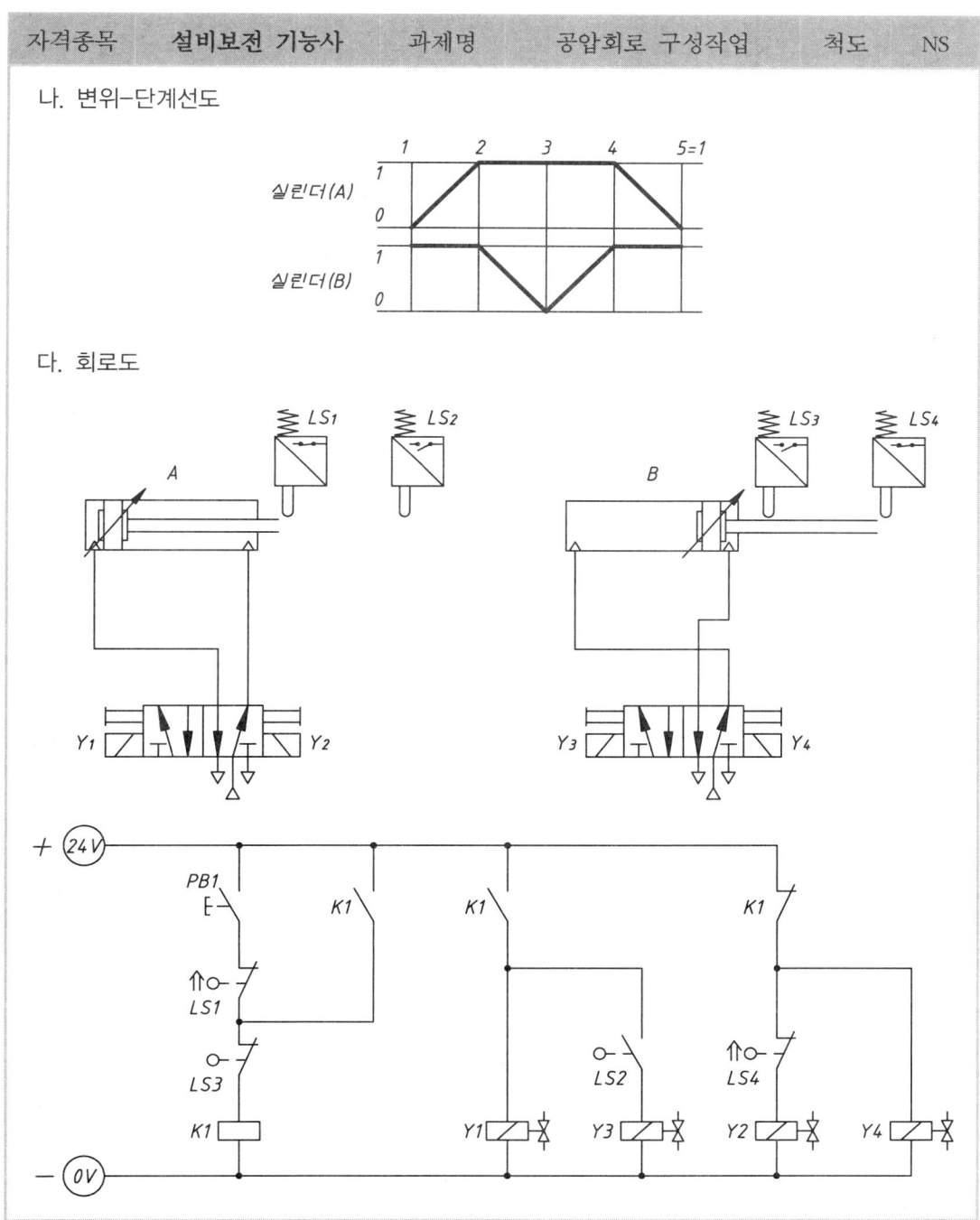

# 6 전기공압 6과제

| 자격종목 | 설비보전 기능사 | 과제명 | 공압회로 구성작업 | 척도 | NS |

나. 변위-단계선도

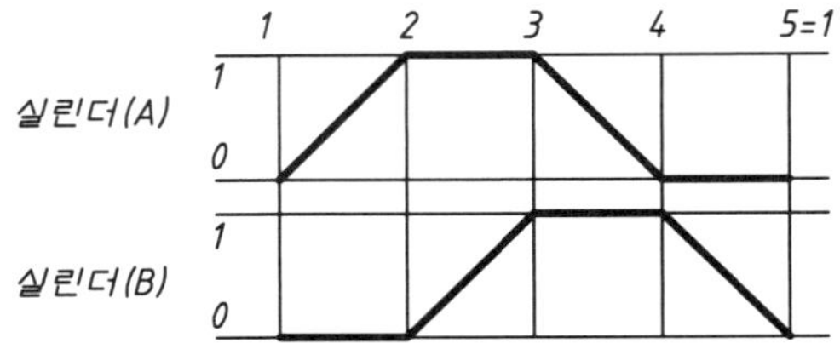

다. 회로도

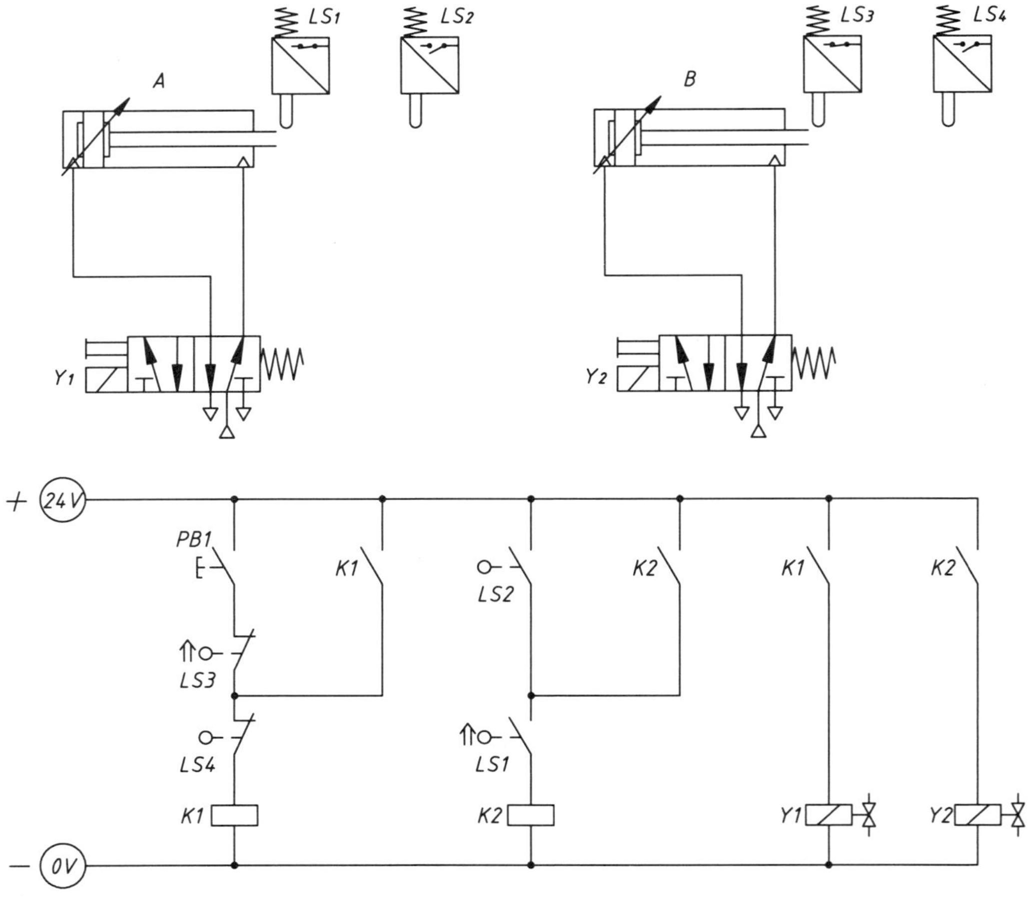

# 7 전기공압 7과제

| 자격종목 | 설비보전 기능사 | 과제명 | 공압회로 구성작업 | 척도 | NS |

나. 변위-단계선도

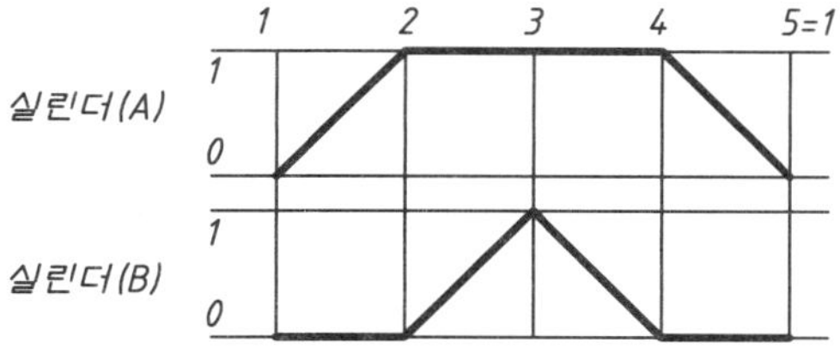

다. 회로도

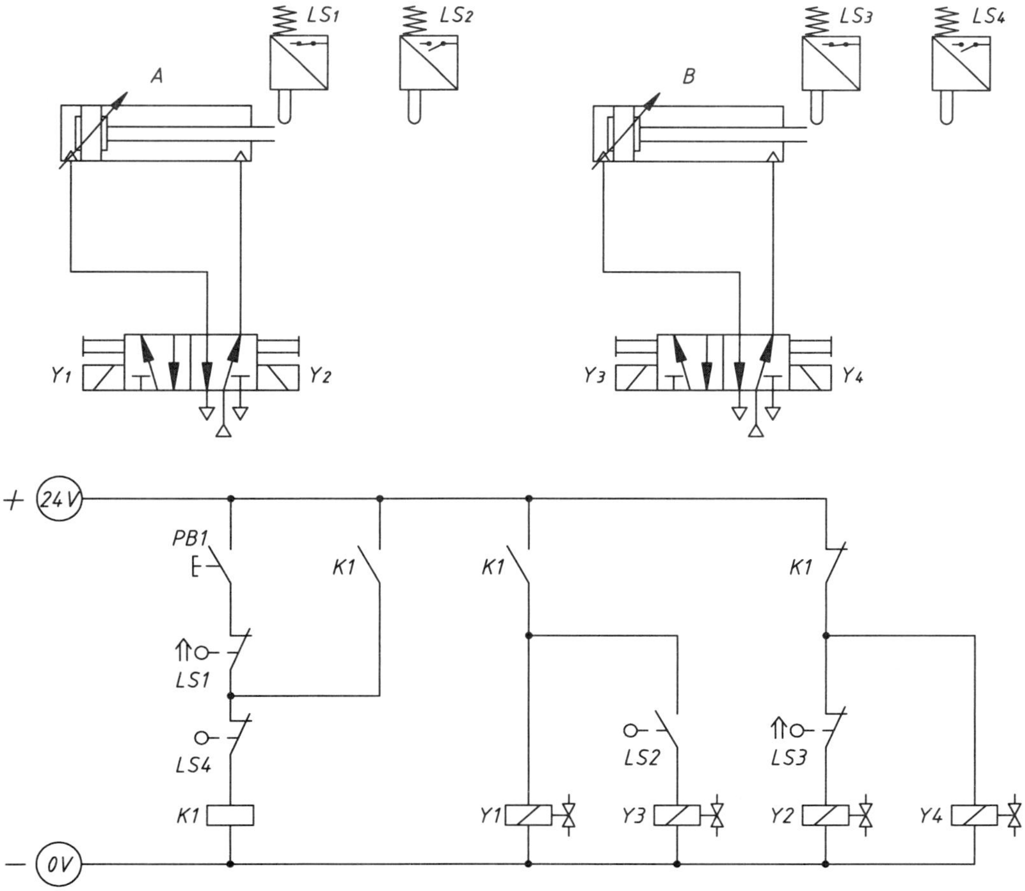

## 8 전기공압 8과제

| 자격종목 | 설비보전 기능사 | 과제명 | 공압회로 구성작업 | 척도 | NS |

나. 변위-단계선도

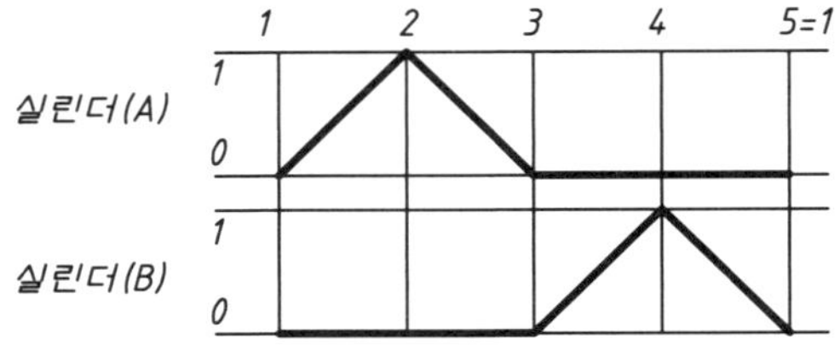

다. 회로도

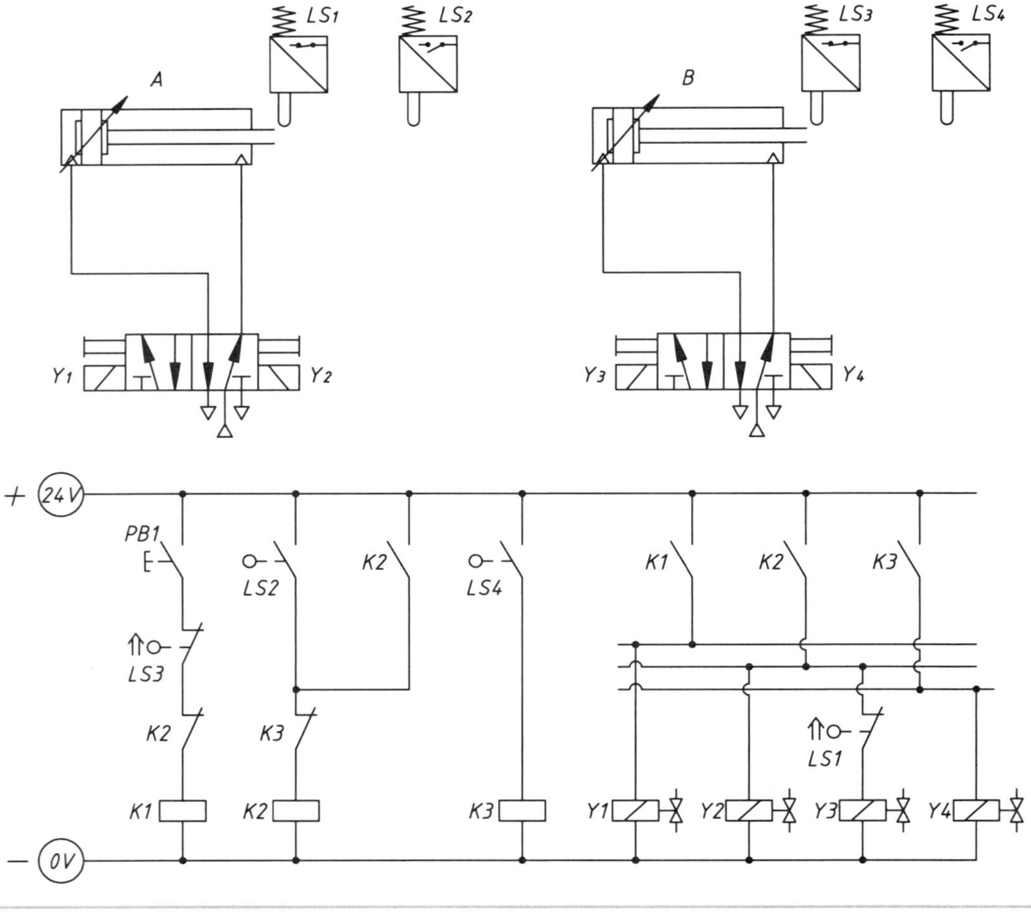

## 9  전기공압 9과제

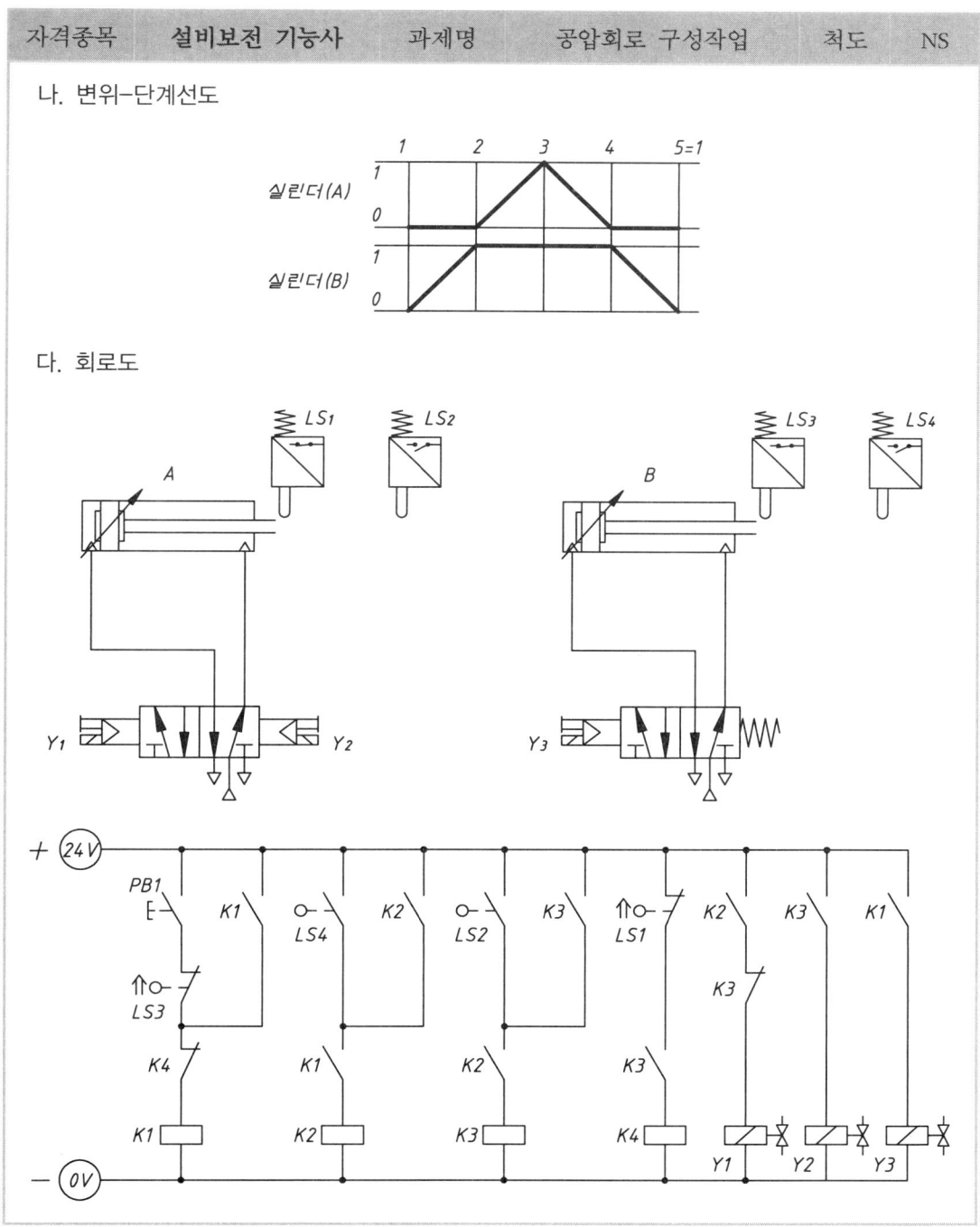

## 10 전기공압 10과제

| 자격종목 | 설비보전 기능사 | 과제명 | 공압회로 구성작업 | 척도 | NS |

나. 변위-단계선도

다. 회로도

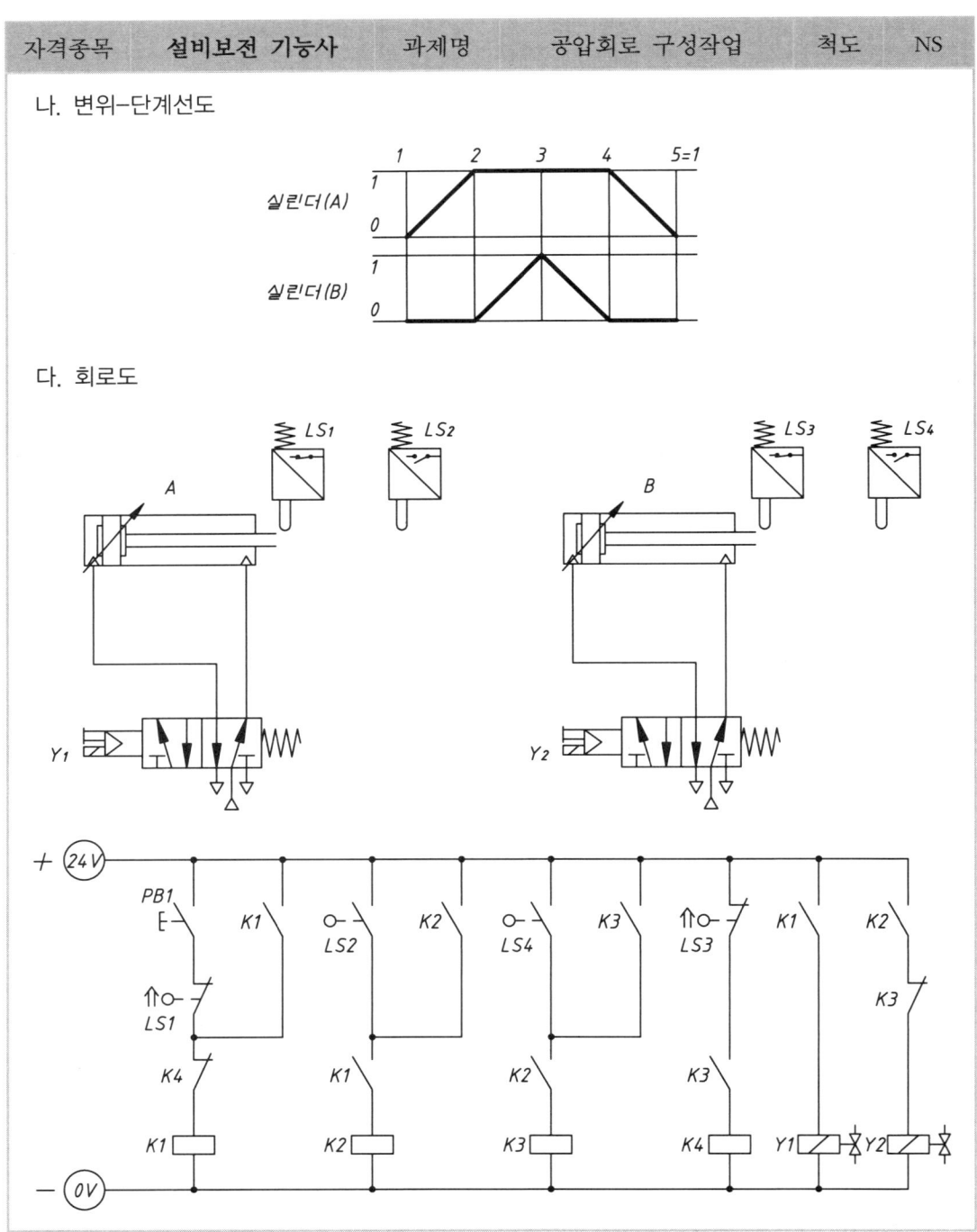

## 11 전기공압 11과제

| 자격종목 | 설비보전 기능사 | 과제명 | 공압회로 구성작업 | 척도 | NS |
|---|---|---|---|---|---|

나. 변위-단계선도

다. 회로도

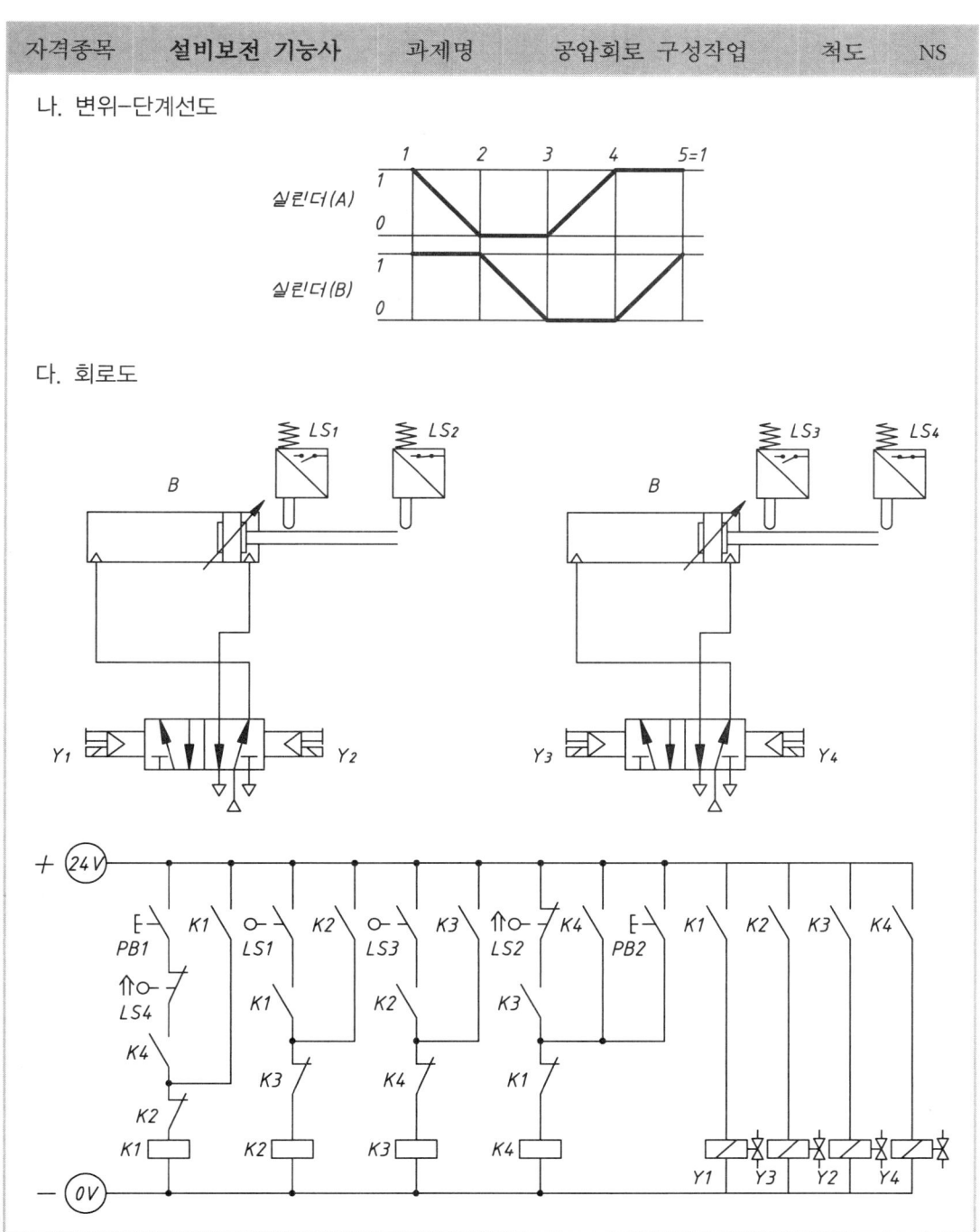

# 12 전기공압 12과제

| 자격종목 | 설비보전 기능사 | 과제명 | 공압회로 구성작업 | 척도 | NS |
|---|---|---|---|---|---|

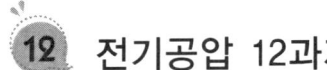

나. 변위-단계선도

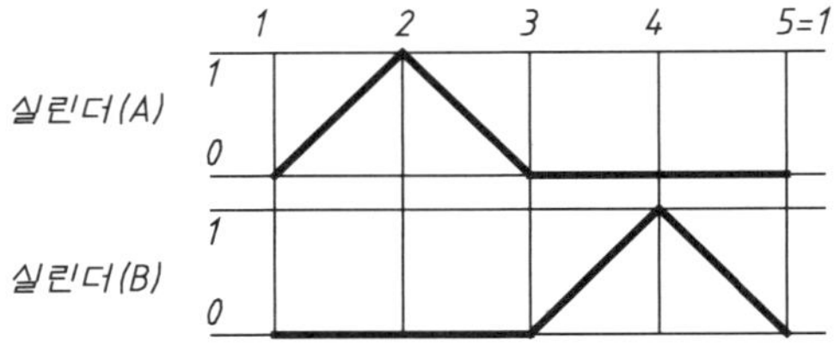


다. 회로도

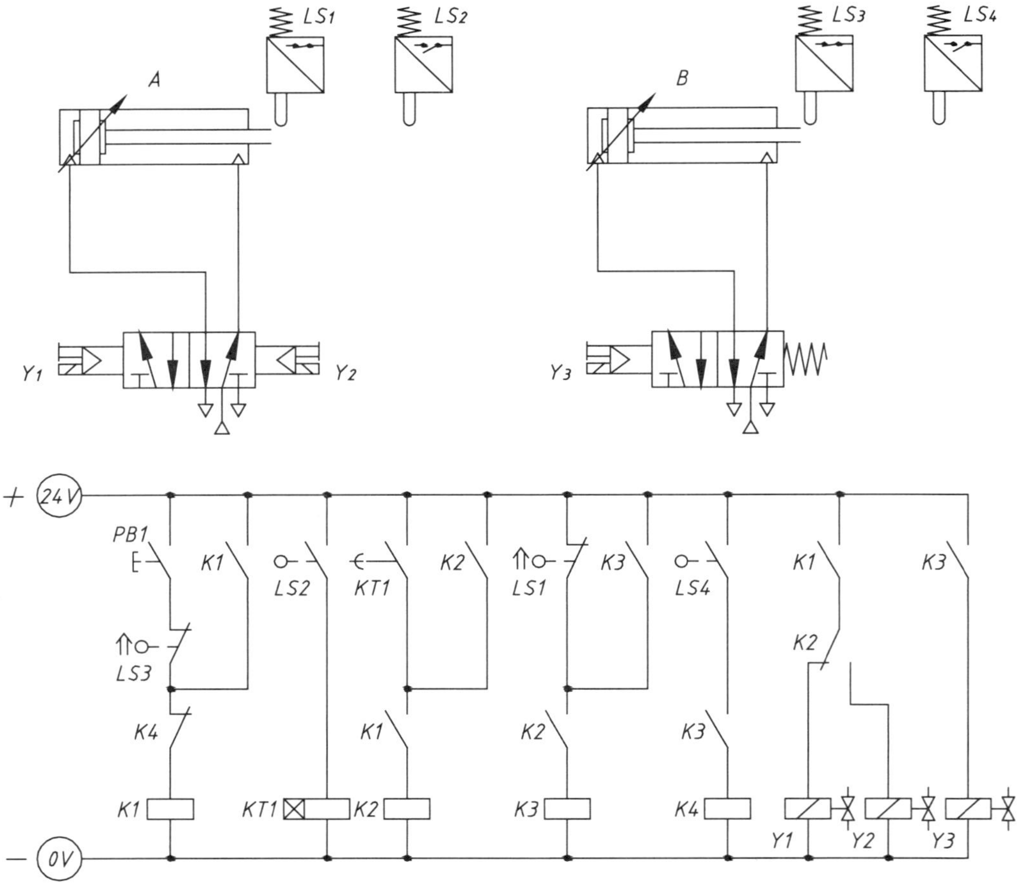

## 13 전기공압 13과제

| 자격종목 | 설비보전 기능사 | 과제명 | 공압회로 구성작업 | 척도 | NS |

나. 변위-단계선도

다. 회로도

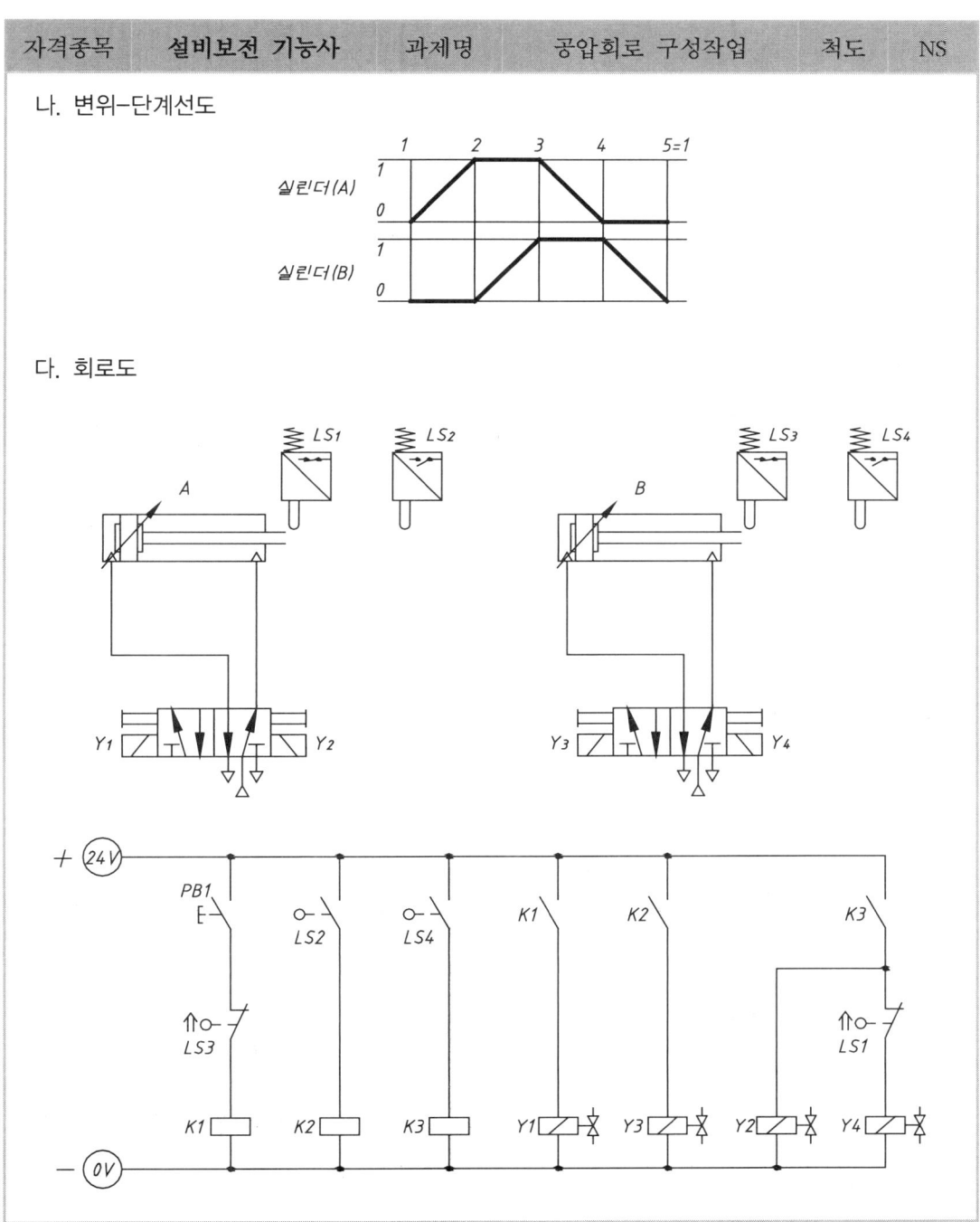

## 14 전기공압 14과제

| 자격종목 | 설비보전 기능사 | 과제명 | 공압회로 구성작업 | 척도 | NS |

나. 변위-단계선도

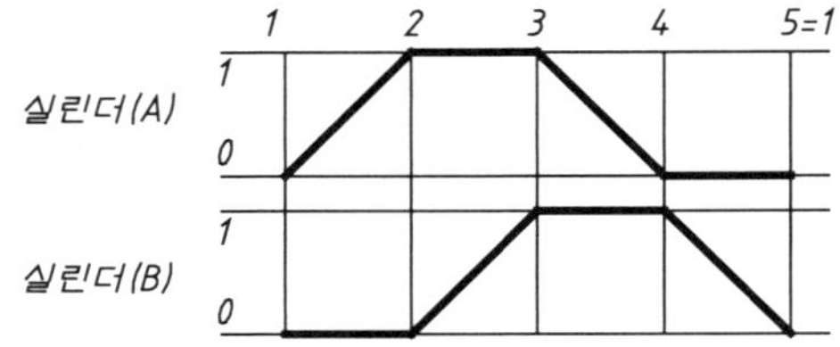

다. 회로도

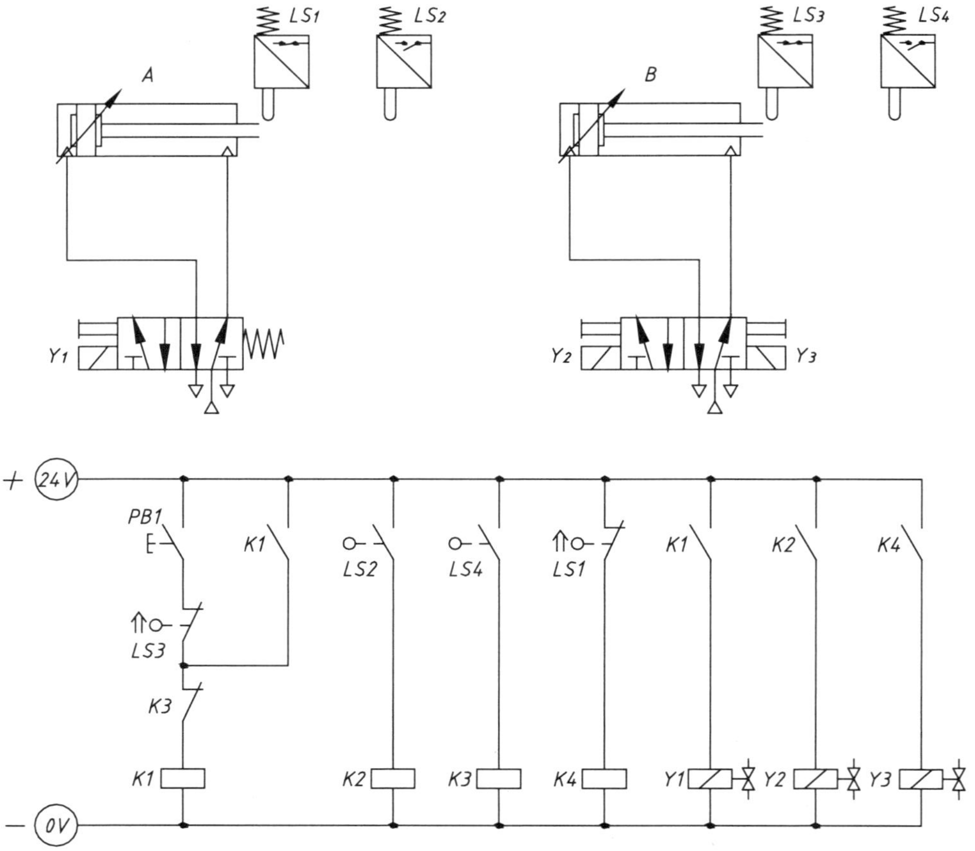

# 15 전기공압 15과제

| 자격종목 | 설비보전 기능사 | 과제명 | 공압회로 구성작업 | 척도 | NS |

나. 변위-단계선도

다. 회로도

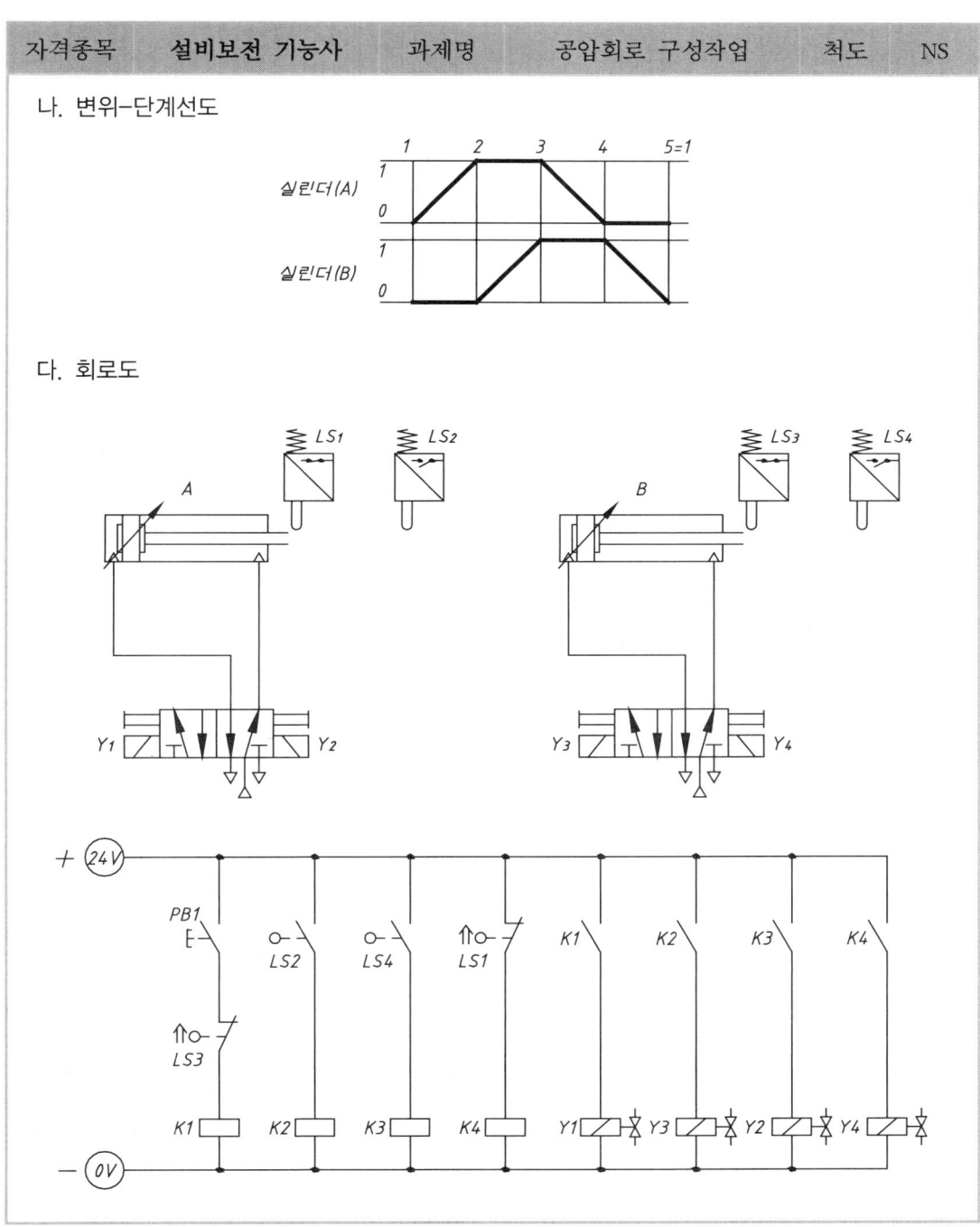

## 16. 전기공압 16과제

| 자격종목 | 설비보전 기능사 | 과제명 | 공압회로 구성작업 | 척도 | NS |

나. 변위-단계선도

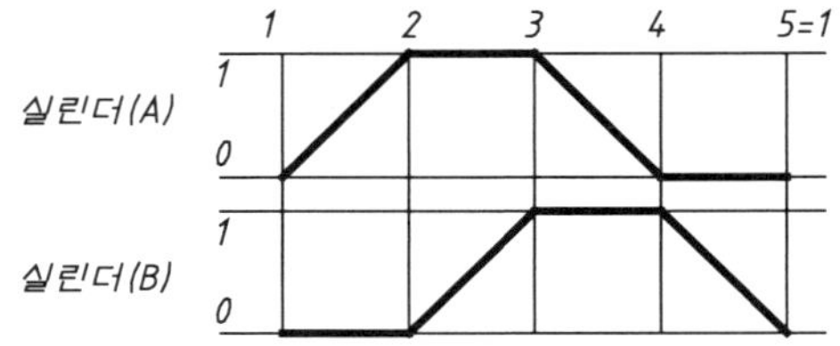

다. 회로도

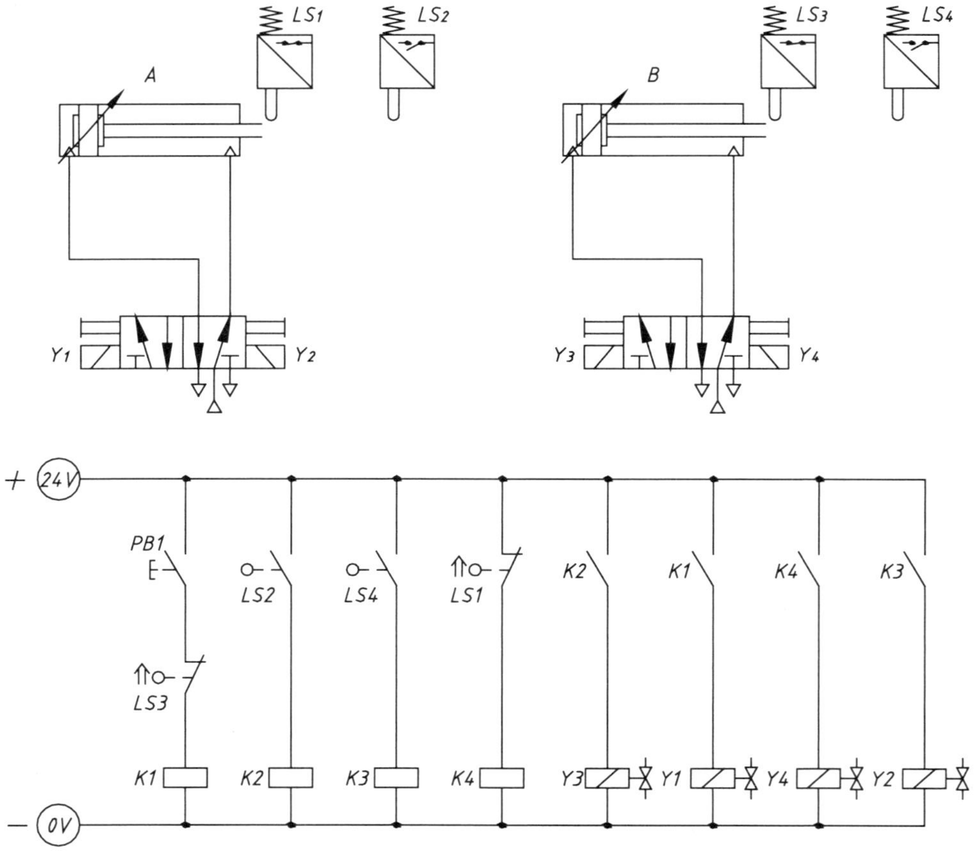

# 17 전기공압 17과제

| 자격종목 | 설비보전 기능사 | 과제명 | 공압회로 구성작업 | 척도 | NS |

나. 변위-단계선도

다. 회로도

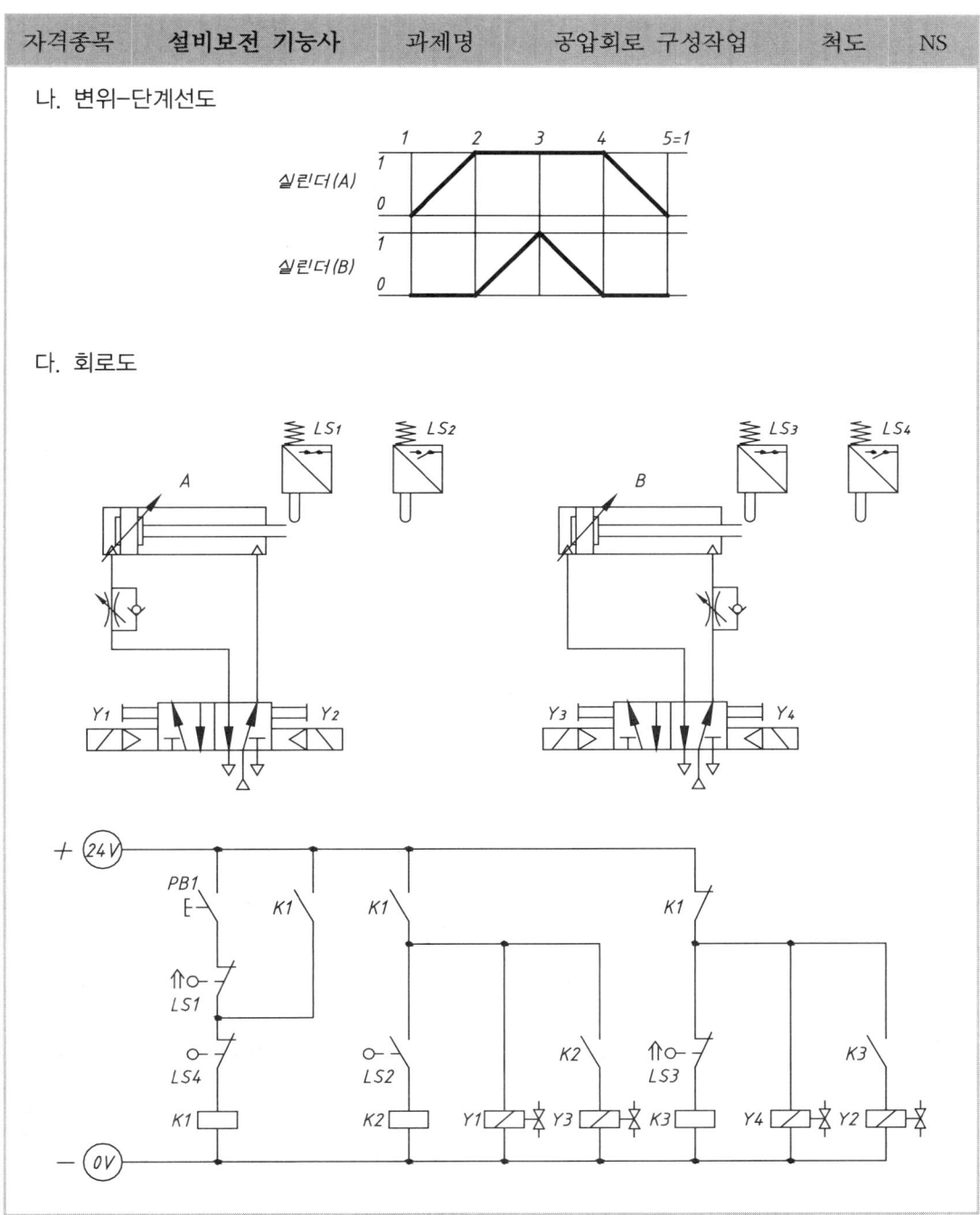

## 18. 전기공압 18과제

| 자격종목 | 설비보전 기능사 | 과제명 | 공압회로 구성작업 | 척도 | NS |

나. 변위-단계선도

다. 회로도

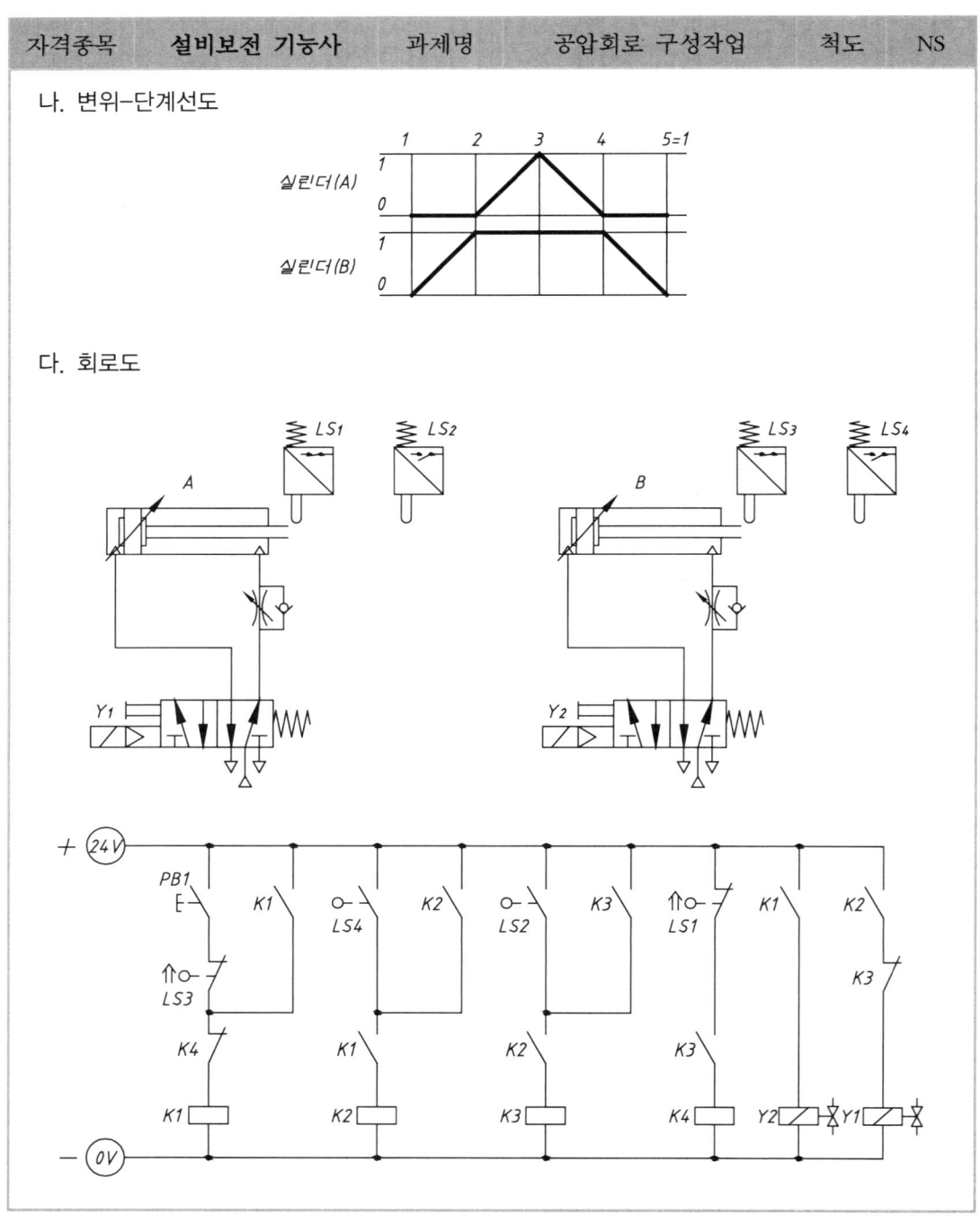

## 19 전기공압 19과제

| 자격종목 | 설비보전 기능사 | 과제명 | 공압회로 구성작업 | 척도 | NS |

나. 변위-단계선도

다. 회로도

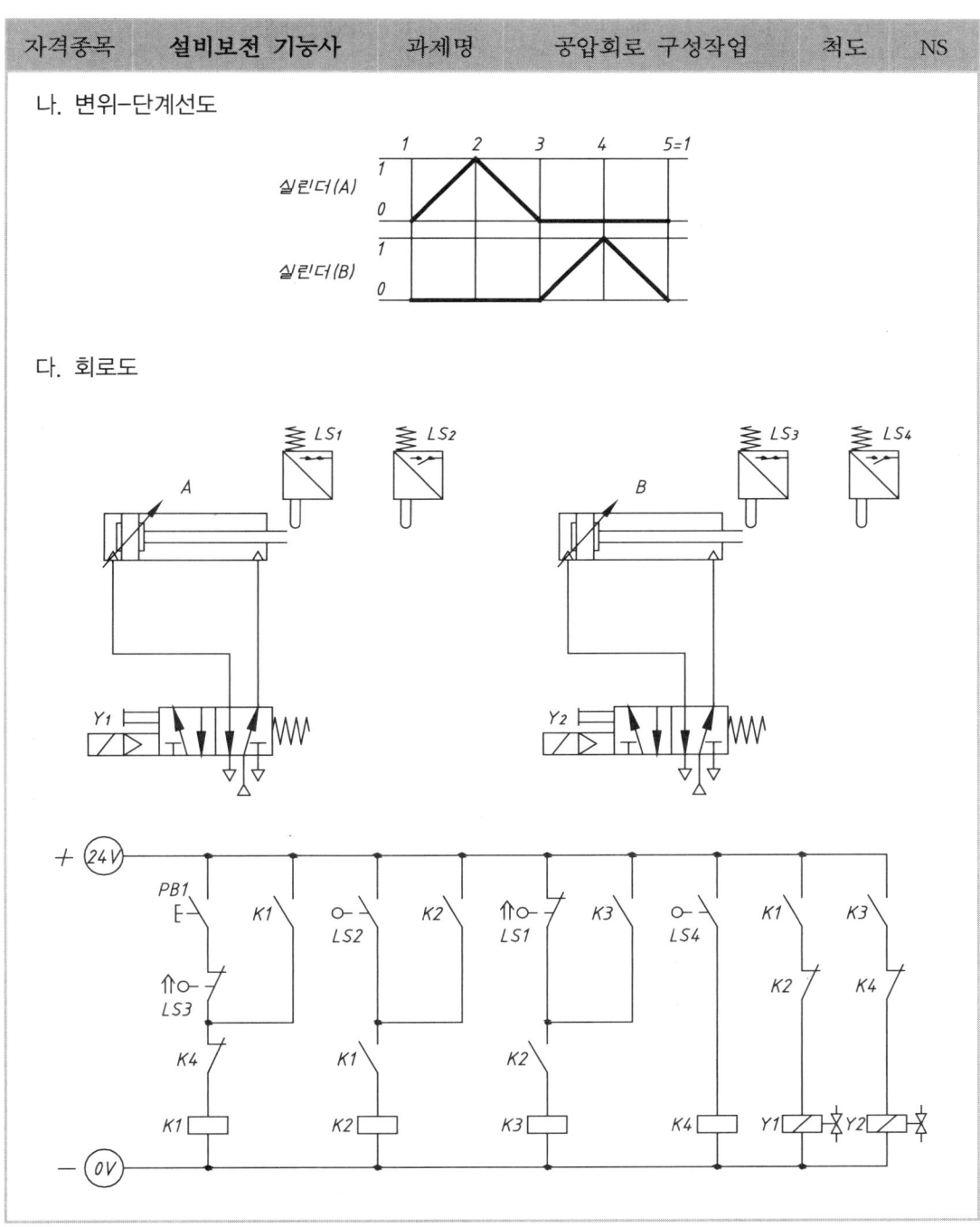

# 20 전기공압 20과제

| 자격종목 | 설비보전 기능사 | 과제명 | 공압회로 구성작업 | 척도 | NS |

나. 변위-단계선도

다. 회로도

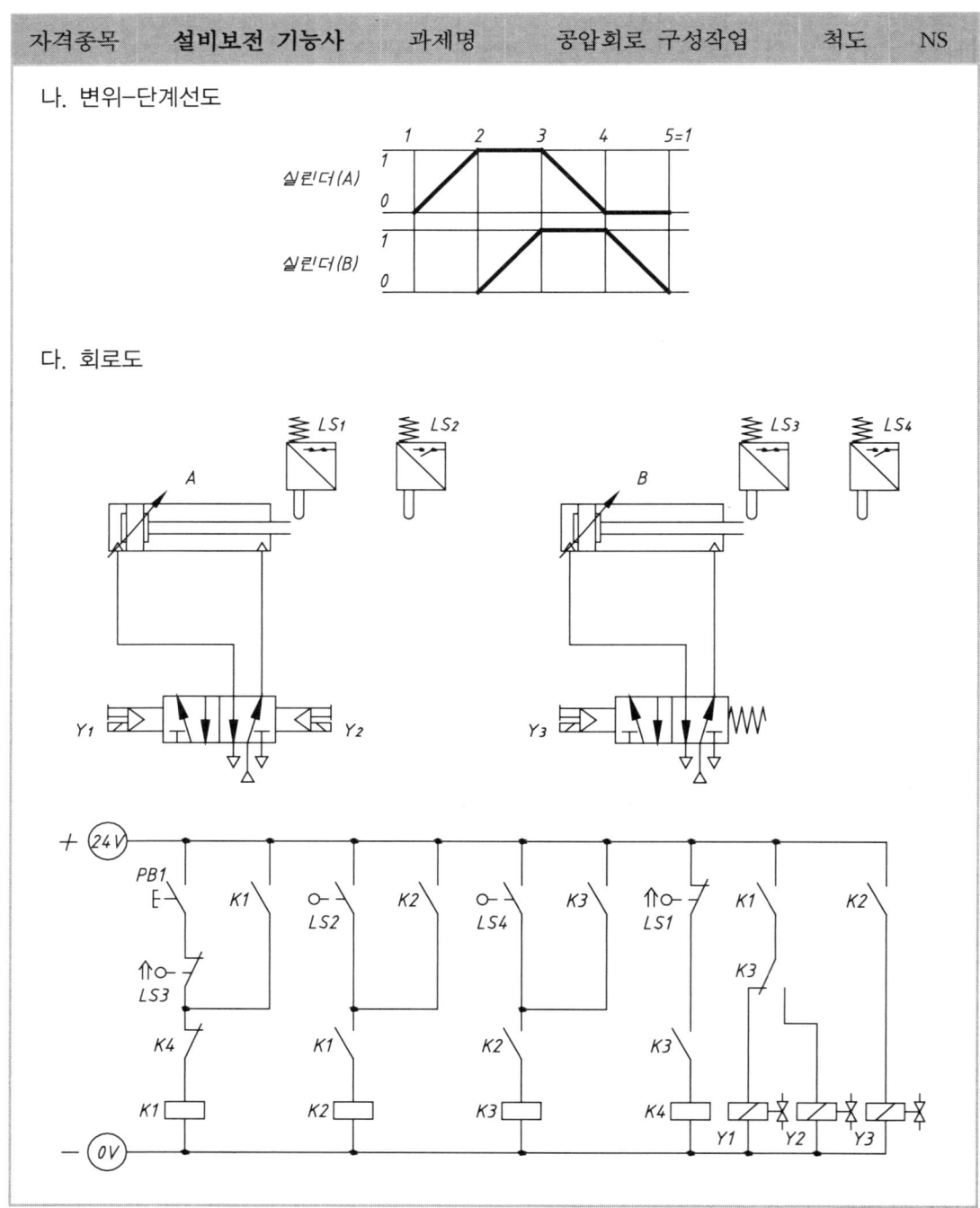

## 21 전기공압 21과제

| 자격종목 | 설비보전 기능사 | 과제명 | 공압회로 구성작업 | 척도 | NS |

나. 변위-단계선도

다. 회로도

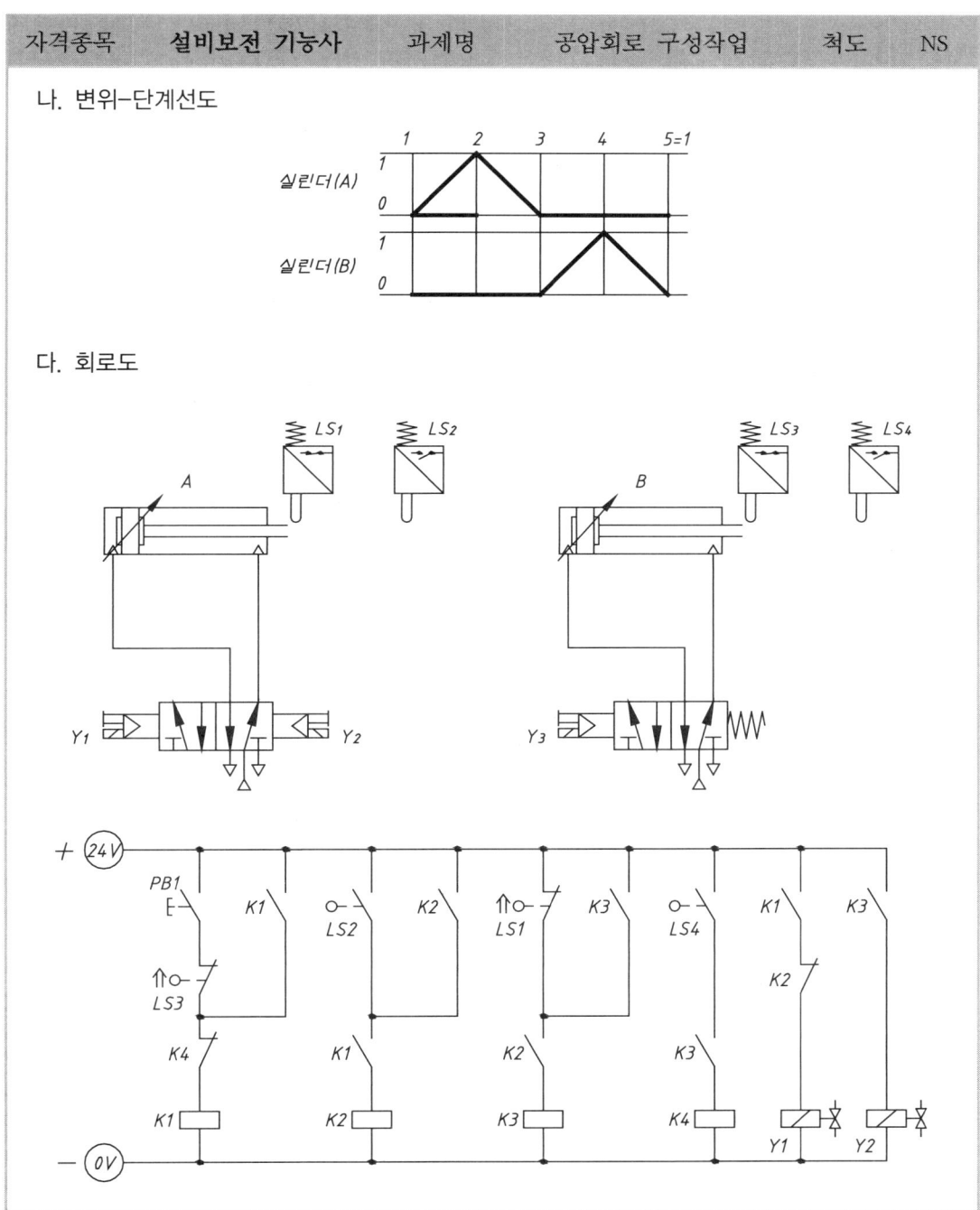

# Ⅶ. 유압실습 예제

## 1. 전기유압 1과제

| 자격종목 | 설비보전 기능사 | 과제명 | 유압회로 구성작업 | 척도 | NS |

### 3. 도면 2(2과제)

가. 회로도

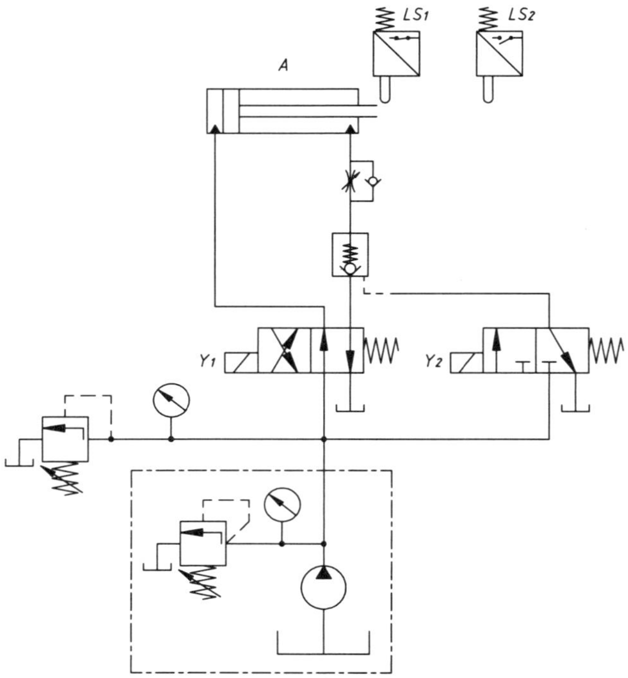

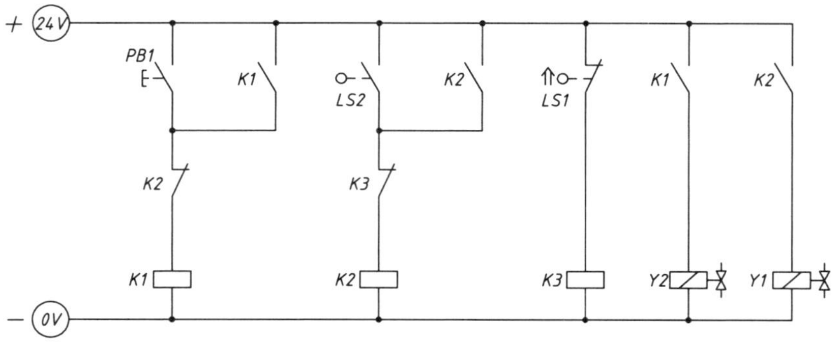

나. 동작 내용
 : PB1 스위치를 ON-OFF하면 실린더는 1회 왕복 운동한다.

### 가) 압력설정 회로

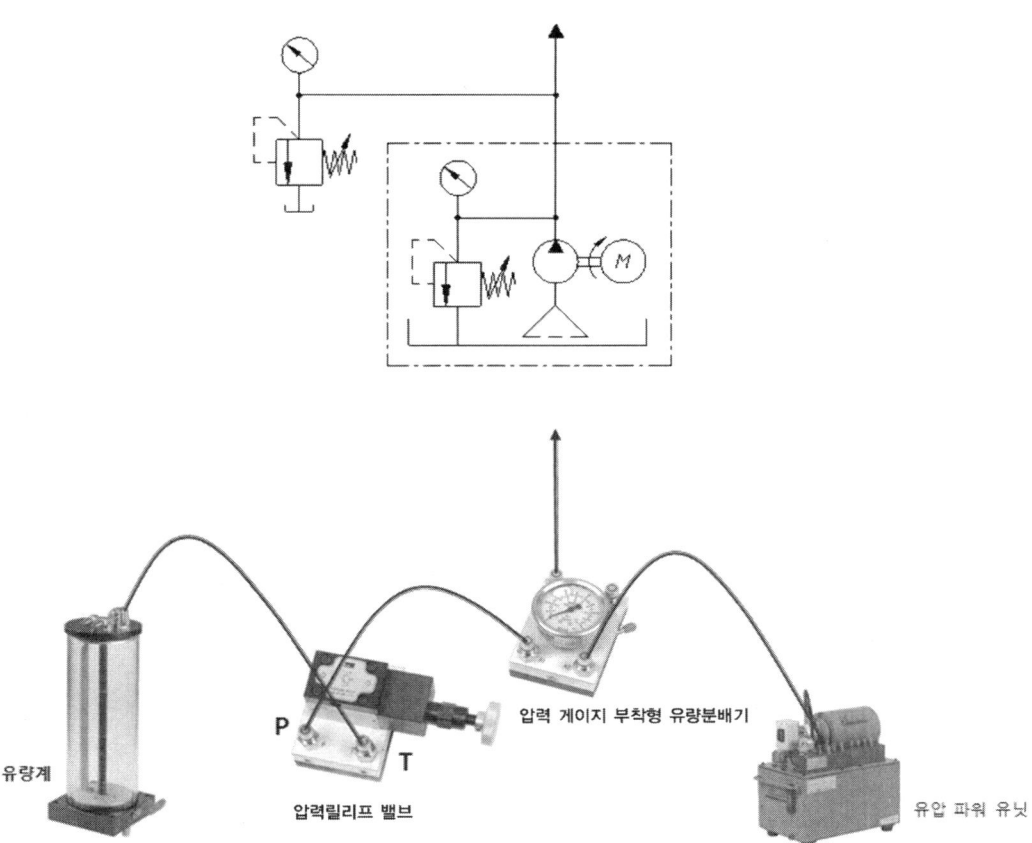

## 나) 1과제 유압 회로도

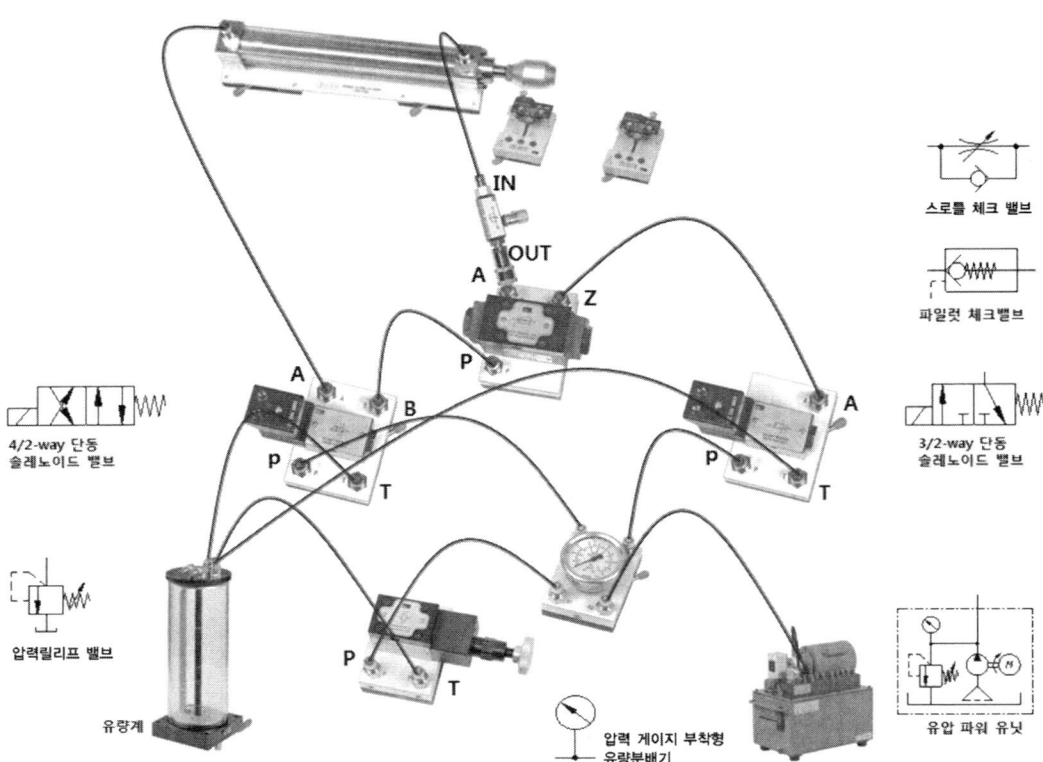

## 2. 전기유압 2과제

| 자격종목 | 설비보전 기능사 | 과제명 | 유압회로 구성작업 | 척도 | NS |

**3. 도면 2(2과제)**

가. 회로도

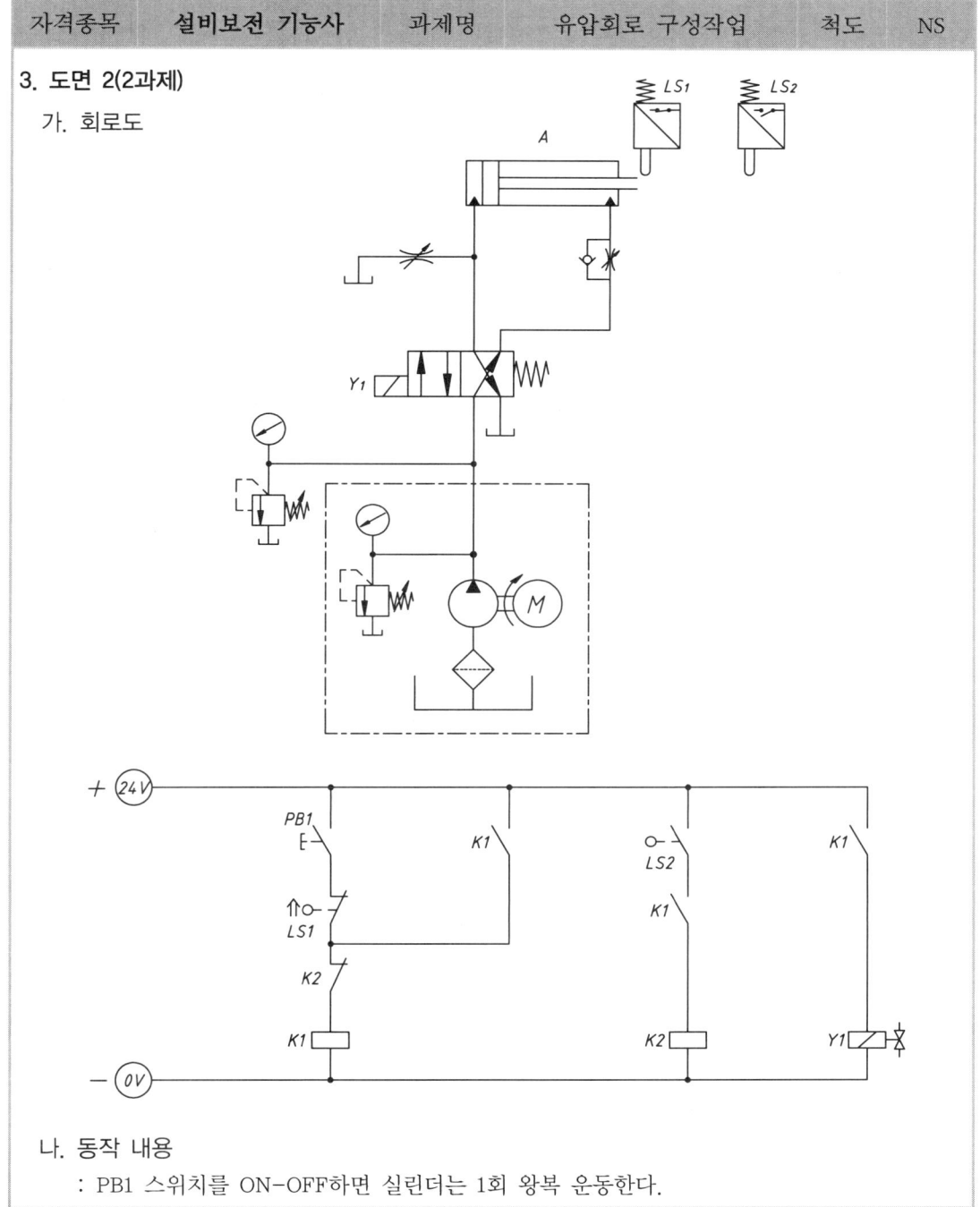

나. 동작 내용
 : PB1 스위치를 ON-OFF하면 실린더는 1회 왕복 운동한다.

## 가) 2과제 유압 회로도

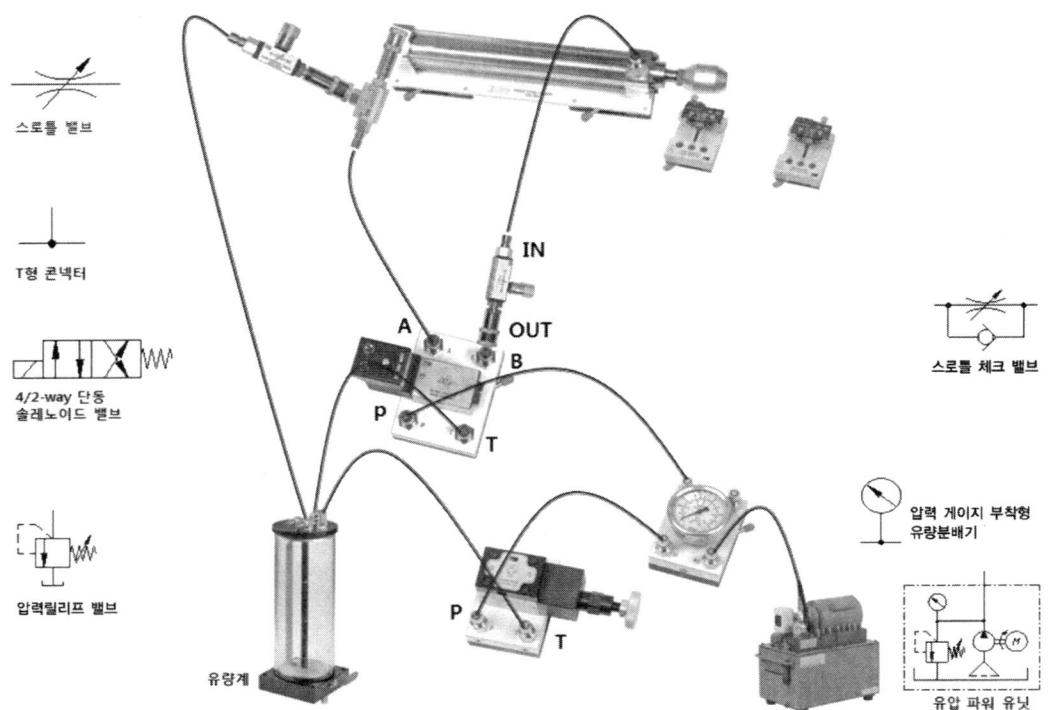

# 3 전기유압 3과제

| 자격종목 | 설비보전 기능사 | 과제명 | 유압회로 구성작업 | 척도 | NS |

### 3. 도면 2(2과제)
가. 회로도

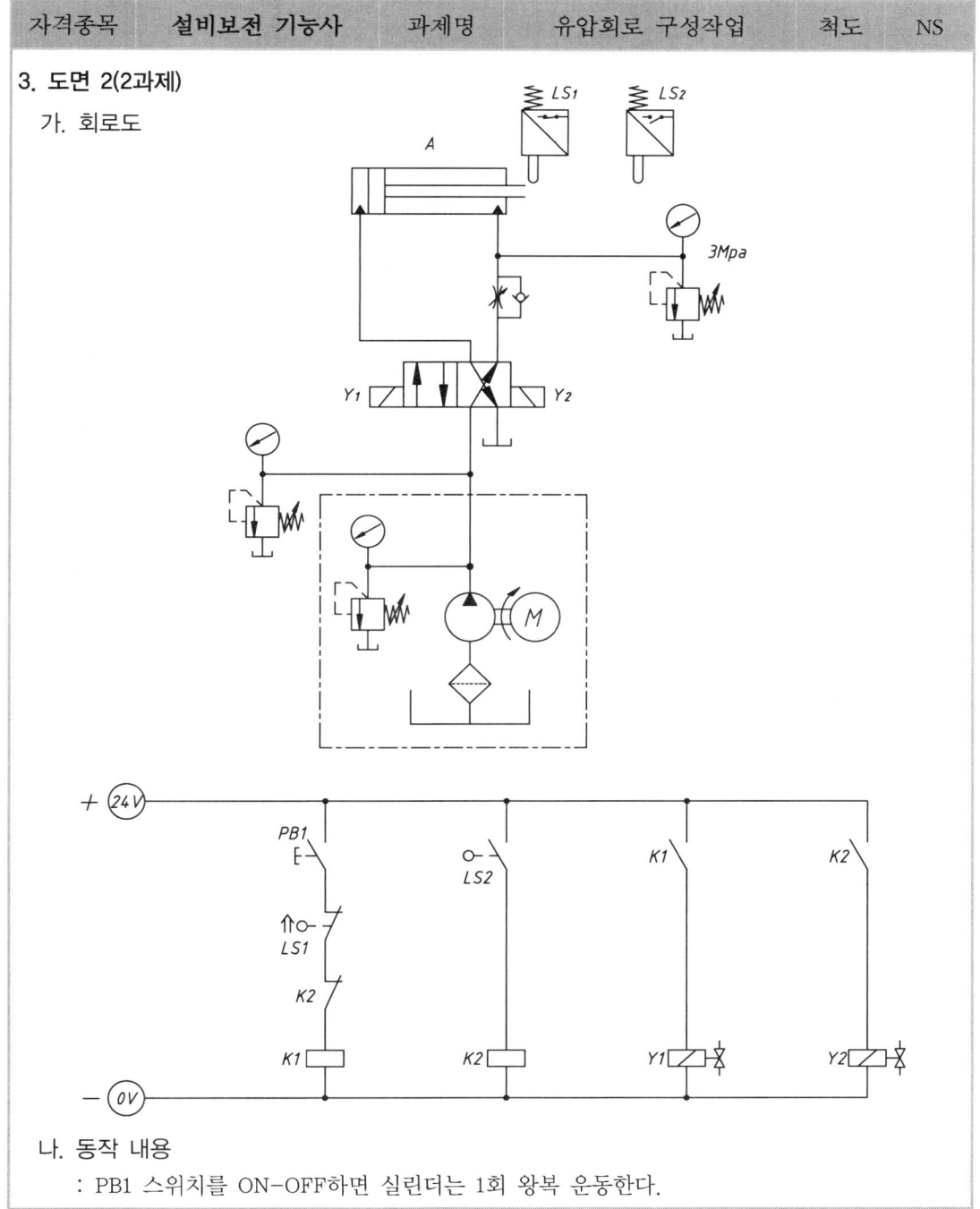

나. 동작 내용
: PB1 스위치를 ON-OFF하면 실린더는 1회 왕복 운동한다.

## 가) 3과제 유압 회로도

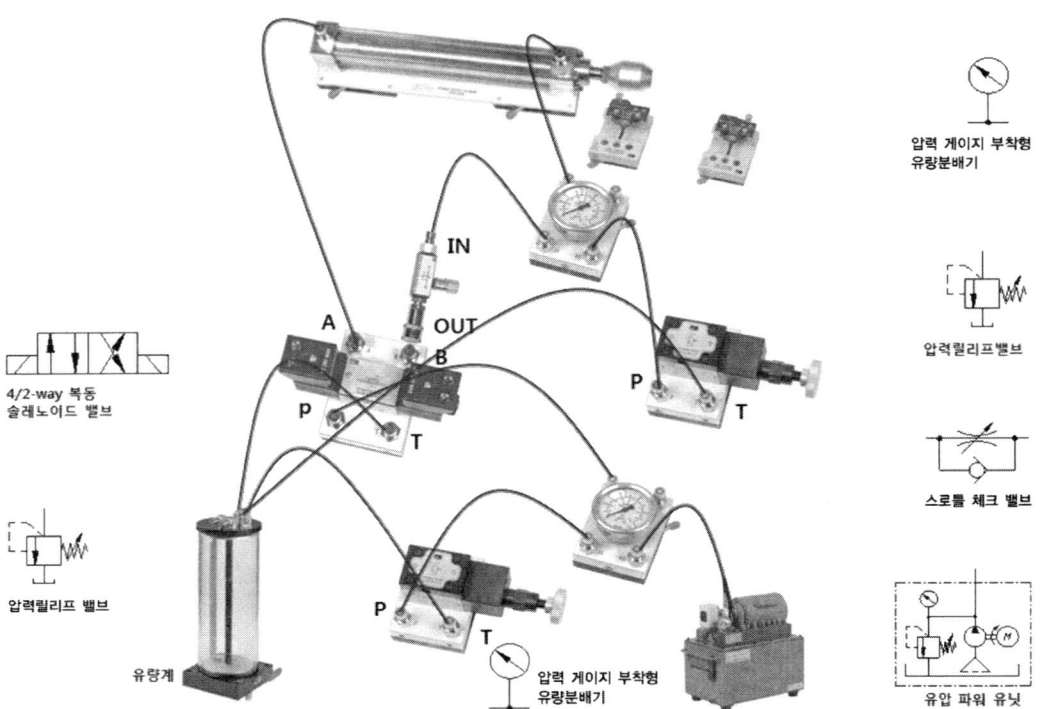

## 4 전기유압 4과제

| 자격종목 | 설비보전 기능사 | 과제명 | 유압회로 구성작업 | 척도 | NS |

### 3. 도면 2(2과제)

가. 회로도

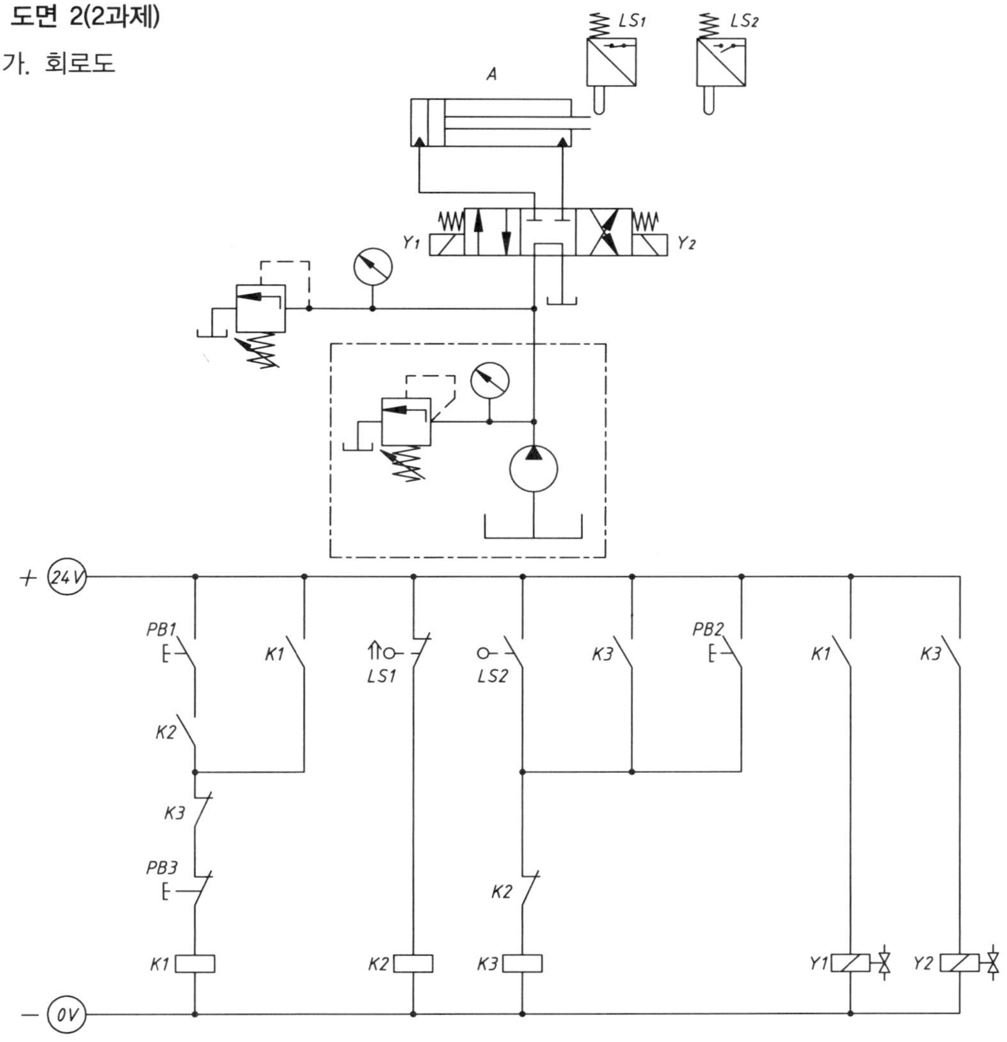

나. 동작 내용

1) PB1 스위치를 ON-OFF하면 실린더는 1회 왕복 운동한다.
2) PB1 스위치를 눌러 실린더가 전진 운동하는 도중에 PB3 스위치를 누르면 실린더는 운동을 정지한다.
3) PB2 스위치는 실린더를 수동으로 후진 운동시키는 역할을 한다.

## 가) 4과제 유압 회로도

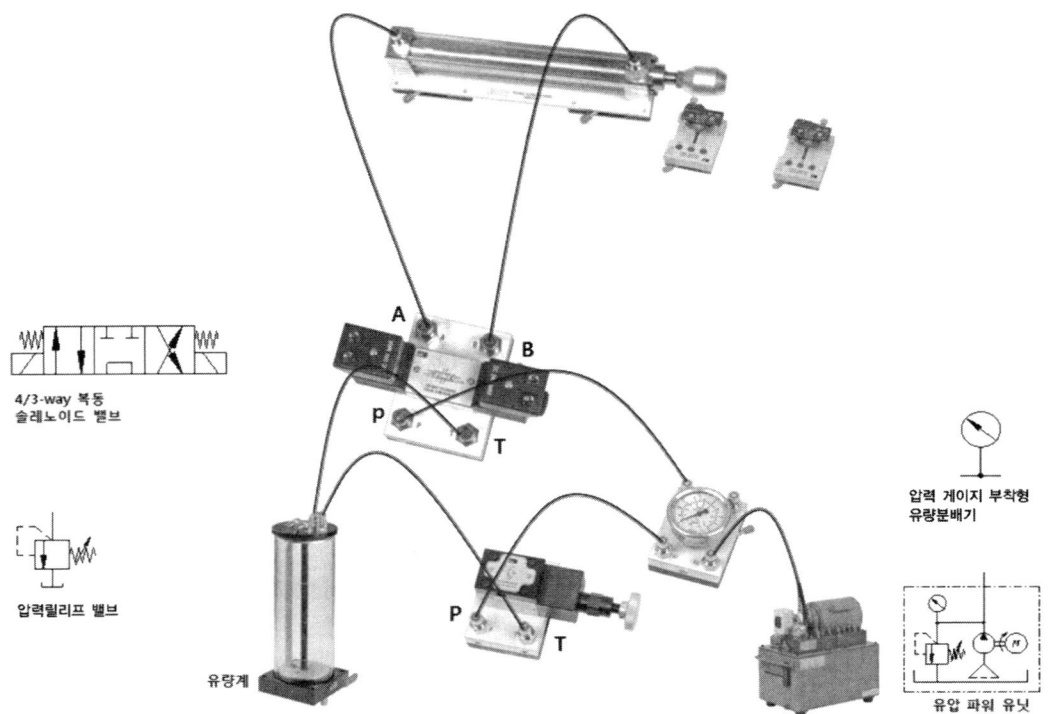

##  전기유압 5과제

| 자격종목 | 설비보전 기능사 | 과제명 | 유압회로 구성작업 | 척도 | NS |

**3. 도면 2(2과제)**

가. 회로도

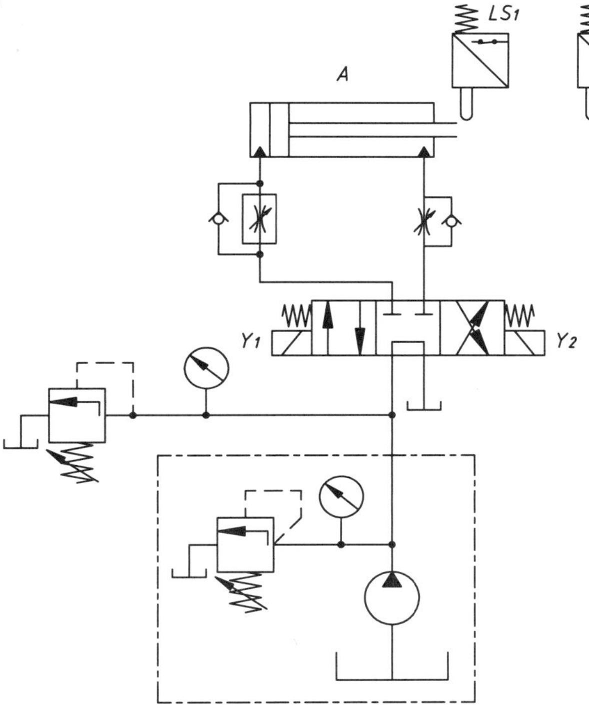

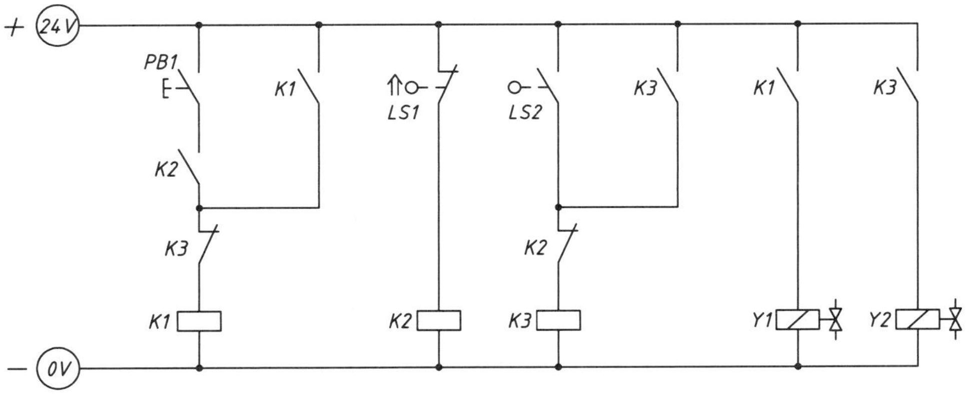

나. 동작 내용
 : PB1 스위치를 ON-OFF하면 실린더는 1회 왕복 운동한다.

## 가) 5과제 유압 회로도

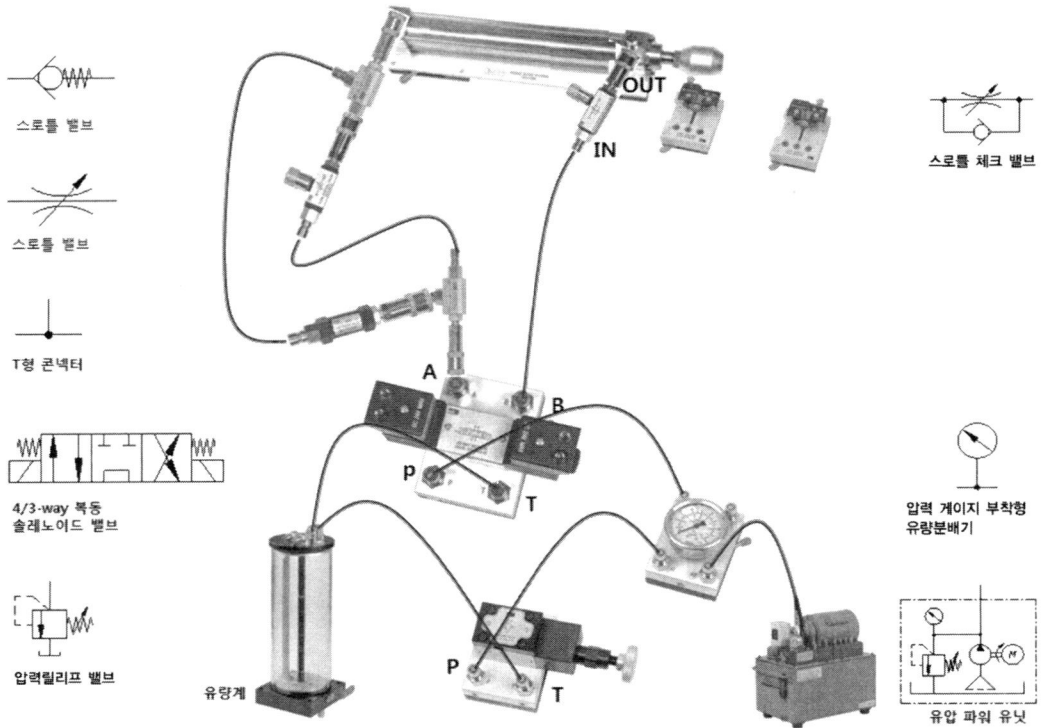

## 6 전기유압 6과제

| 자격종목 | 설비보전 기능사 | 과제명 | 유압회로 구성작업 | 척도 | NS |

**3. 도면 2(2과제)**

가. 회로도

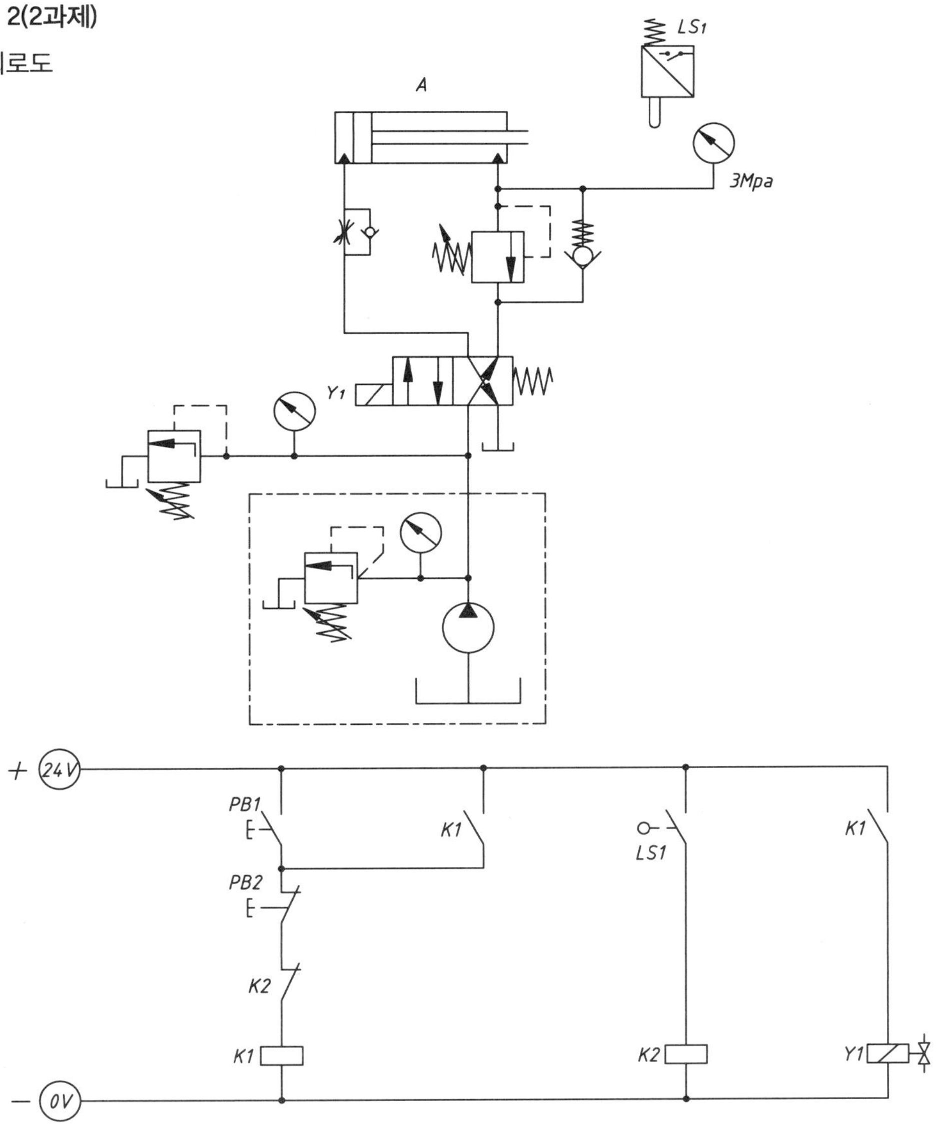

나. 동작 내용

1) PB1 스위치를 ON-OFF하면 실린더는 1회 왕복 운동한다.
2) 전진 운동 도중 PB2 스위치를 조작하면 후진 운동한다.

## 가) 6과제 유압 회로도

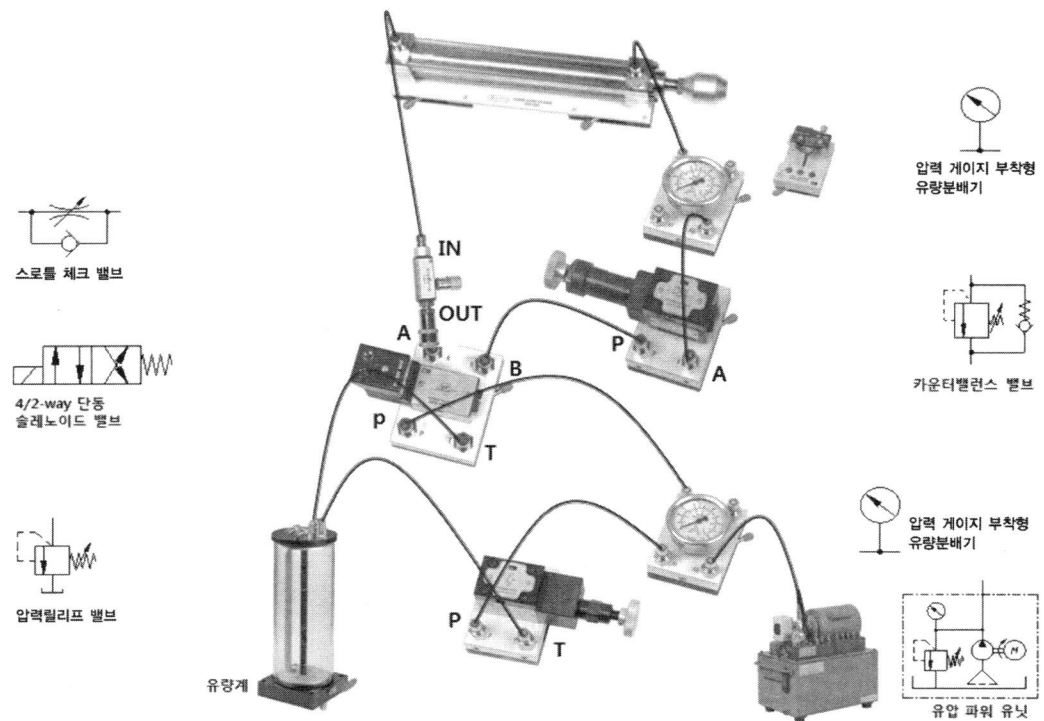

## 7 전기유압 7과제

| 자격종목 | 설비보전 기능사 | 과제명 | 유압회로 구성작업 | 척도 | NS |

### 3. 도면 2(2과제)
가. 회로도

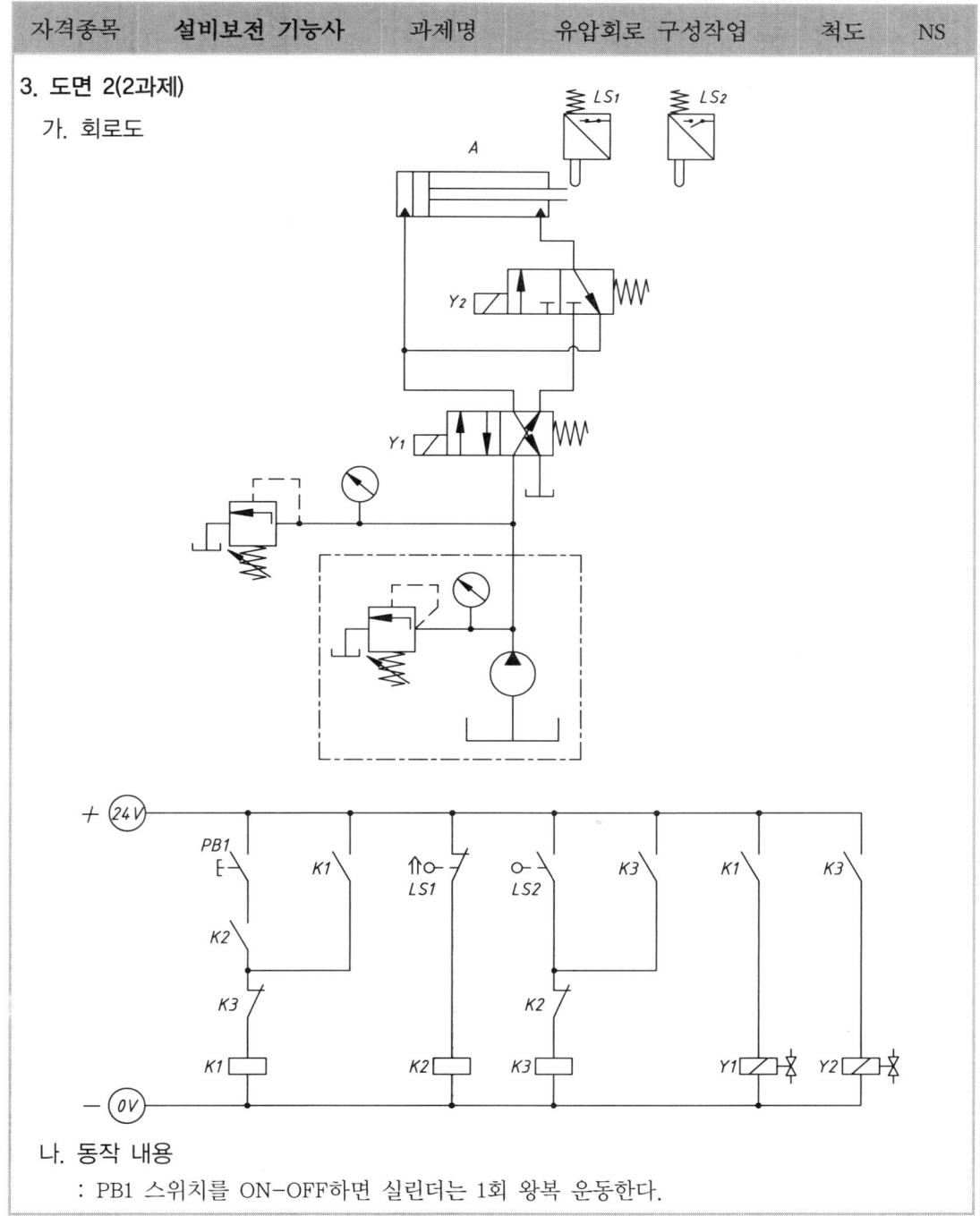

나. 동작 내용
 : PB1 스위치를 ON-OFF하면 실린더는 1회 왕복 운동한다.

## 가) 7과제 유압 회로도

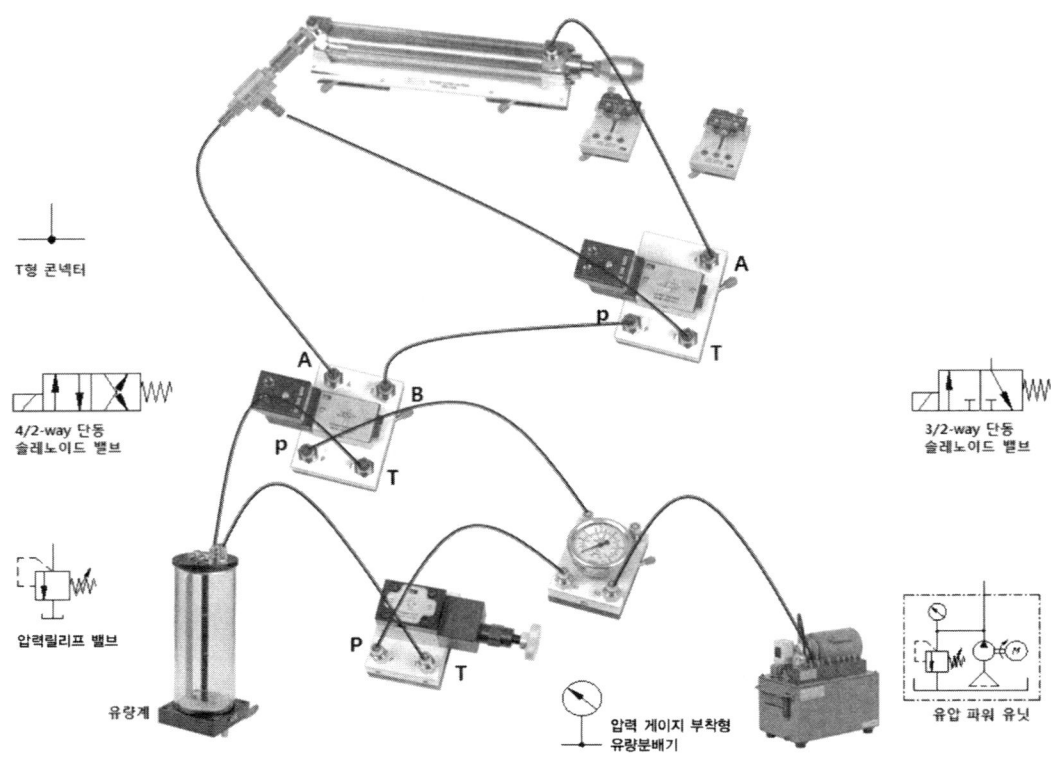

# 8 전기유압 8과제

| 자격종목 | 설비보전 기능사 | 과제명 | 유압회로 구성작업 | 척도 | NS |

### 3. 도면 2(2과제)
가. 회로도

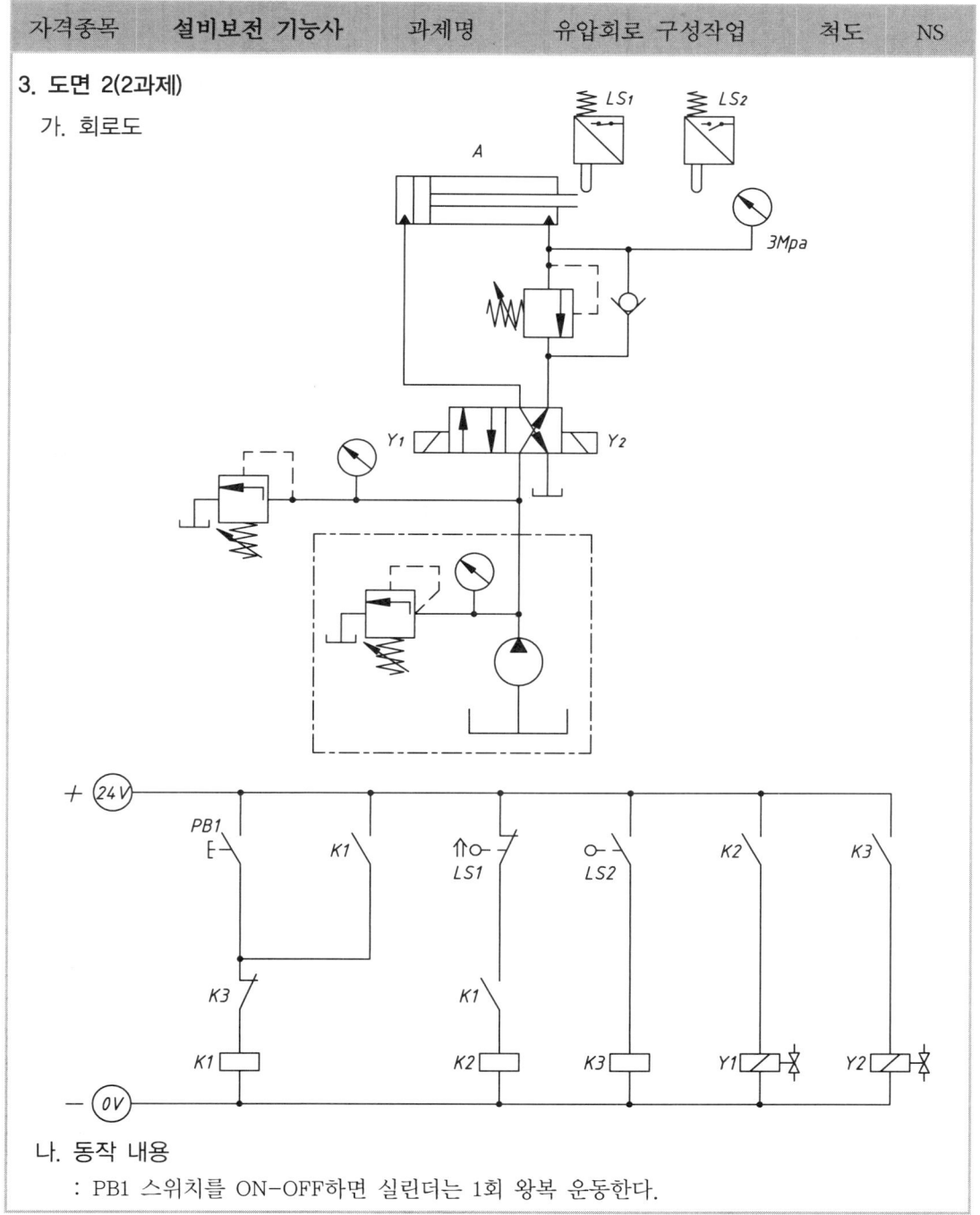

나. 동작 내용
: PB1 스위치를 ON-OFF하면 실린더는 1회 왕복 운동한다.

## 가) 8과제 유압 회로도

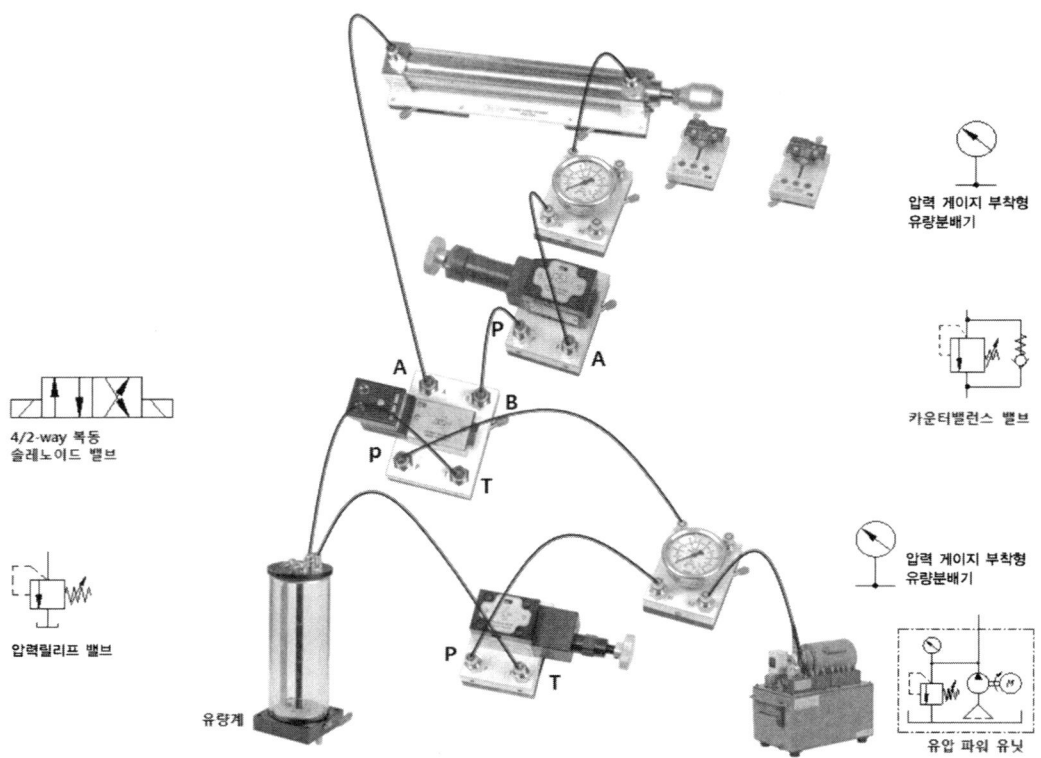

## 9 전기유압 9과제

| 자격종목 | 설비보전 기능사 | 과제명 | 유압회로 구성작업 | 척도 | NS |
|---|---|---|---|---|---|

**3. 도면 2(2과제)**

가. 회로도

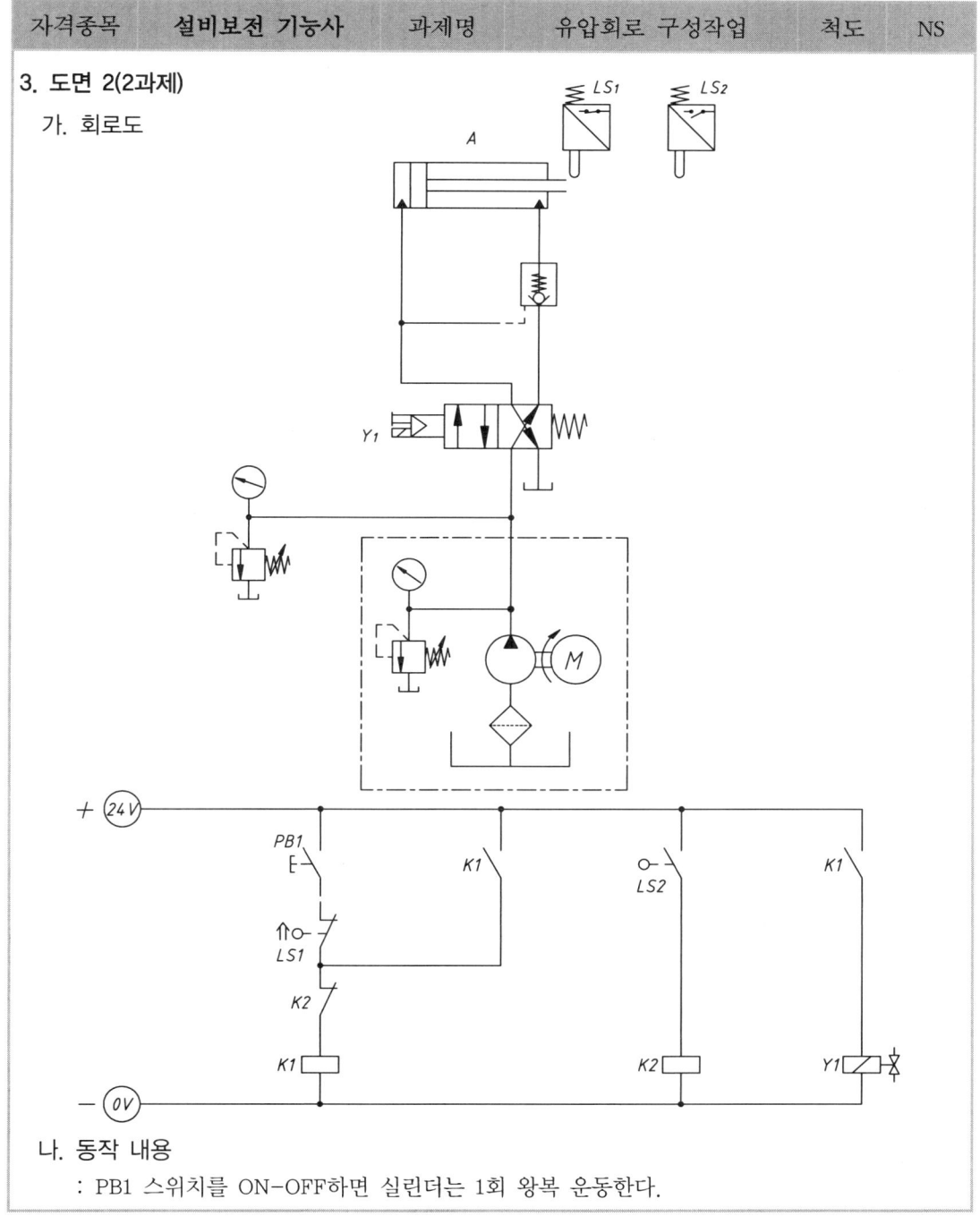

나. 동작 내용
 : PB1 스위치를 ON-OFF하면 실린더는 1회 왕복 운동한다.

## 가) 9과제 유압 회로도

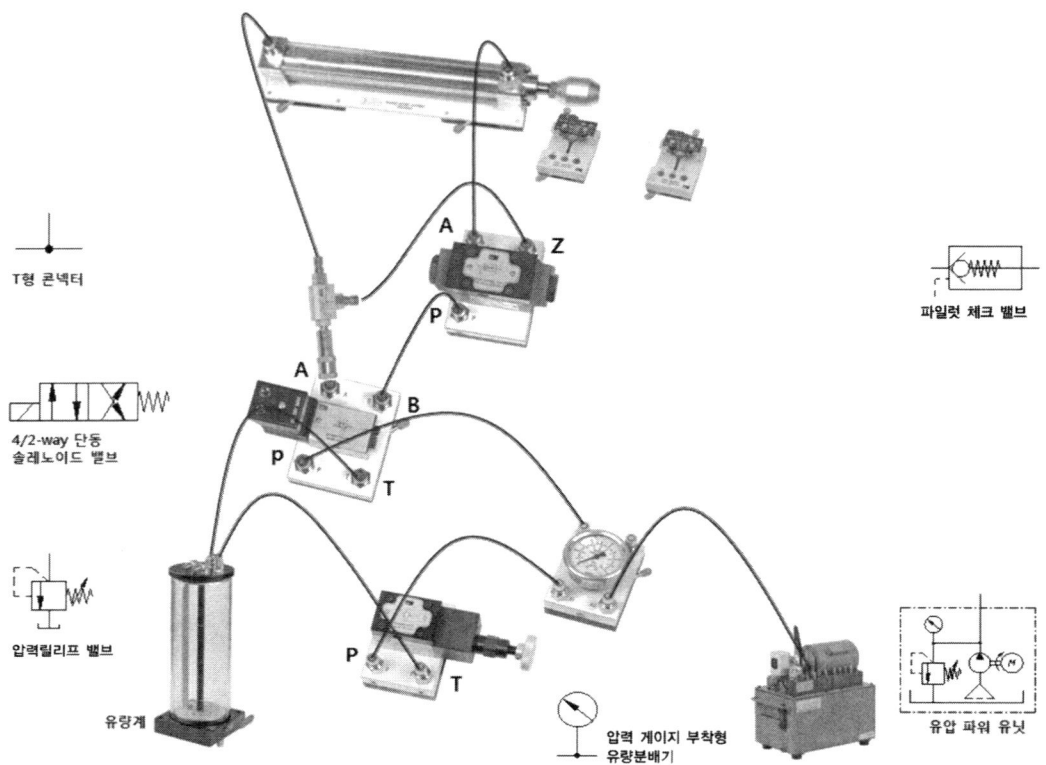

## 10 전기유압 10과제

| 자격종목 | 설비보전 기능사 | 과제명 | 유압회로 구성작업 | 척도 | NS |

### 3. 도면 2(2과제)

가. 회로도

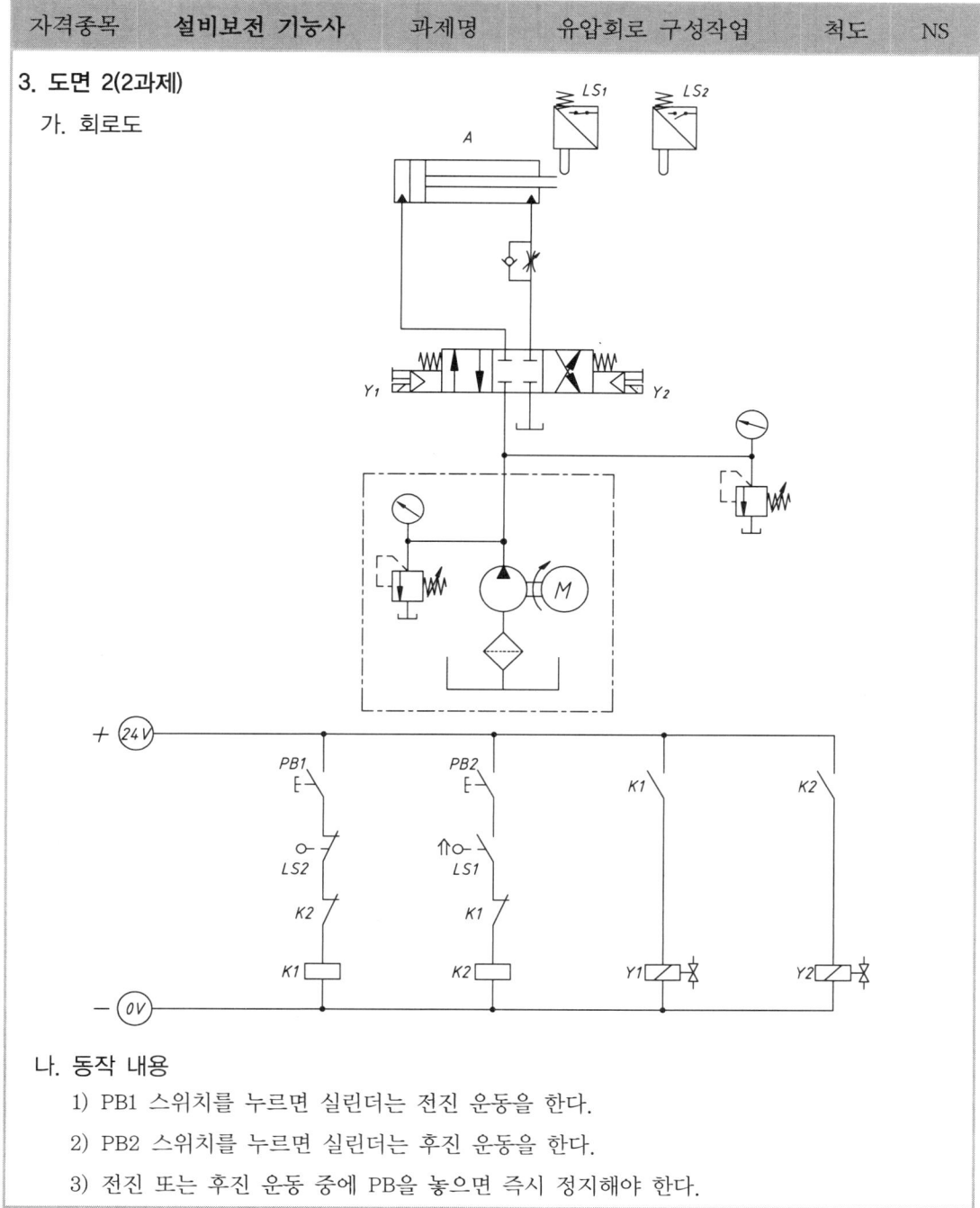

나. 동작 내용

1) PB1 스위치를 누르면 실린더는 전진 운동을 한다.
2) PB2 스위치를 누르면 실린더는 후진 운동을 한다.
3) 전진 또는 후진 운동 중에 PB을 놓으면 즉시 정지해야 한다.

## 가) 10과제 유압 회로도

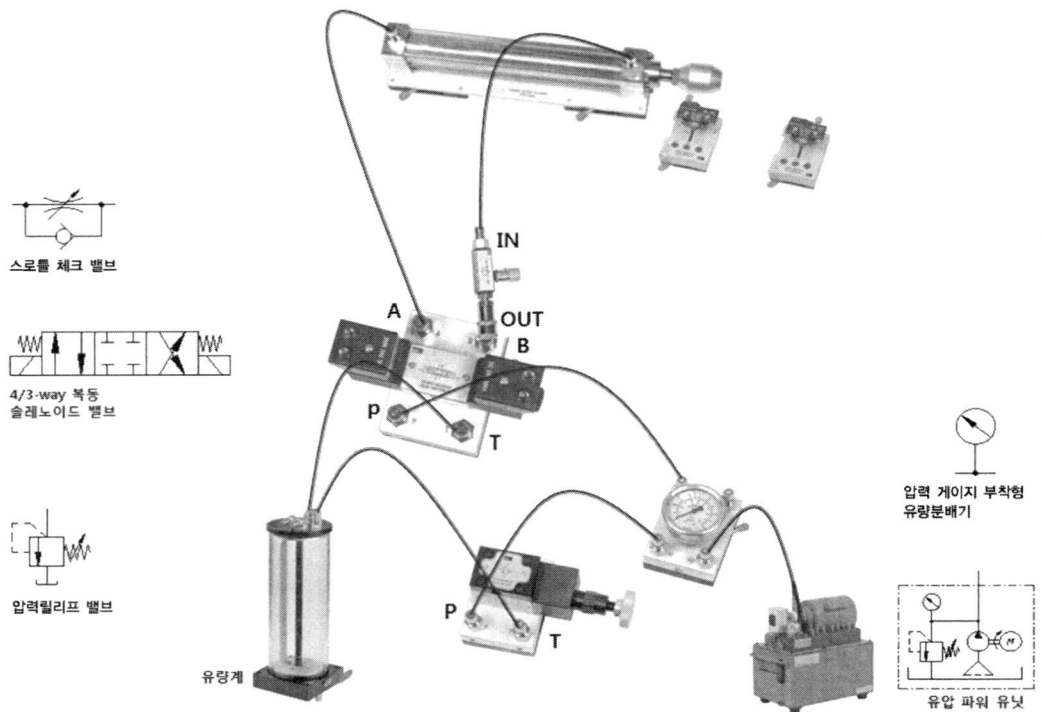

## 11 전기유압 11과제

| 자격종목 | 설비보전 기능사 | 과제명 | 유압회로 구성작업 | 척도 | NS |

**3. 도면 2(2과제)**

가. 회로도

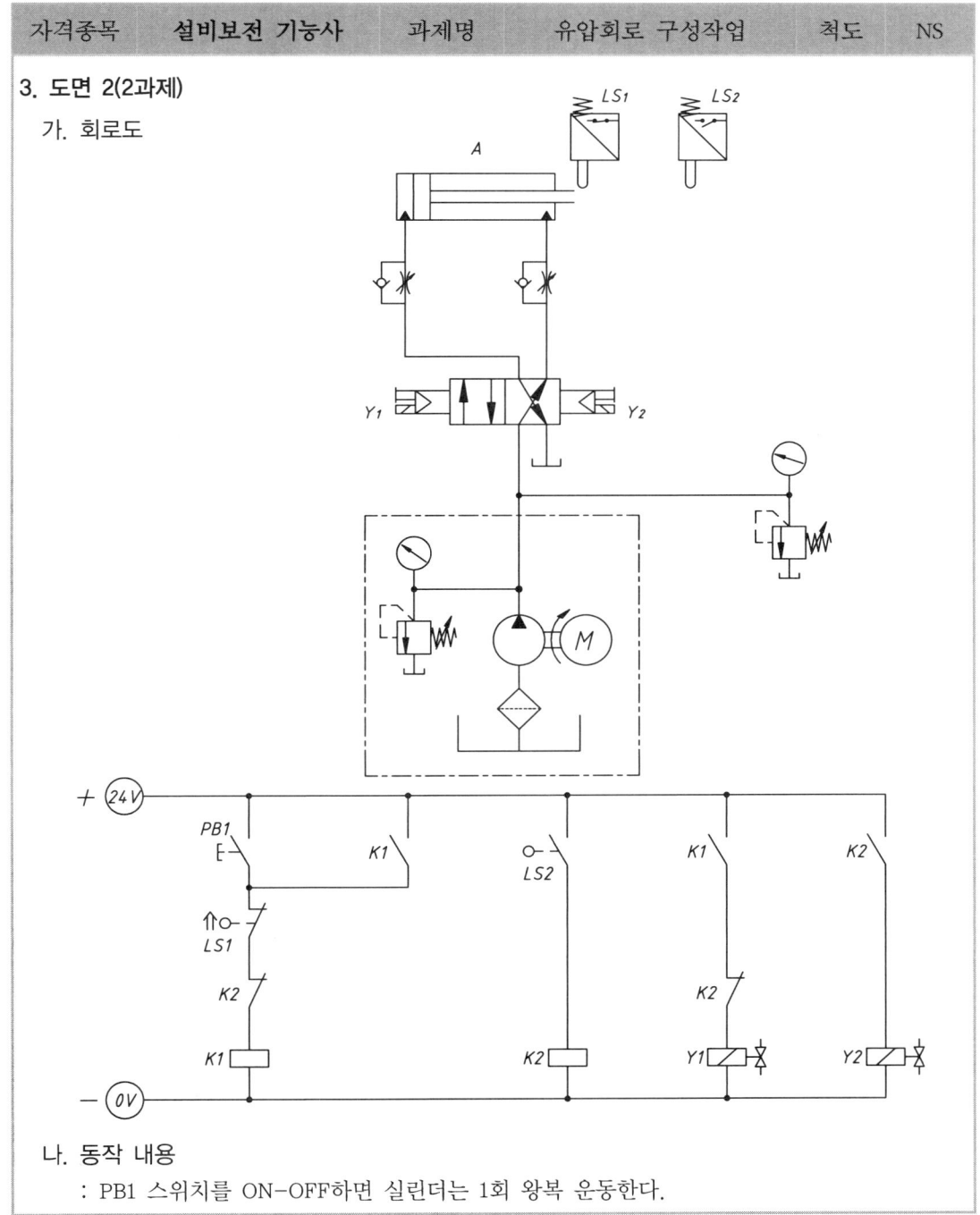

나. 동작 내용
 : PB1 스위치를 ON-OFF하면 실린더는 1회 왕복 운동한다.

## 가) 11과제 유압 회로도

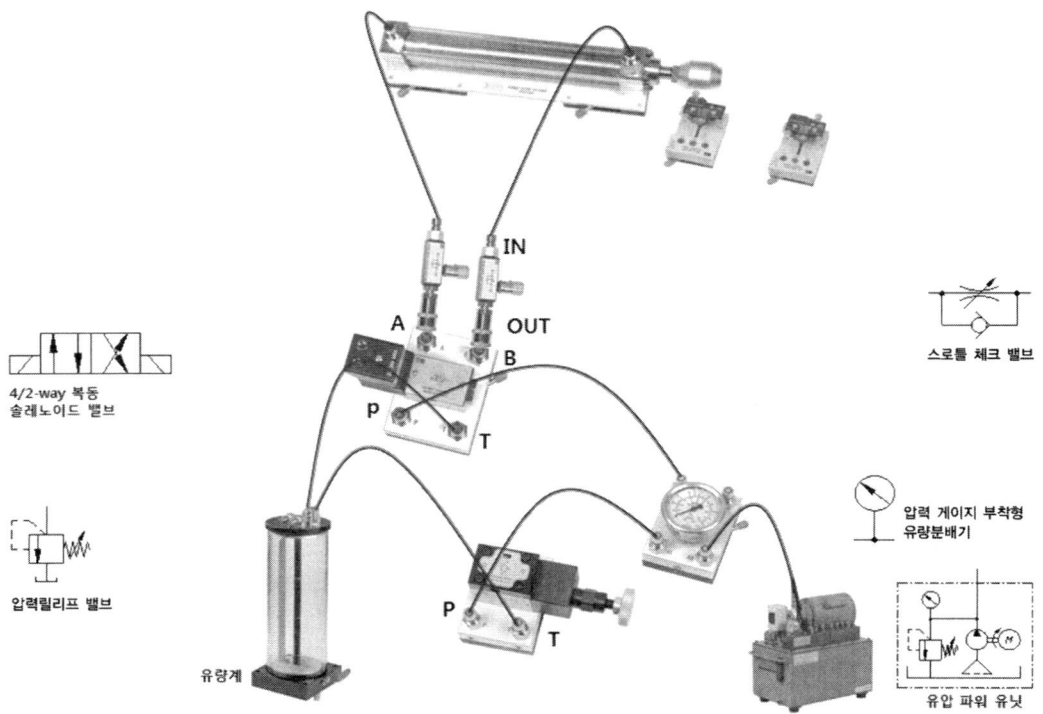

## 12 전기유압 12과제

| 자격종목 | 설비보전 기능사 | 과제명 | 유압회로 구성작업 | 척도 | NS |

### 3. 도면 2(2과제)
가. 회로도

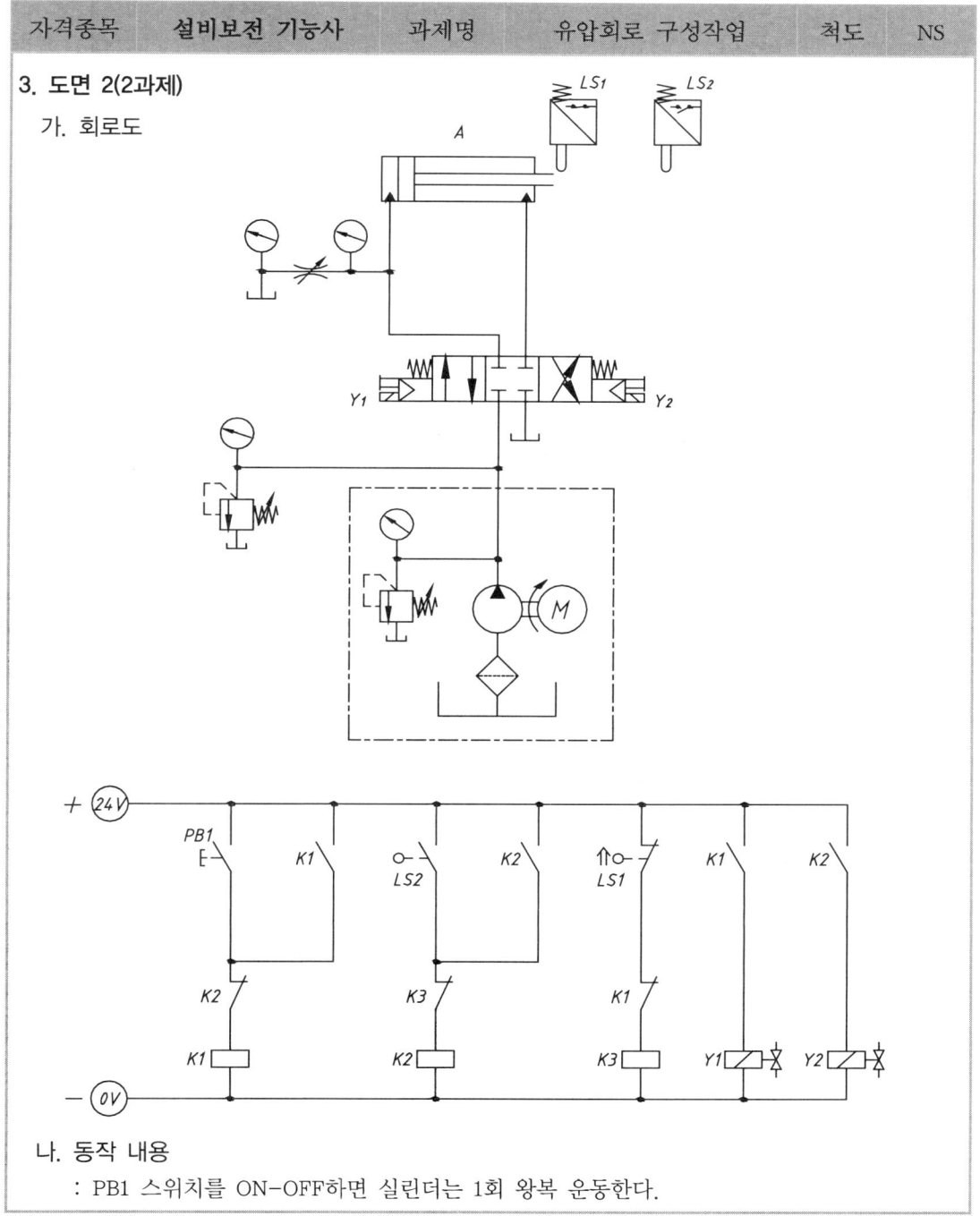

나. 동작 내용
: PB1 스위치를 ON-OFF하면 실린더는 1회 왕복 운동한다.

## 가) 12과제 유압 회로도

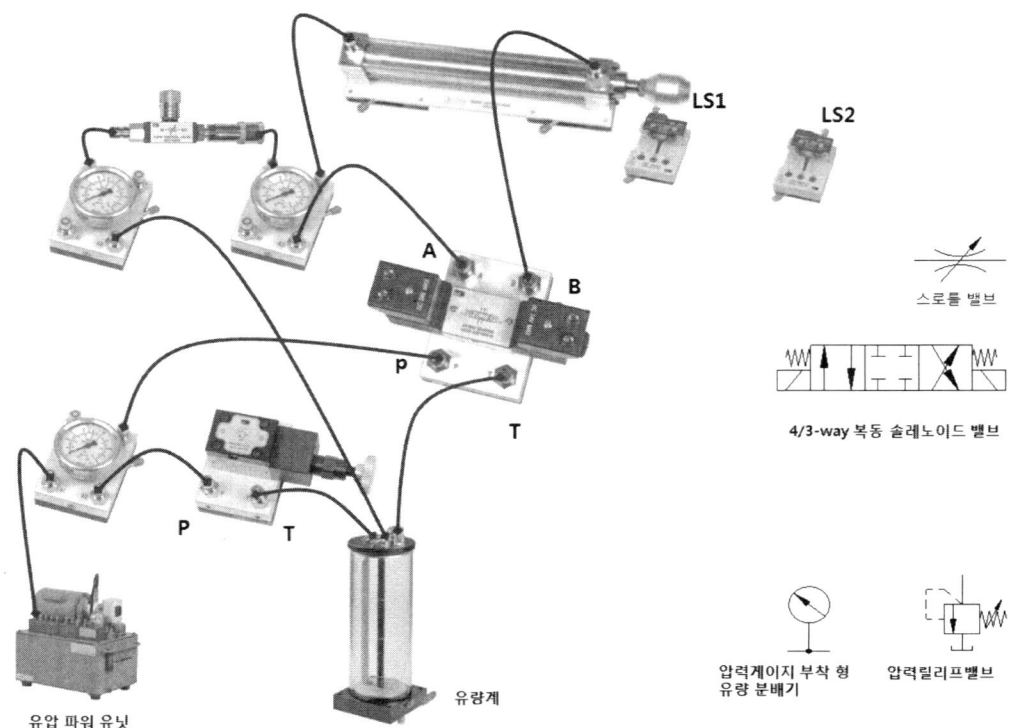

## 13 전기유압 13과제

| 자격종목 | 설비보전 기능사 | 과제명 | 유압회로 구성작업 | 척도 | NS |

**3. 도면 2(2과제)**

가. 회로도

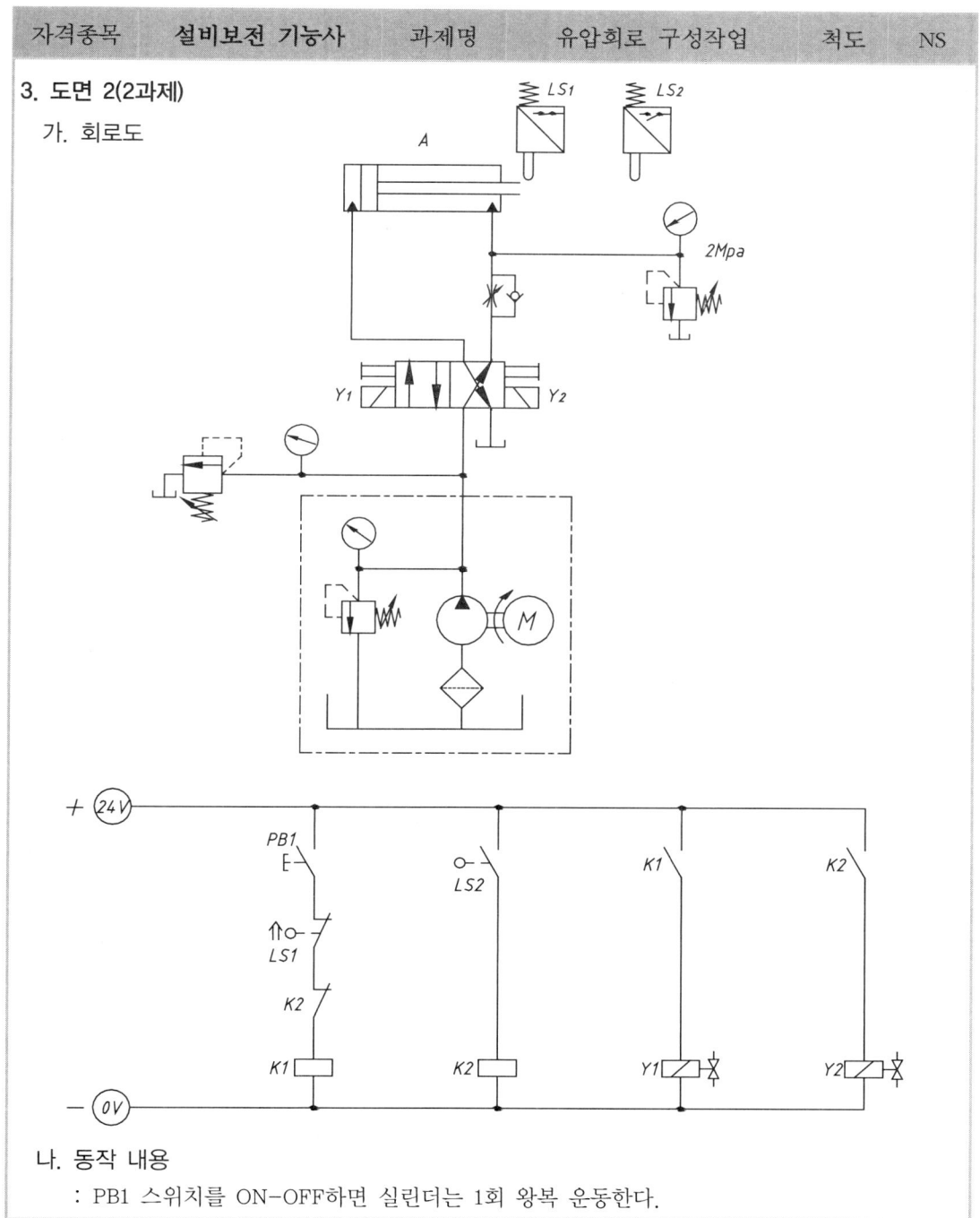

나. 동작 내용
 : PB1 스위치를 ON-OFF하면 실린더는 1회 왕복 운동한다.

## 가) 13과제 유압 회로도

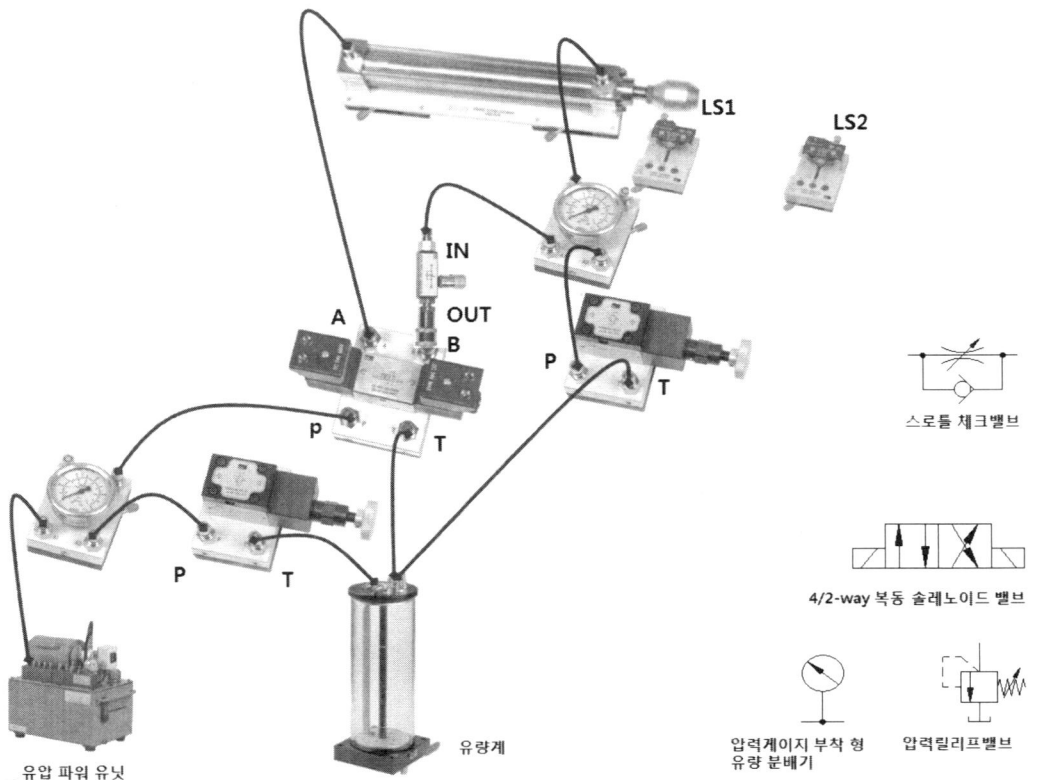

## 14  전기유압 14과제

| 자격종목 | 설비보전 기능사 | 과제명 | 유압회로 구성작업 | 척도 | NS |

**3. 도면 2(2과제)**

가. 회로도

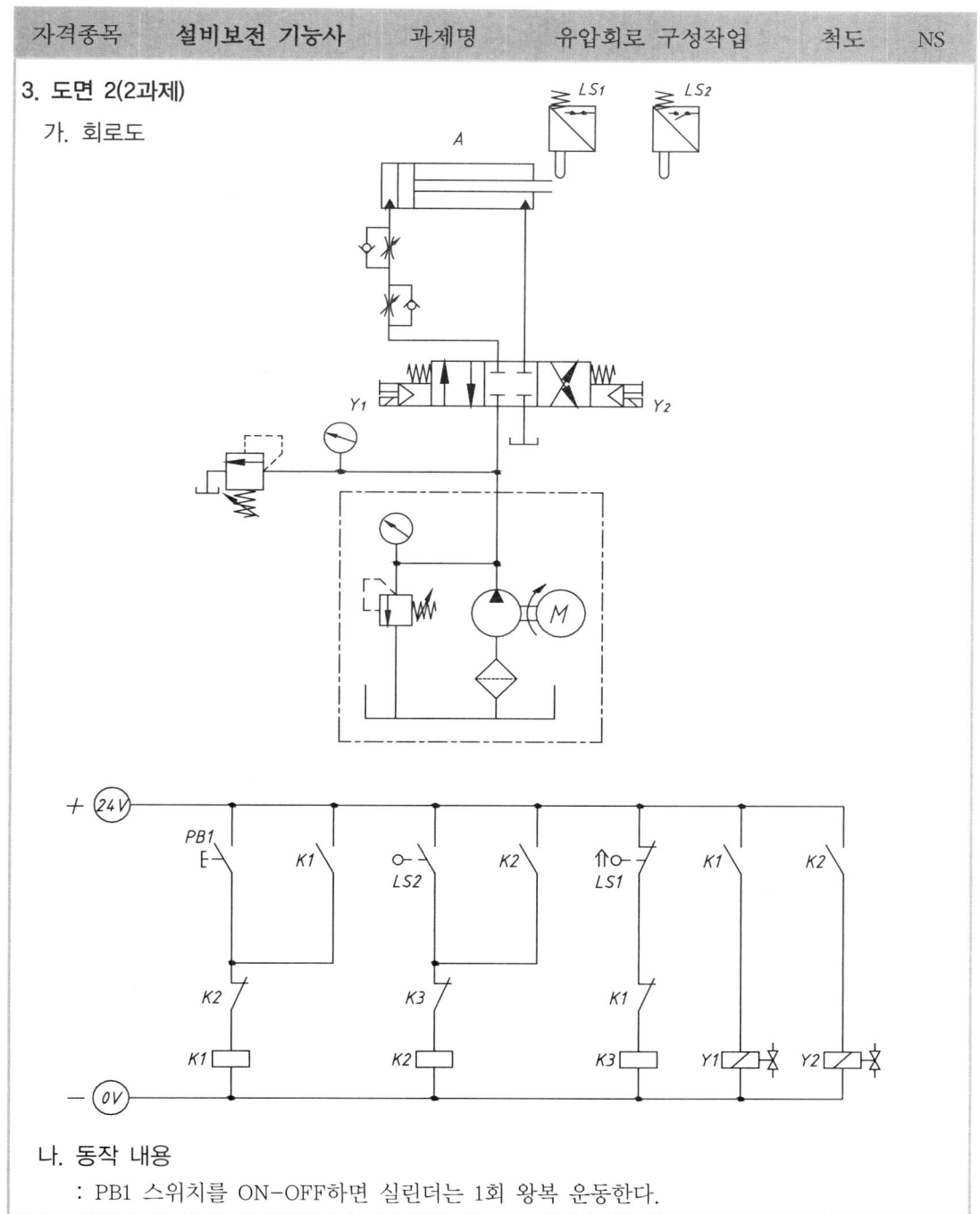

나. 동작 내용

: PB1 스위치를 ON-OFF하면 실린더는 1회 왕복 운동한다.

## 가) 14과제 유압 회로도

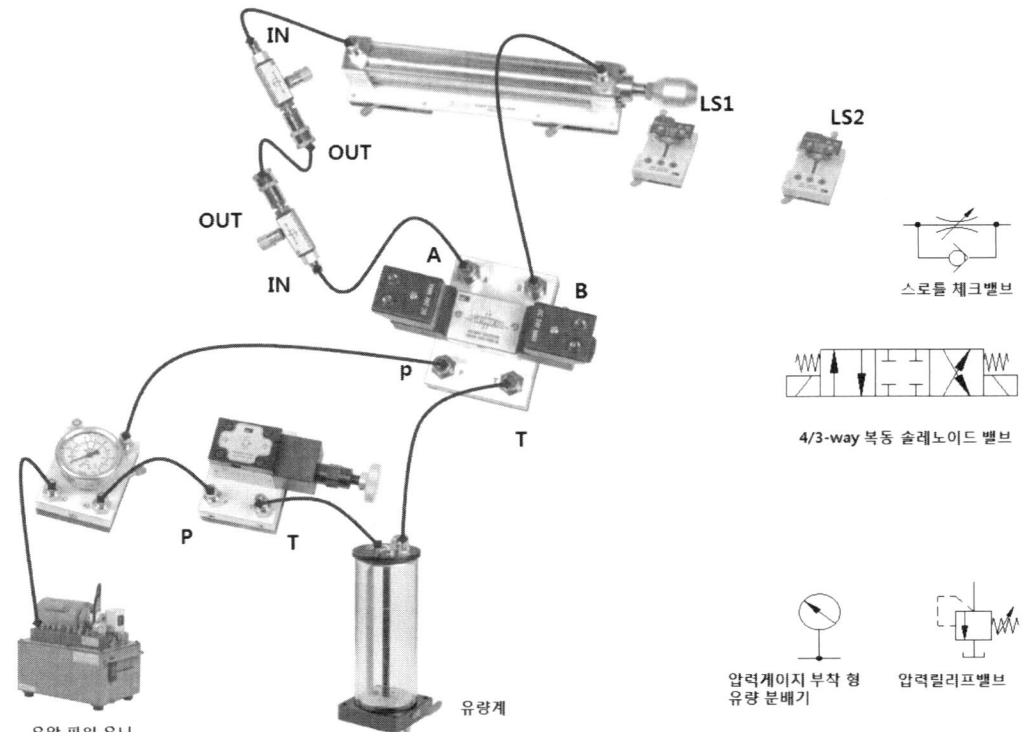

## 15 전기유압 15과제

| 자격종목 | 설비보전 기능사 | 과제명 | 유압회로 구성작업 | 척도 | NS |

### 3. 도면 2(2과제)
가. 회로도

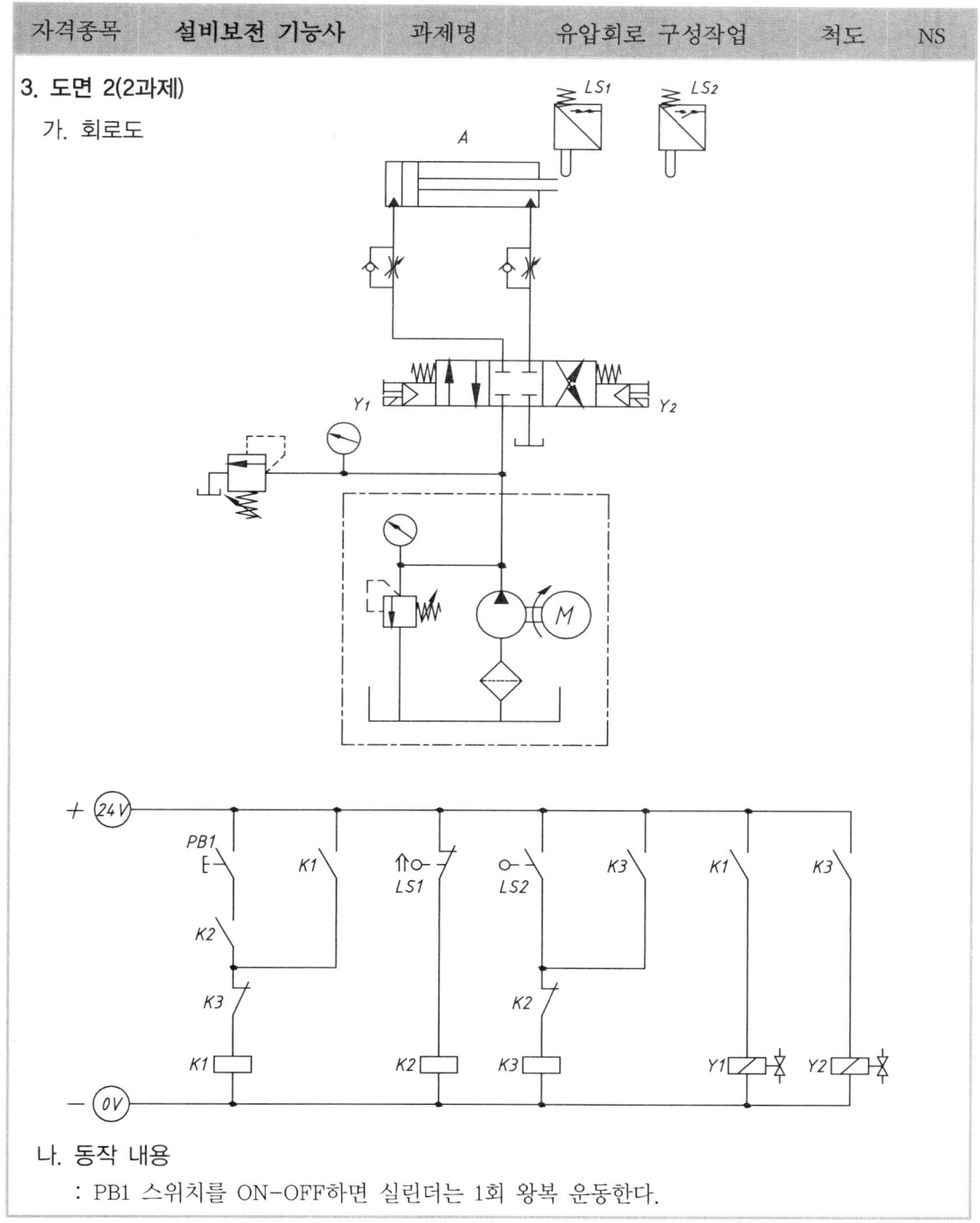

나. 동작 내용
: PB1 스위치를 ON-OFF하면 실린더는 1회 왕복 운동한다.

## 가) 15과제 유압 회로도

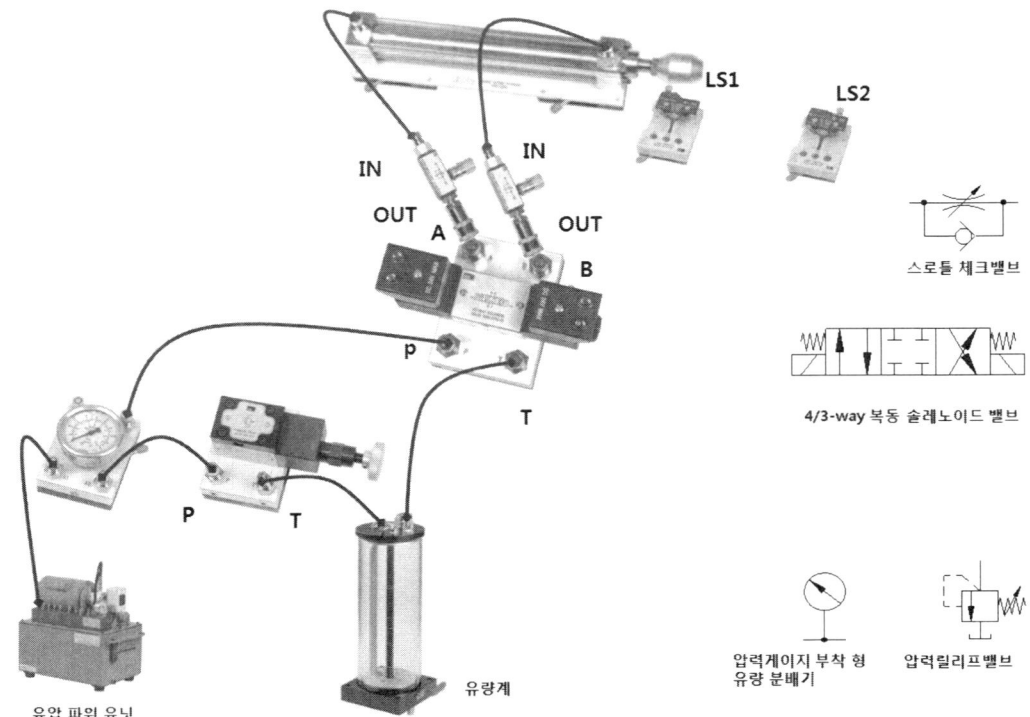

## 16 전기유압 16과제

| 자격종목 | 설비보전 기능사 | 과제명 | 유압회로 구성작업 | 척도 | NS |

### 3. 도면 2(2과제)

가. 회로도

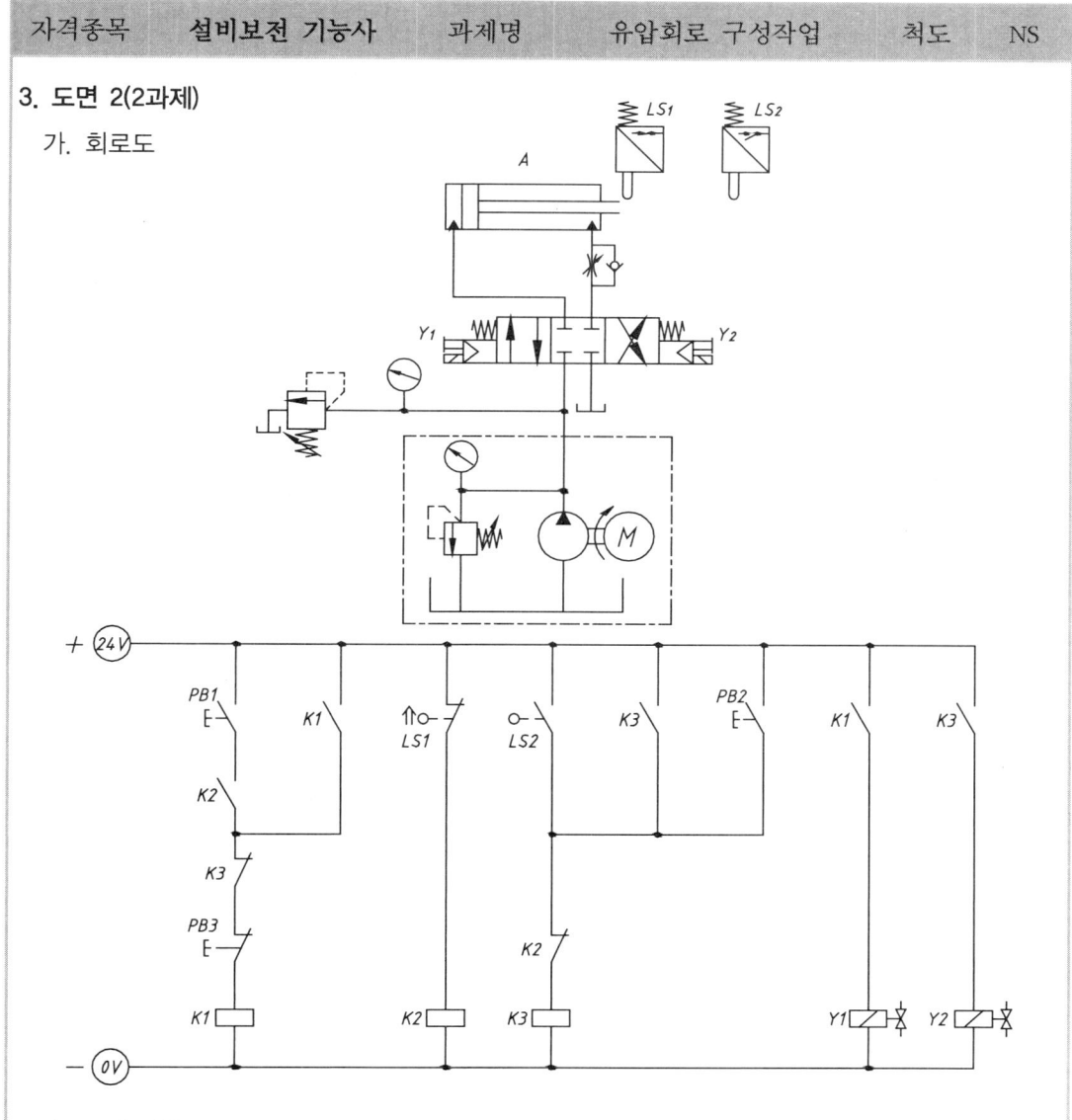

나. 동작 내용

1) PB1 스위치를 ON-OFF하면 실린더는 왕복 운동한다.
2) PB1 스위치를 눌러 실린더가 전진운동하는 도중에 PB3 스위치를 누르면 실린더는 운동을 정지한다.
3) PB2 스위치는 실린더를 수동으로 후진운동시키는 역할을 한다.

## 가) 16과제 유압 회로도

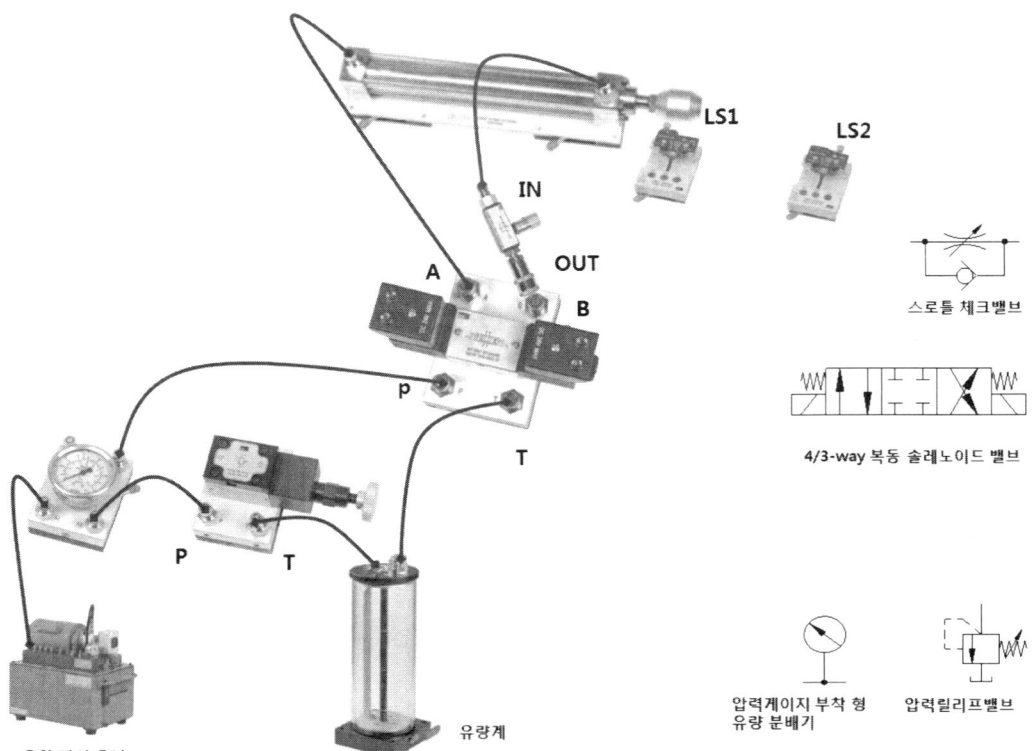

## 17 전기유압 17과제

| 자격종목 | 설비보전 기능사 | 과제명 | 유압회로 구성작업 | 척도 | NS |

**3. 도면 2(2과제)**

가. 회로도

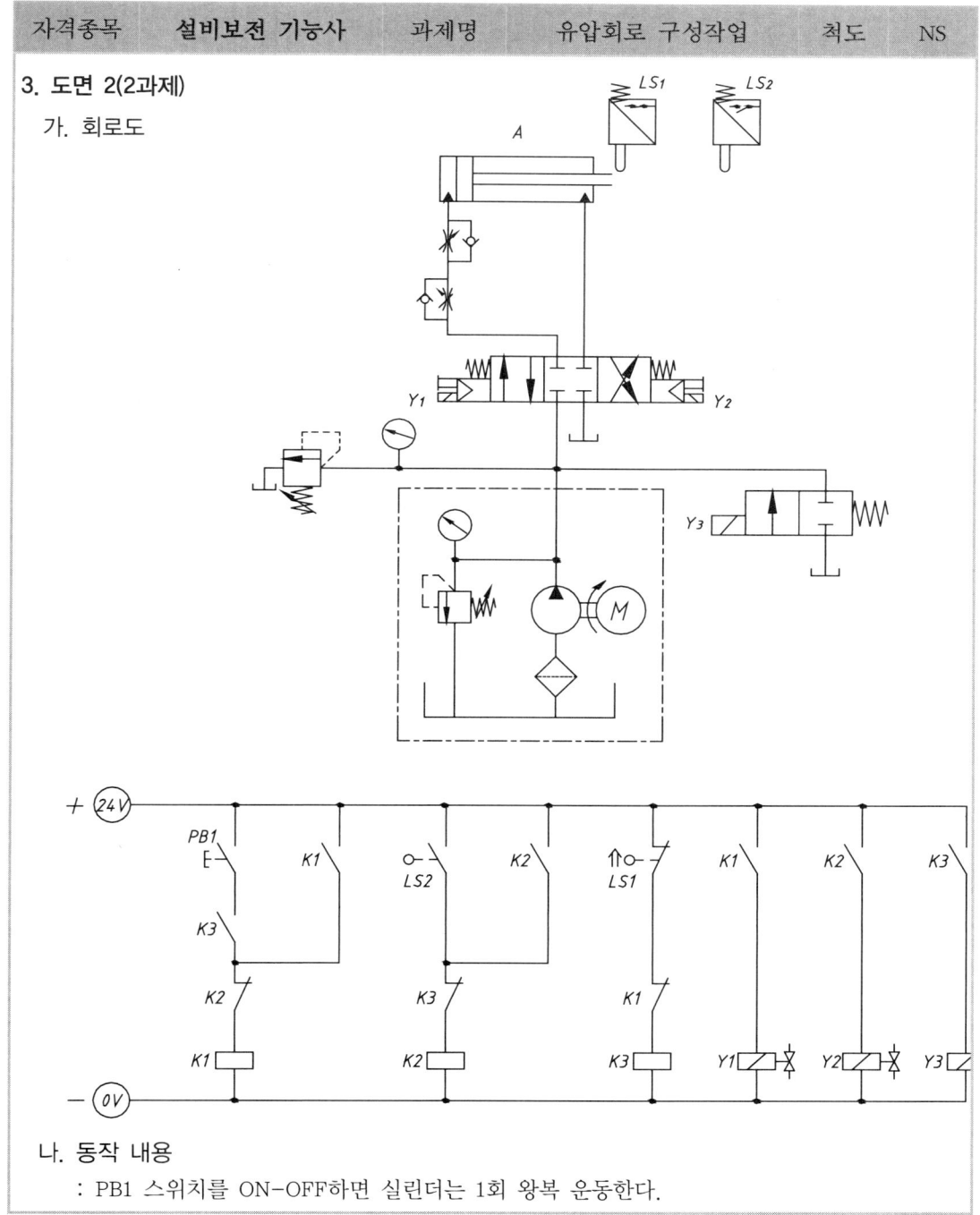

나. 동작 내용
 : PB1 스위치를 ON-OFF하면 실린더는 1회 왕복 운동한다.

## 가) 17과제 유압 회로도

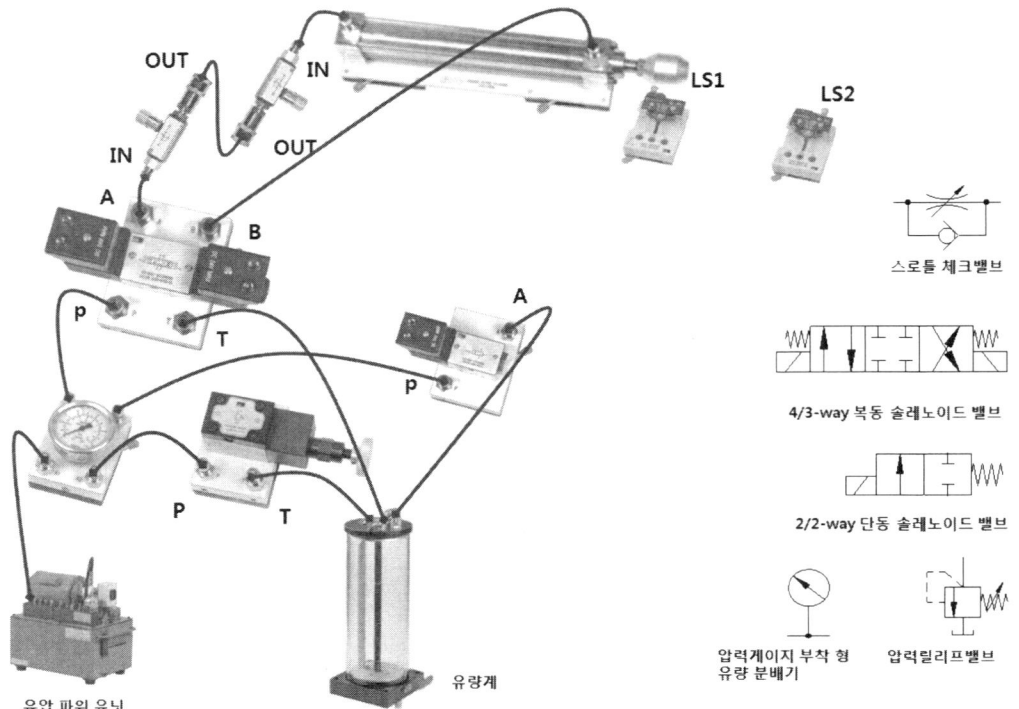

## 18 전기유압 18과제

| 자격종목 | 설비보전 기능사 | 과제명 | 유압회로 구성작업 | 척도 | NS |

**3. 도면 2(2과제)**

가. 회로도

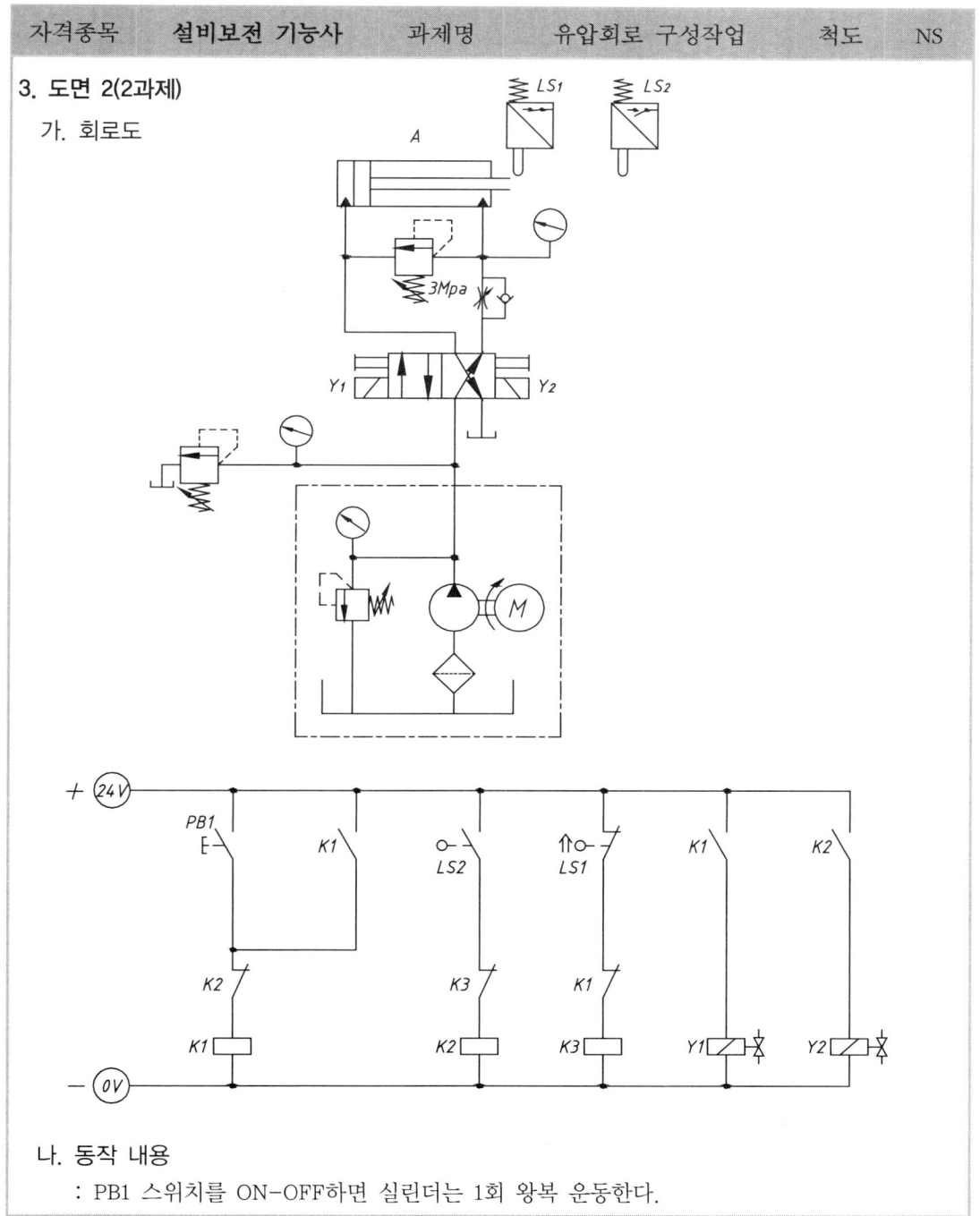

나. 동작 내용
 : PB1 스위치를 ON-OFF하면 실린더는 1회 왕복 운동한다.

## 가) 18과제 유압 회로도

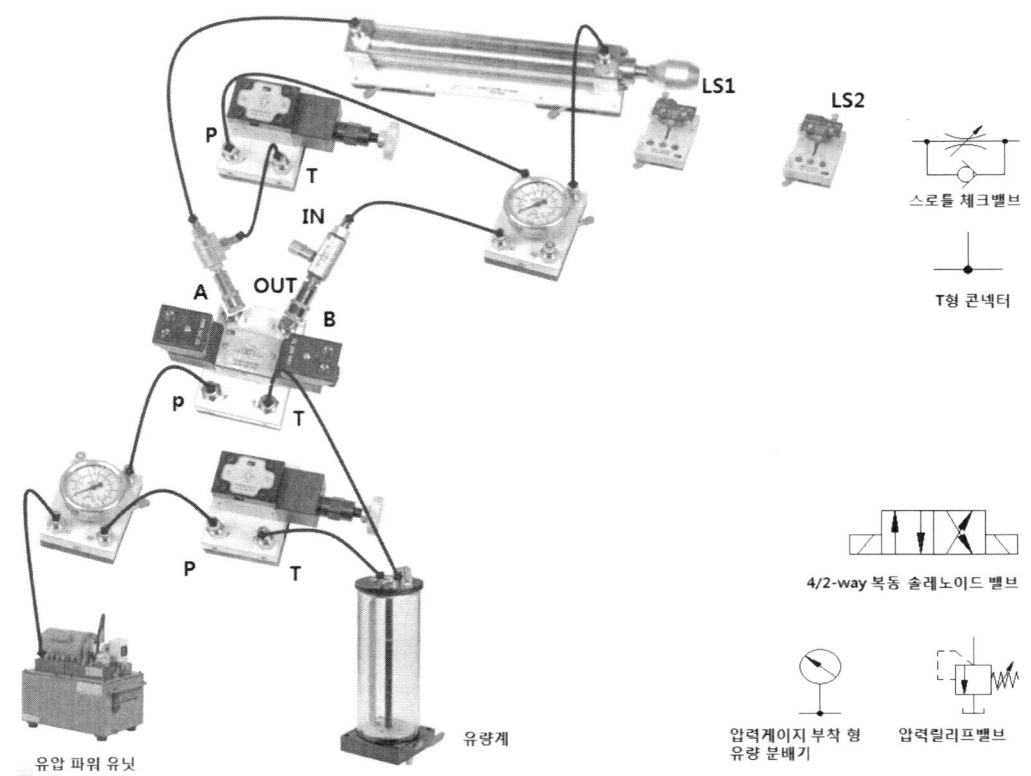

## 19 전기유압 19과제

| 자격종목 | 설비보전 기능사 | 과제명 | 유압회로 구성작업 | 척도 | NS |

3. 도면 2(2과제)

  가. 회로도

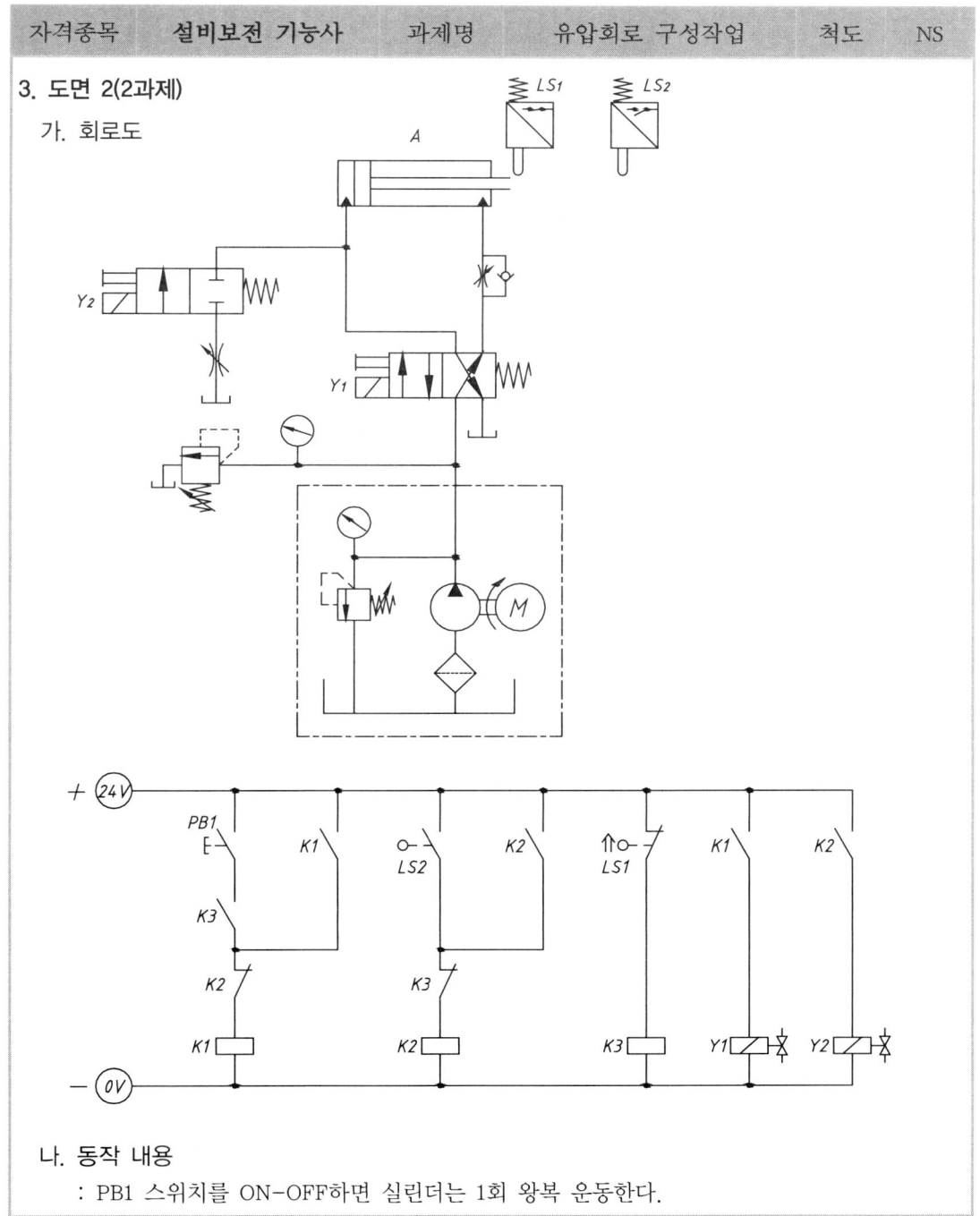

나. 동작 내용
 : PB1 스위치를 ON-OFF하면 실린더는 1회 왕복 운동한다.

## 가) 19과제 유압 회로도

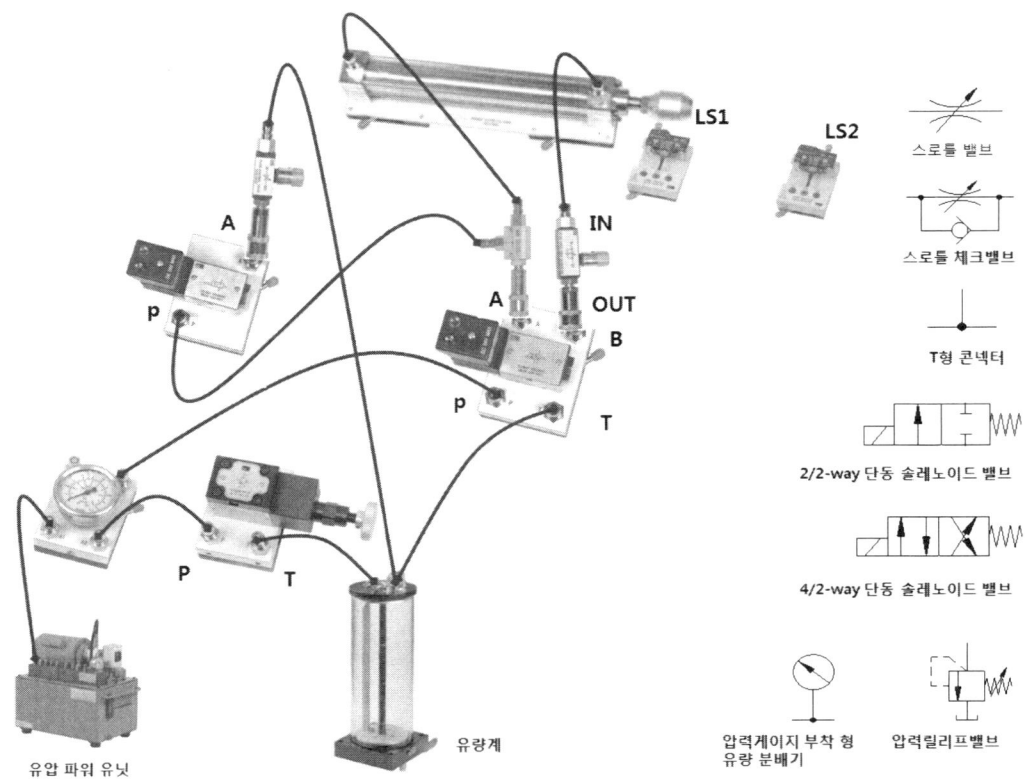

## 20 전기유압 20과제

| 자격종목 | 설비보전 기능사 | 과제명 | 유압회로 구성작업 | 척도 | NS |

### 3. 도면 2(2과제)
가. 회로도

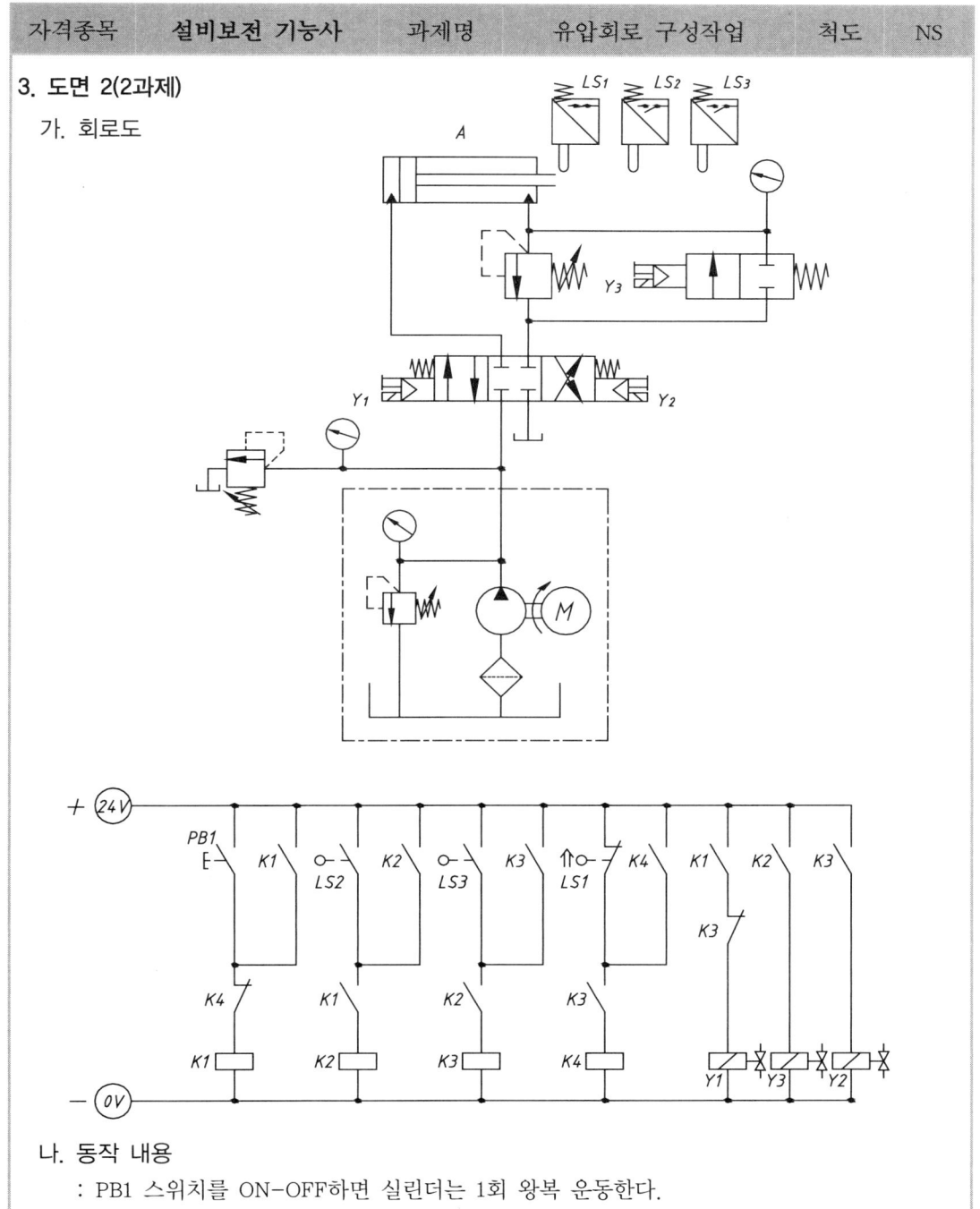

나. 동작 내용
: PB1 스위치를 ON-OFF하면 실린더는 1회 왕복 운동한다.

## 가) 20과제 유압 회로도

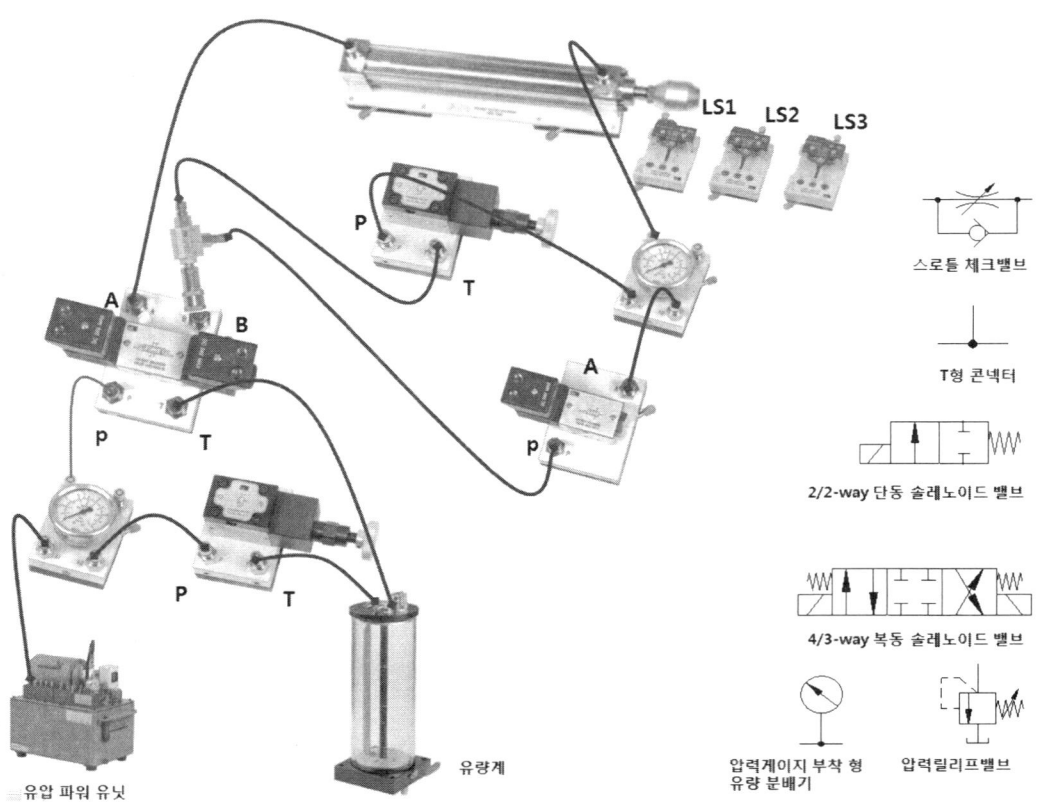

## 21 전기유압 21과제

| 자격종목 | 설비보전 기능사 | 과제명 | 유압회로 구성작업 | 척도 | NS |

### 3. 도면 2(2과제)
가. 회로도

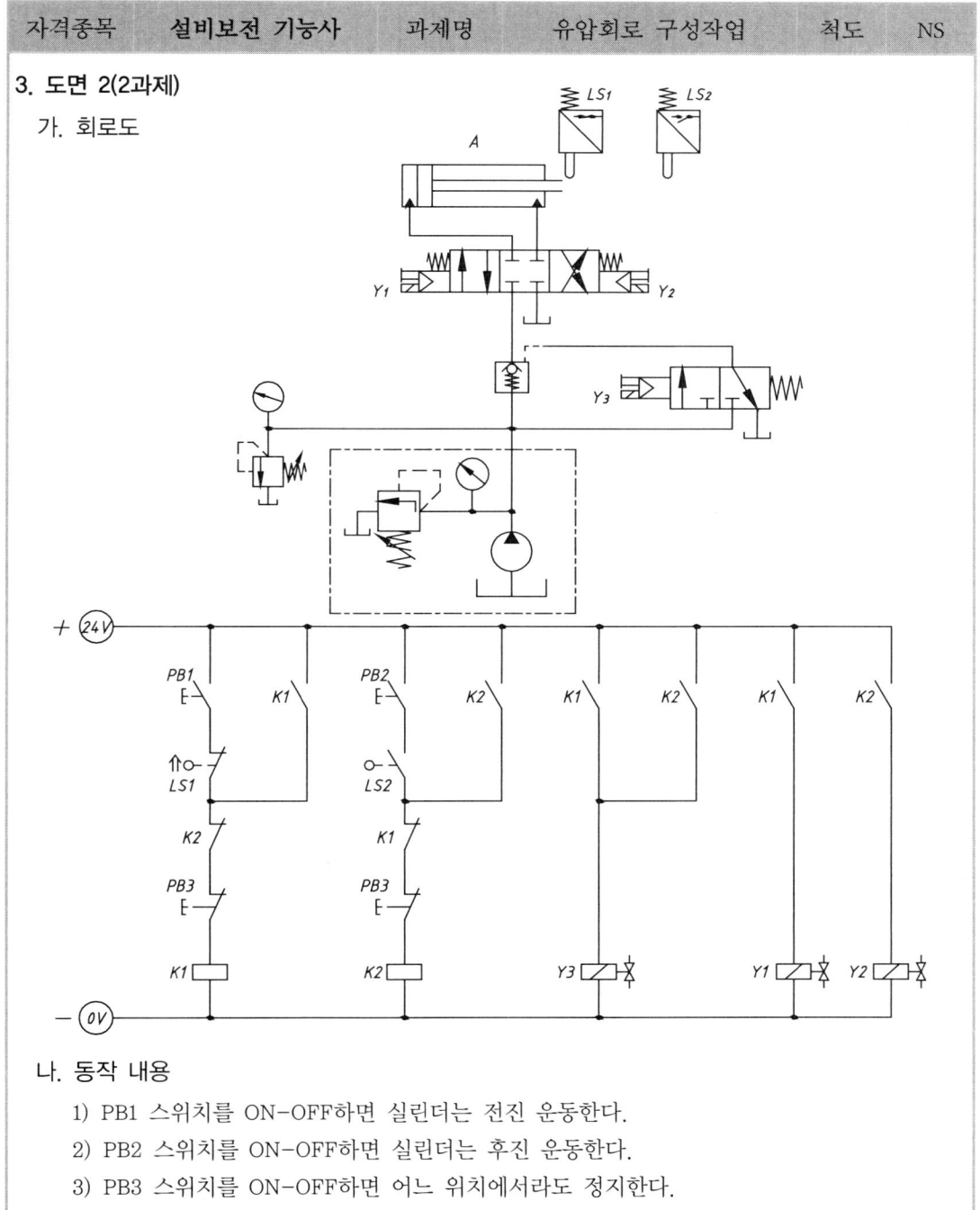

나. 동작 내용
1) PB1 스위치를 ON-OFF하면 실린더는 전진 운동한다.
2) PB2 스위치를 ON-OFF하면 실린더는 후진 운동한다.
3) PB3 스위치를 ON-OFF하면 어느 위치에서라도 정지한다.

## 가) 21과제 유압 회로도

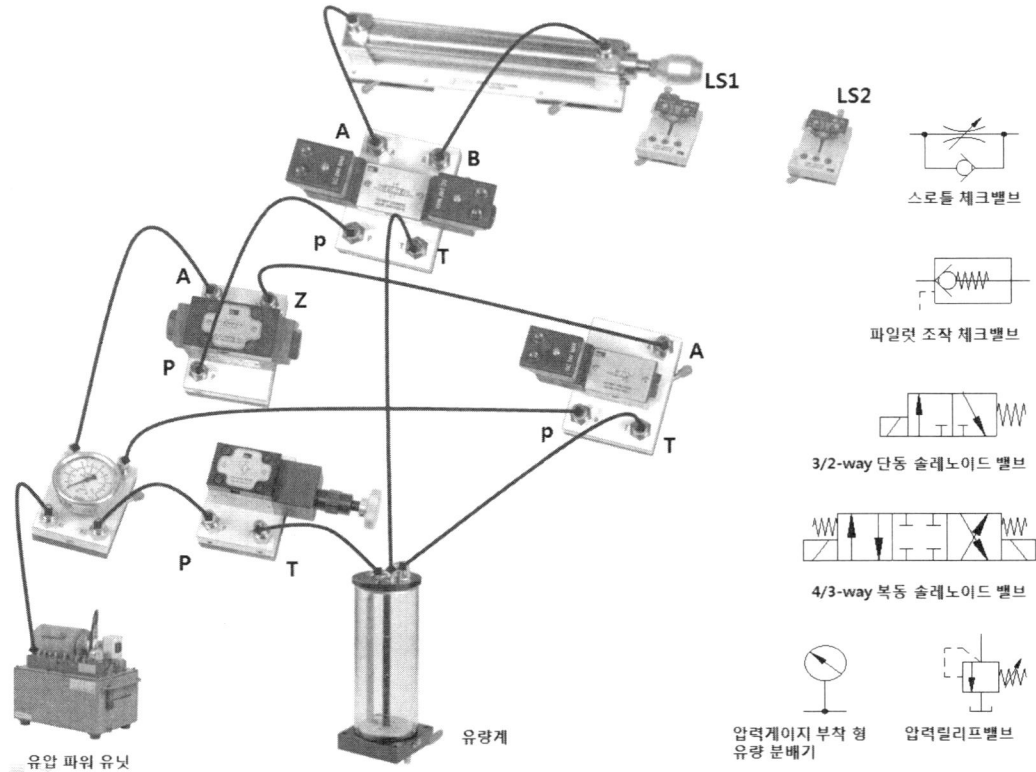

설비보전기능사 실기

# 제3장

# 용접 및 조립

I 용접 및 조립작업 예시
II 용접 및 조립도면 예시

# 제3장 용접 및 조립

## I. 용접 및 조립작업 예시

 용접 및 조립작업

가) 조립작업

(1) 도면 확인

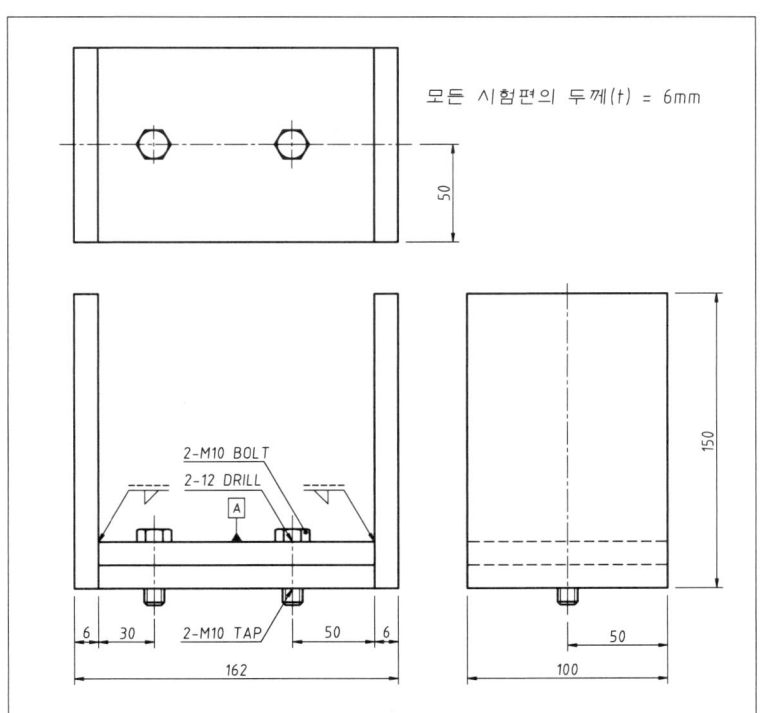

## (2) 모재 및 공구 준비

연강판 4장, 하이트 게이지, 센터펀치, M10탭, 탭 핸들, 드릴 8.5, 드릴 12, 볼트, 망치, 마그네틱 베이스, V블록, 필기구 등

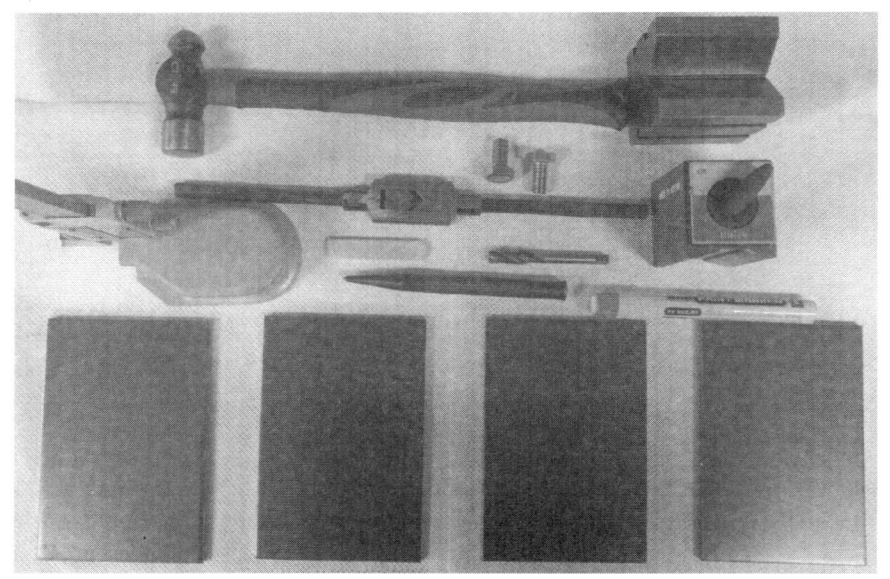

## (3) 금 긋기 작업

V블록, 마그네틱 베이스 등으로 고정하고, 하이트 게이지를 이용한 금 긋기

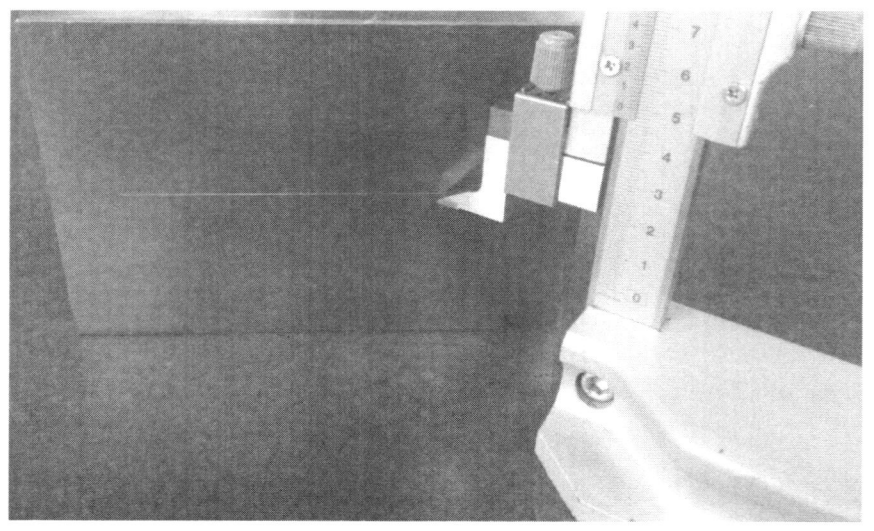

### (4) 센터펀치 작업

금 긋기 선을 기준으로 구멍의 중심에 센터펀치 작업

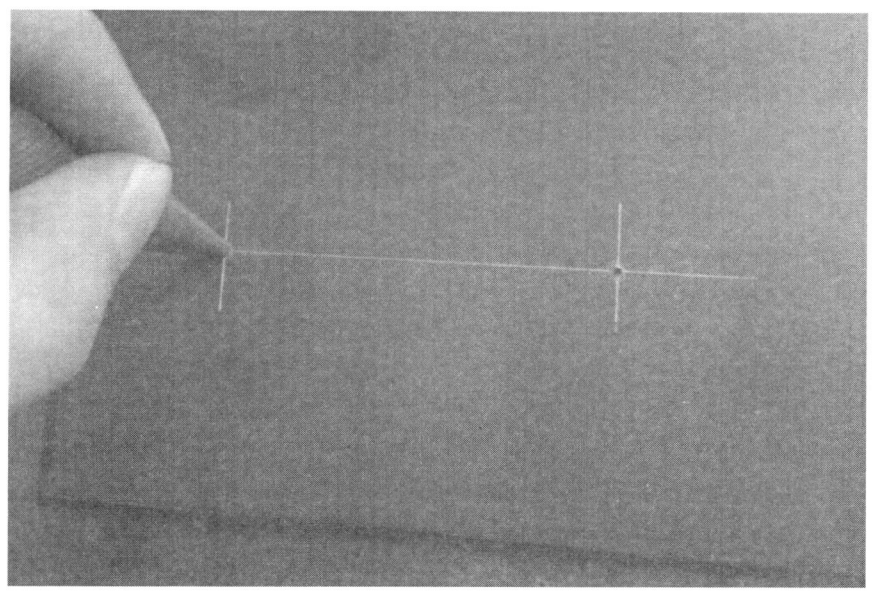

### (5) 구멍가공

완성 구멍보다 지름이 작은 드릴을 선정하여 구멍가공 후 지름 8.5, 지름 12 구멍 가공(기초 구멍가공 시 조립되는 두 모재를 동시에 가공해도 좋다.)

### (6) 버(burr) 제거 작업

디버링 툴 등을 이용하여 버 제거

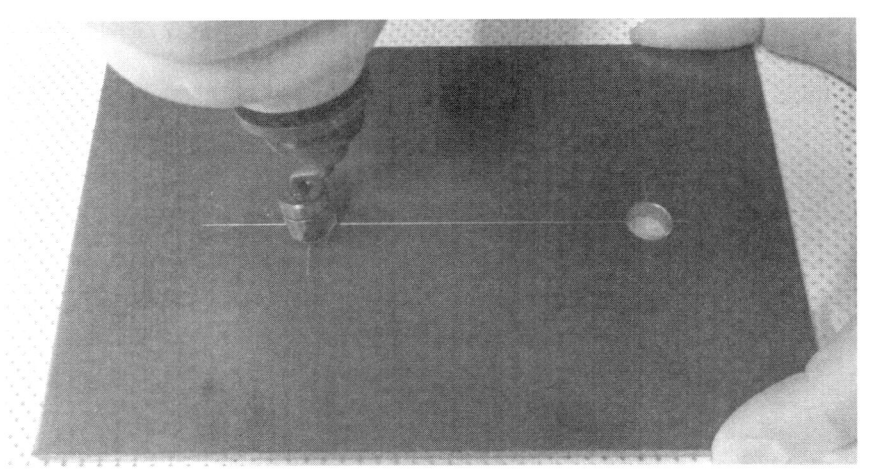

### (7) 암 나사 작업

지름 8.5 구멍 가공 부위에 M10 탭을 이용하여 암 나사 작업. 탭이 부러지지 않게 주의한다.

## (8) 볼트 조립

도면을 정확히 이해하고, 볼트 위치 방향 등을 바르게 체결

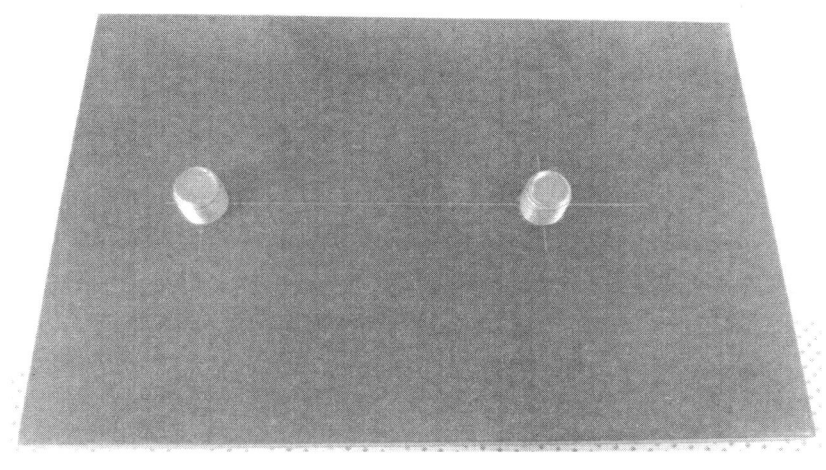

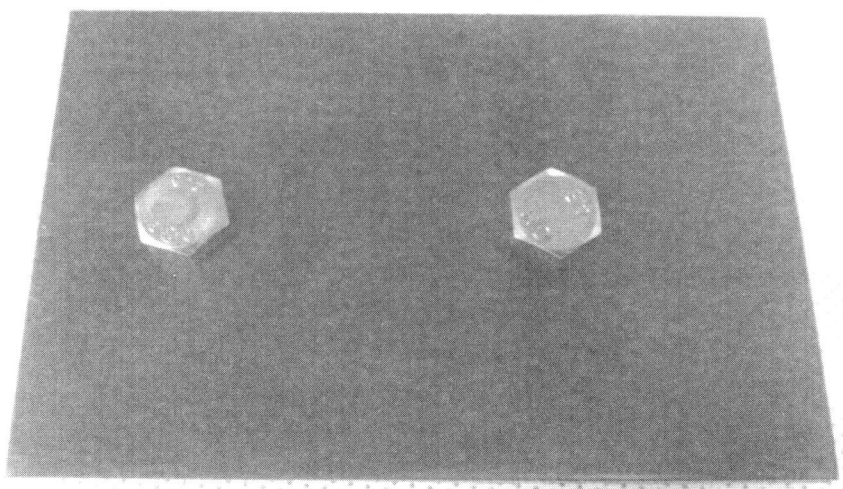

## 나) 용접 작업

### (1) 전류 측정

용접 전류는 130~140A로 조절한다.

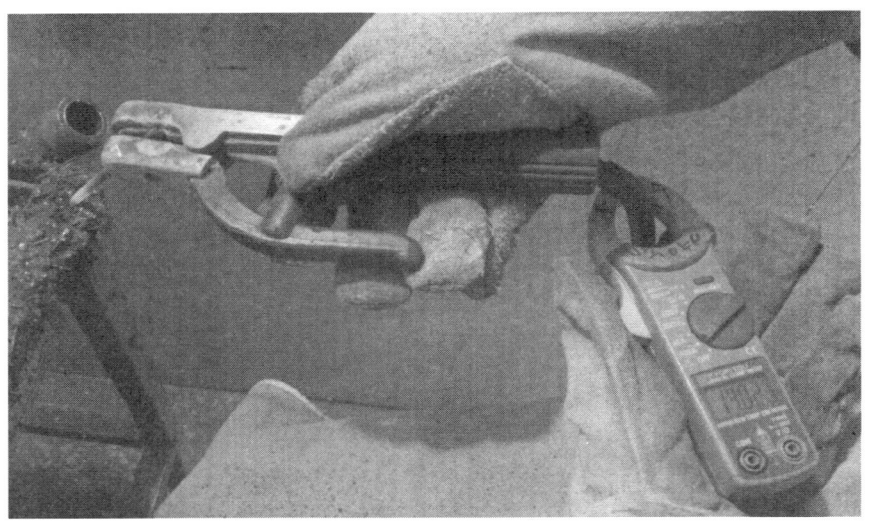

## (2) 가용접(tack welding)

도면을 정확히 이해하고, 볼트 방향 위치를 고려하여 용접 부위에 가용접을 한다. 용접 열에 의한 변형을 고려하여 반대 방향으로 2° 정도 선회

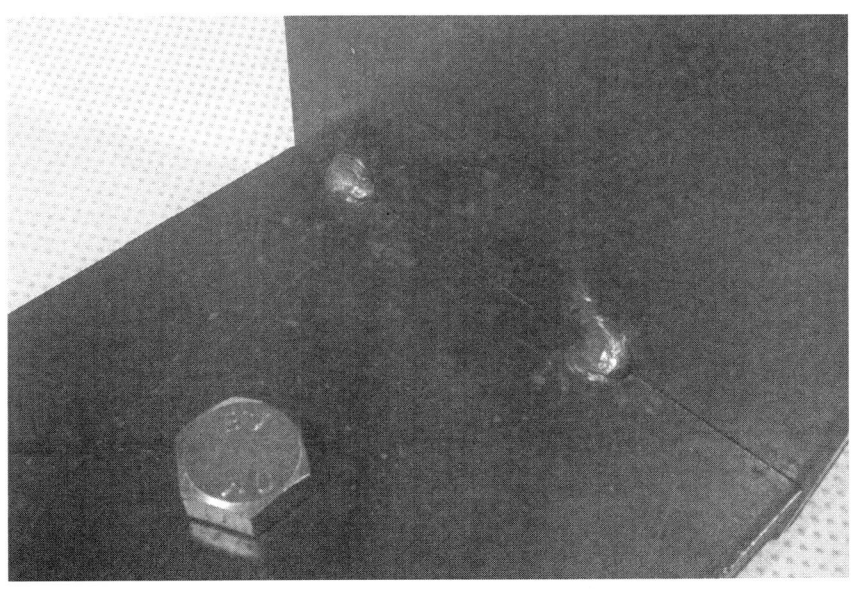

### (3) 본용접(regular welding)

용접 비드의 폭과 높이는 4.2mm~6mm 이내로 하고 슬래그와 스패터를 제거하고 제출한다.

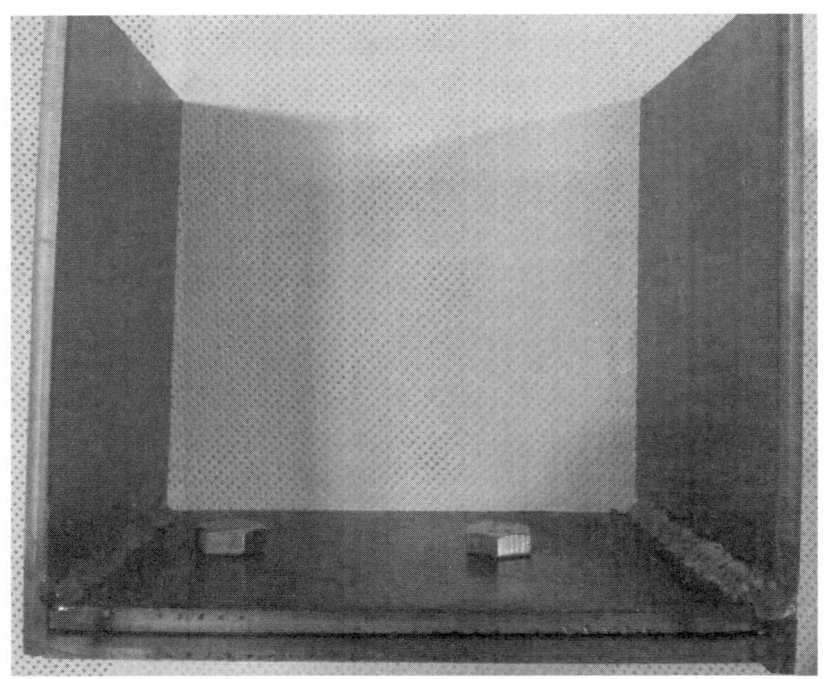

제3장 용접 및 조립

## Ⅱ 용접 및 조립도면 예시

### 1 용접 및 조립도면 1과제

가) 도면

| 자격종목 | 설비보전 기능사 | 과제명 | 용접 및 조립작업 | 척도 | NS |

3. 도면 2(3과제)

  가. 용접 및 조립작업

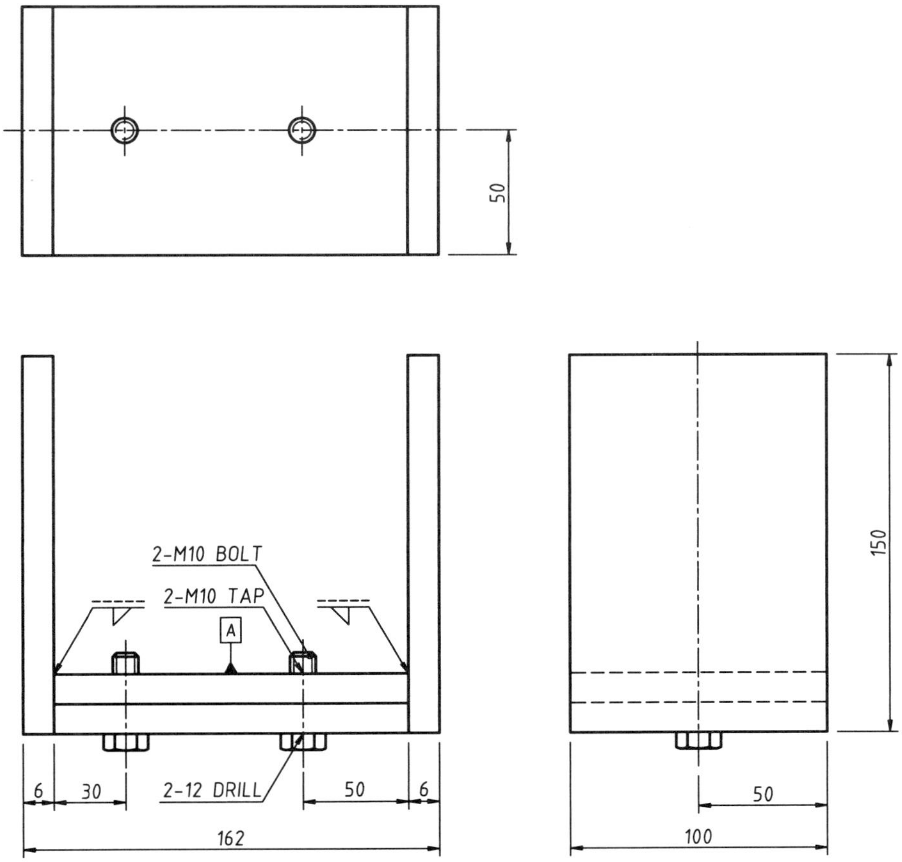

모든 시험편의 두께(t) = 6mm

251

나) 분해도

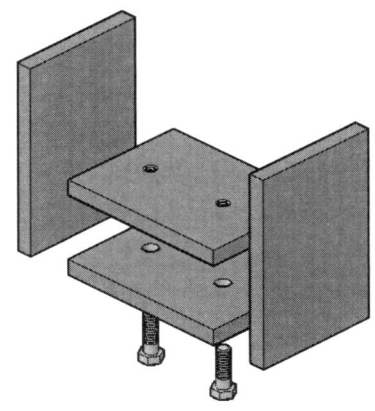

다) 조립도

라) 단면도

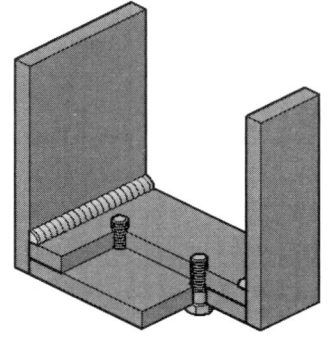

## 2. 용접 및 조립도면 2과제

### 가) 도면

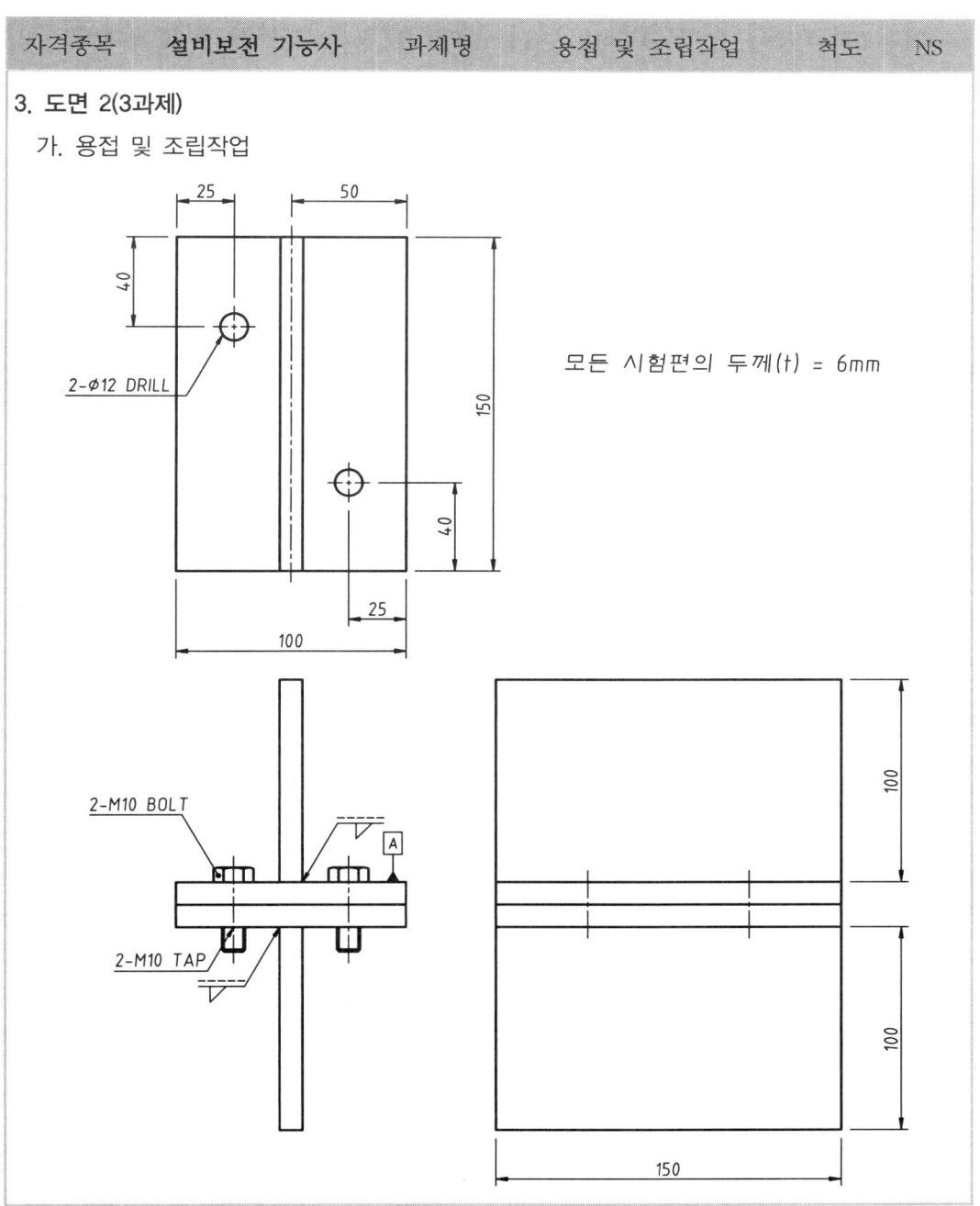

나) 분해도

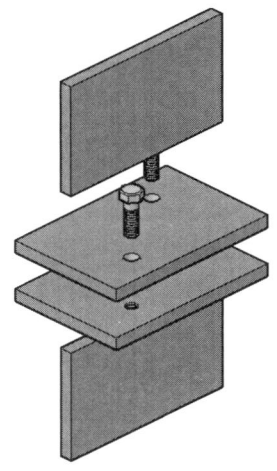

다) 조립도

라) 단면도

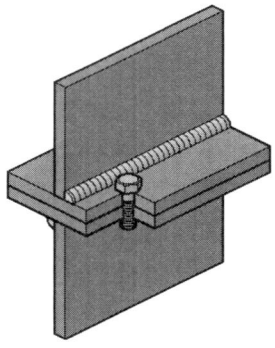

# 3. 용접 및 조립도면 3과제

## 가) 도면

| 자격종목 | 설비보전 기능사 | 과제명 | 용접 및 조립작업 | 척도 | NS |

### 3. 도면 2(3과제)

가. 용접 및 조립작업

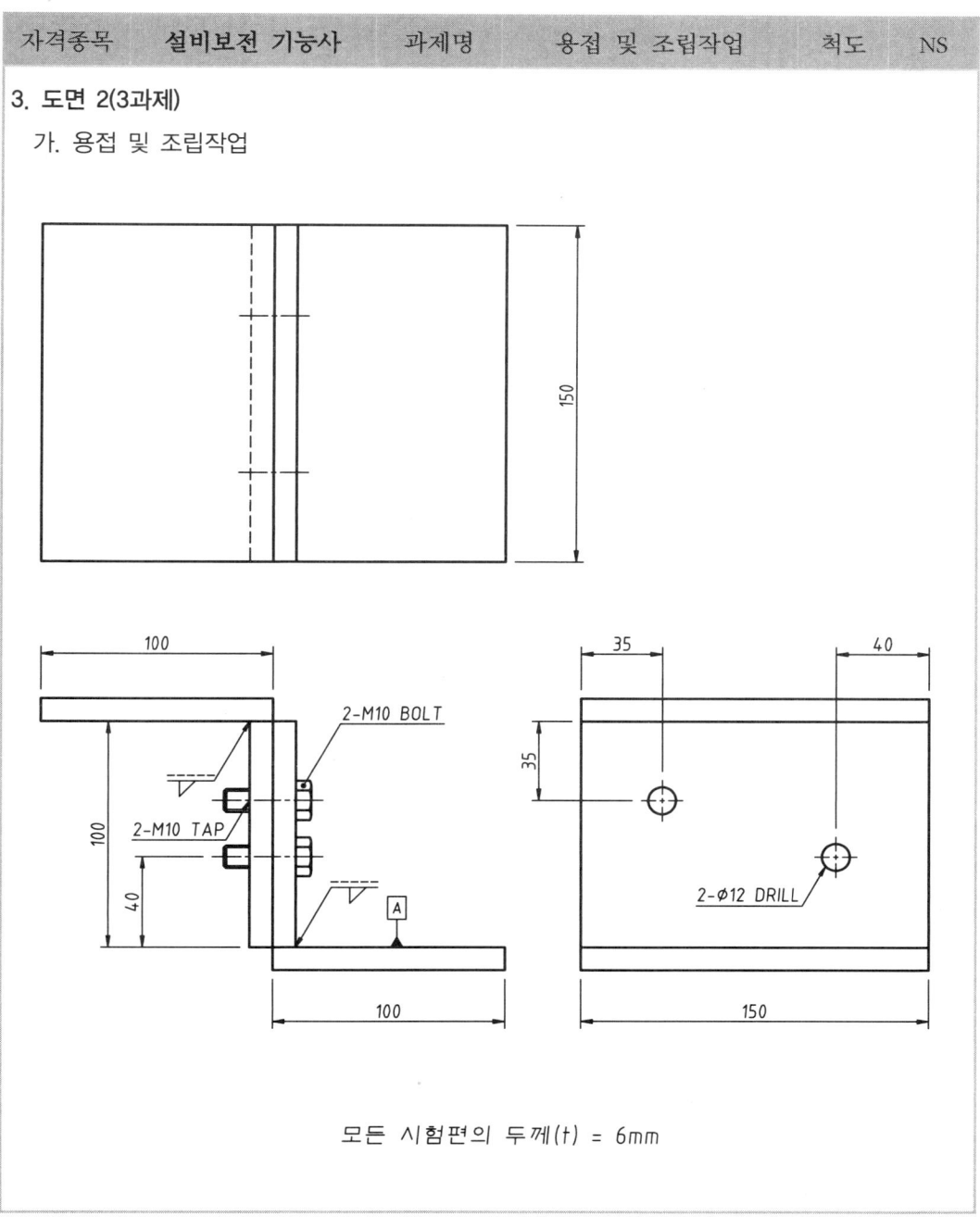

모든 시험편의 두께(t) = 6mm

나) 분해도

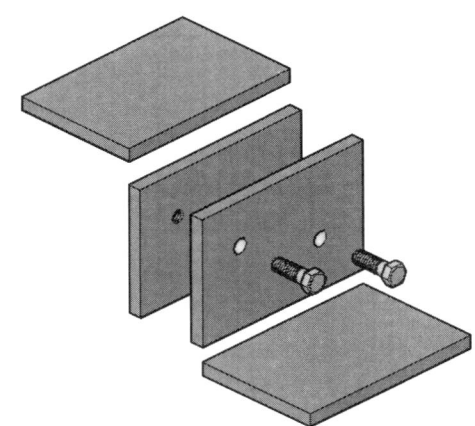

다) 조립도

라) 단면도

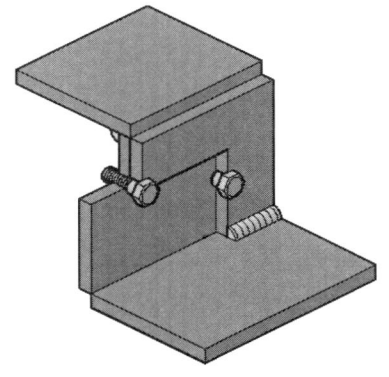

용접 및 조립도면 4과제

## 가) 도면

| 자격종목 | 설비보전 기능사 | 과제명 | 용접 및 조립작업 | 척도 | NS |

3. 도면 2(3과제)

 가. 용접 및 조립작업

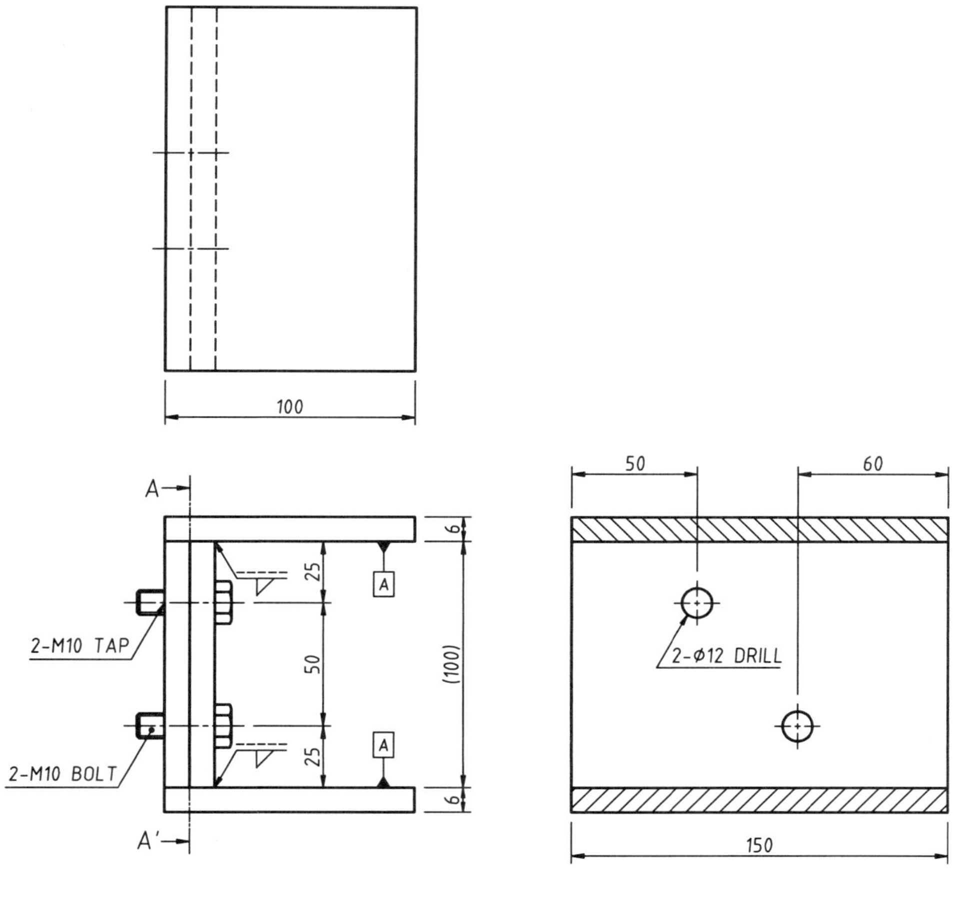

모든 시험편의 두께(t) = 6mm

단면 A-A'

나) 분해도

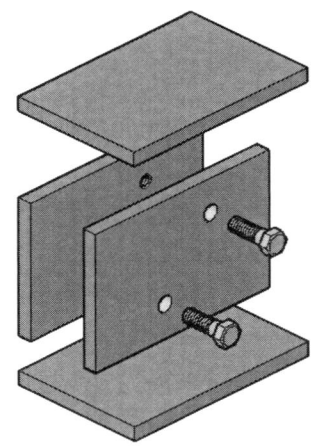

다) 조립도

라) 단면도

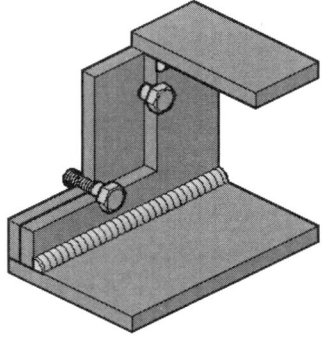

## 5. 용접 및 조립도면 5과제

### 가) 도면

| 자격종목 | 설비보전 기능사 | 과제명 | 용접 및 조립작업 | 척도 | NS |

**3. 도면 2(3과제)**

가. 용접 및 조립작업

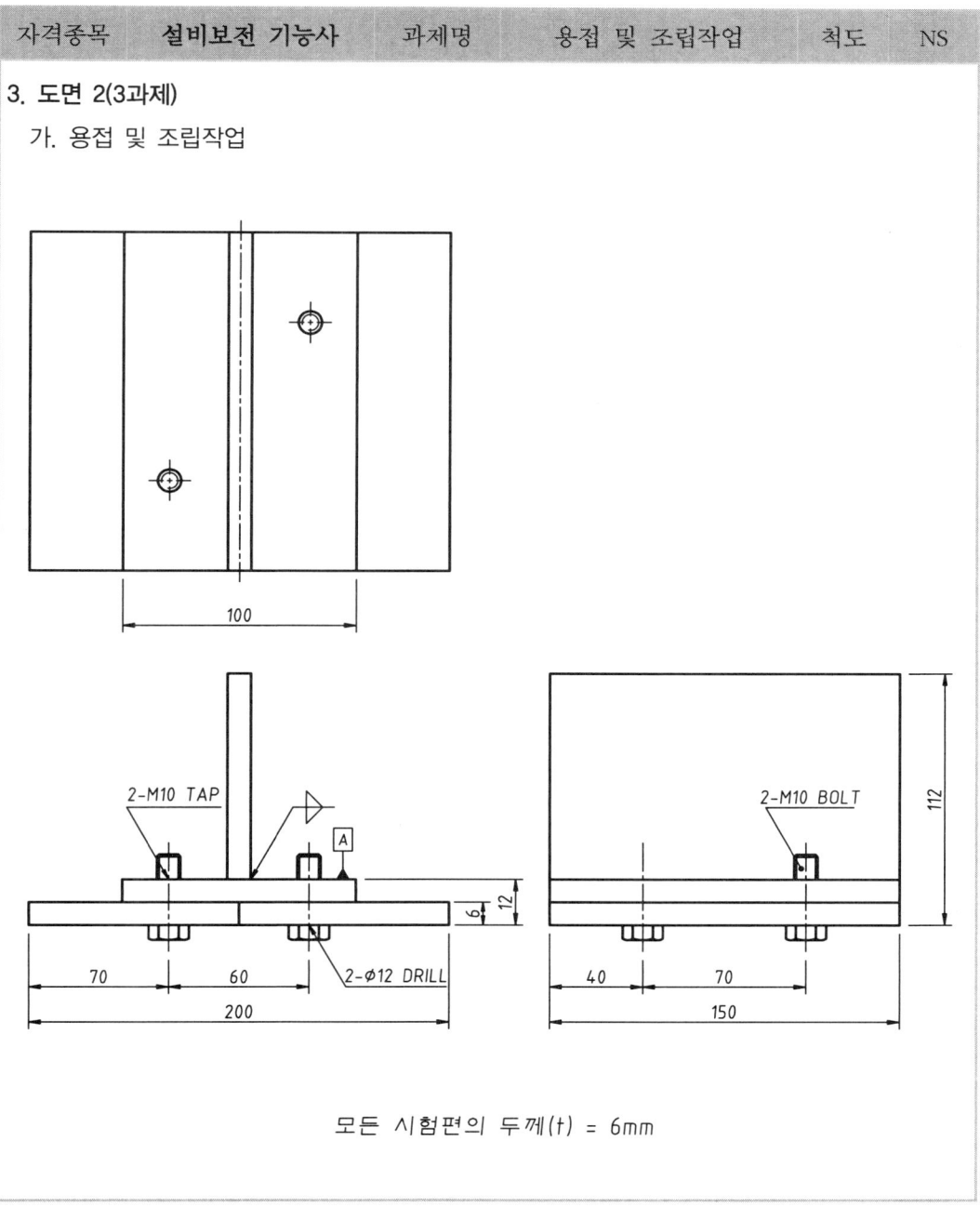

모든 시험편의 두께(t) = 6mm

나) 분해도

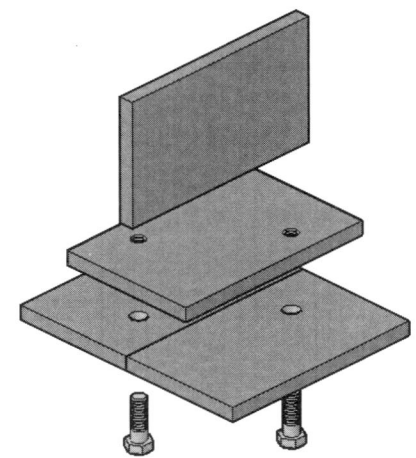

다) 조립도

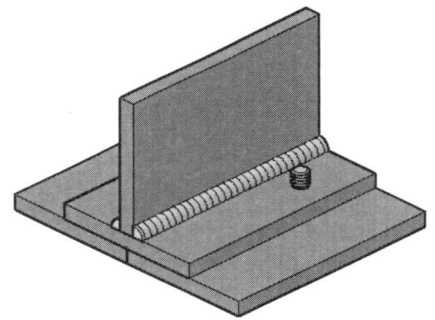

라) 단면도

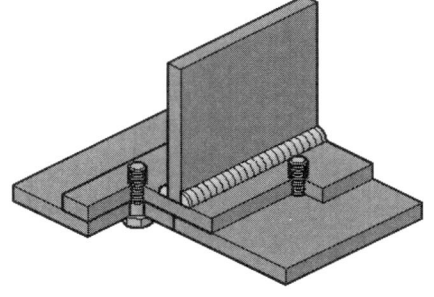

## 6. 용접 및 조립도면 6과제

### 가) 도면

| 자격종목 | 설비보전 기능사 | 과제명 | 용접 및 조립작업 | 척도 | NS |

3. 도면 2(3과제)

   가. 용접 및 조립작업

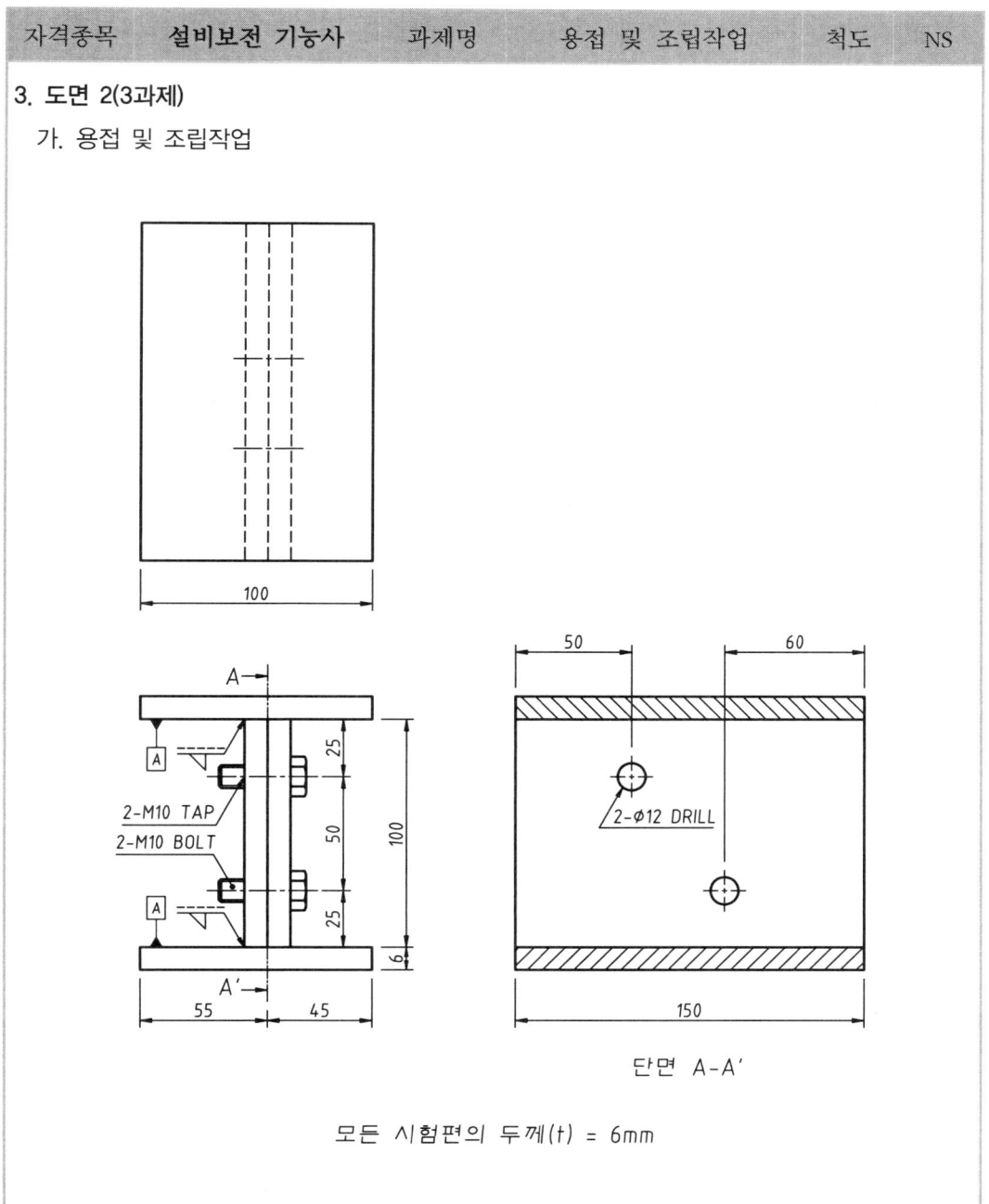

단면 A-A'

모든 시험편의 두께(t) = 6mm

나) 분해도

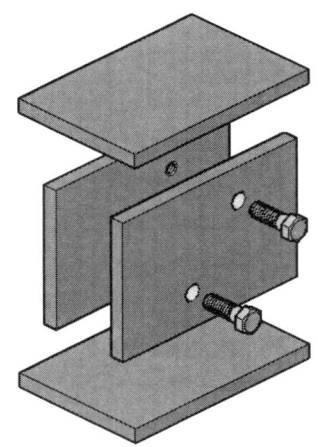

다) 조립도

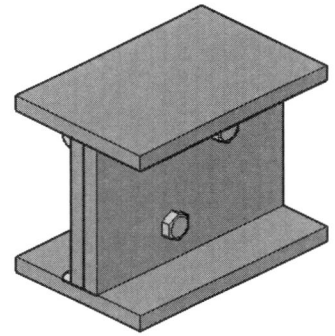

라) 단면도

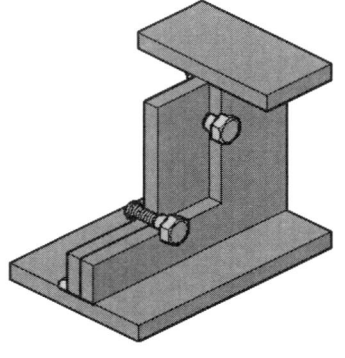

# 7 용접 및 조립도면 7과제

## 가) 도면

| 자격종목 | 설비보전 기능사 | 과제명 | 용접 및 조립작업 | 척도 | NS |

### 3. 도면 2(3과제)

가. 용접 및 조립작업

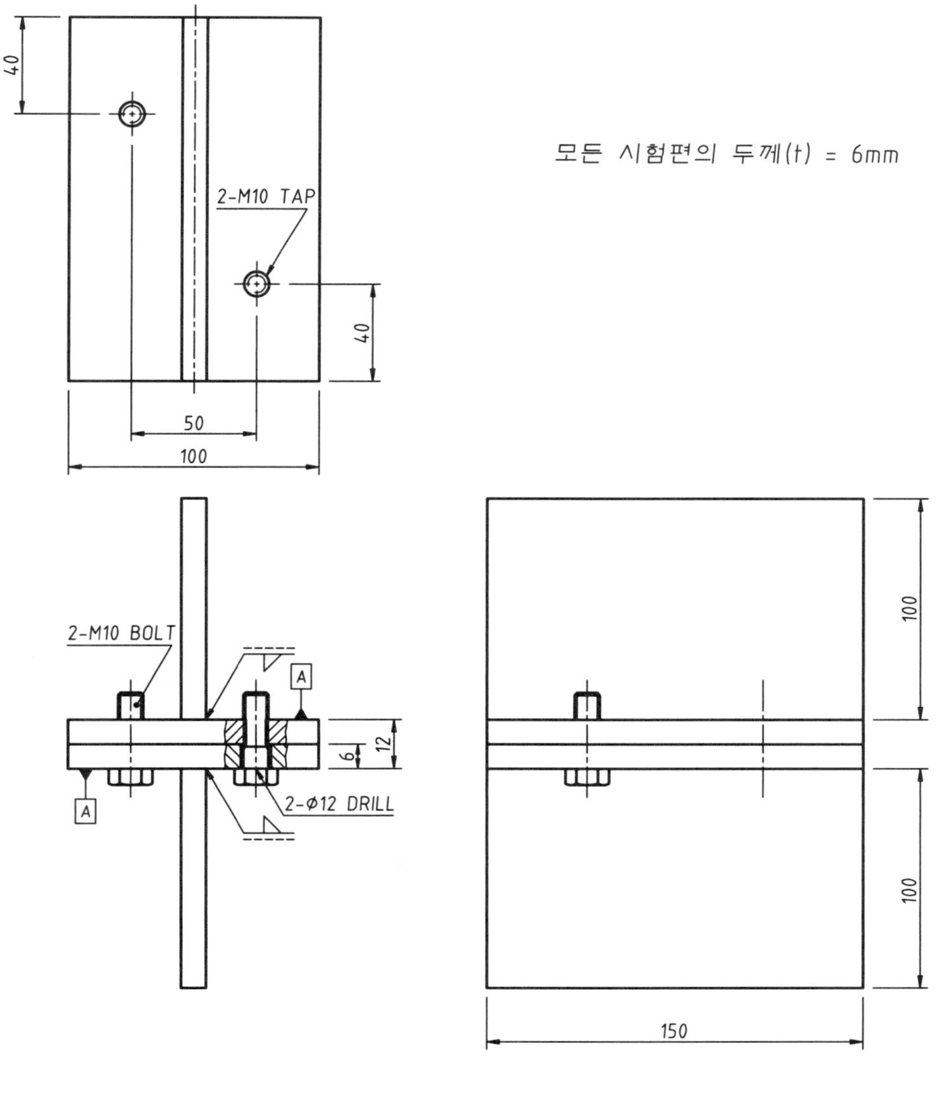

모든 시험편의 두께(t) = 6mm

나) 분해도

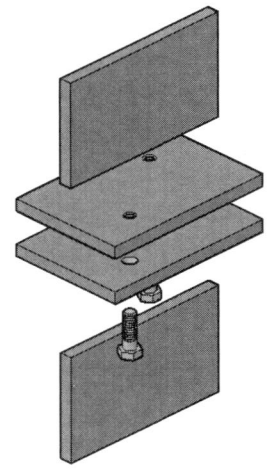

다) 조립도

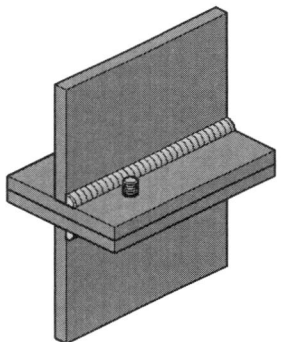

라) 단면도

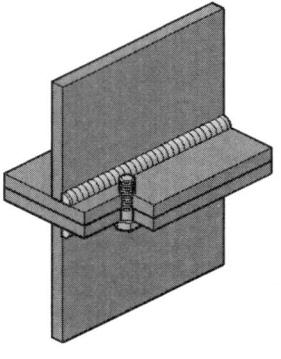

# 8 용접 및 조립도면 8과제

## 가) 도면

| 자격종목 | 설비보전 기능사 | 과제명 | 용접 및 조립작업 | 척도 | NS |
|---|---|---|---|---|---|

### 3. 도면 2(3과제)

가. 용접 및 조립작업

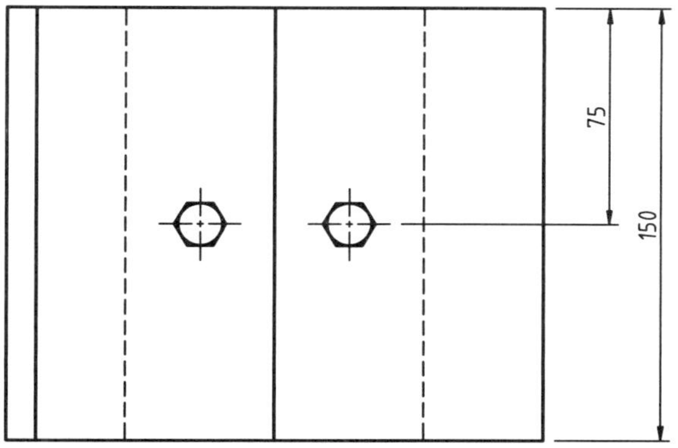

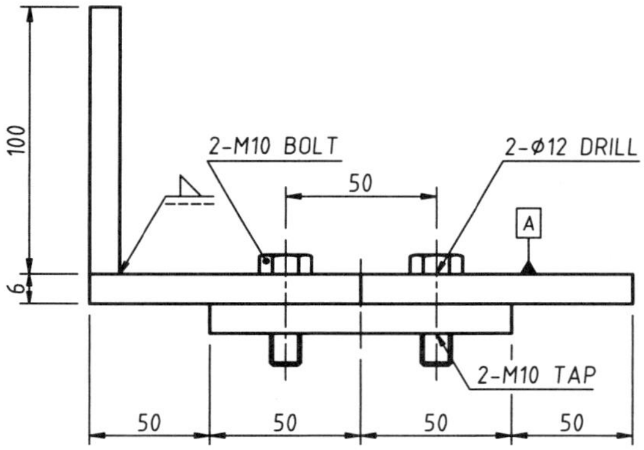

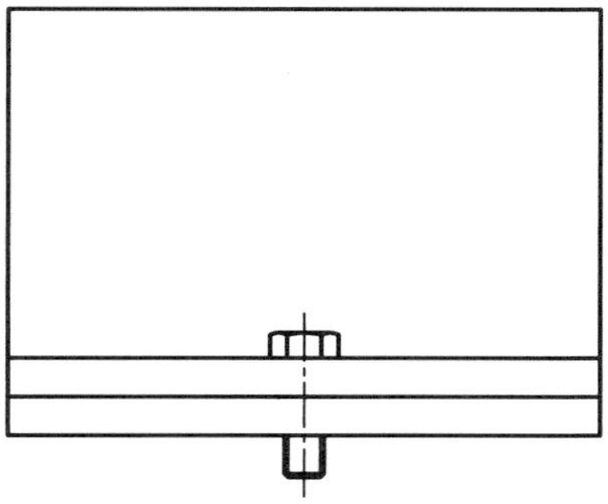

모든 시험편의 두께(t) = 6mm

나) 분해도

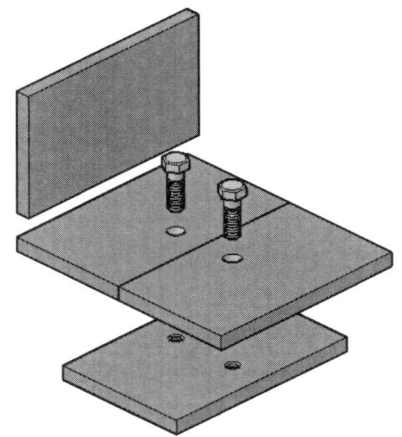

다) 조립도

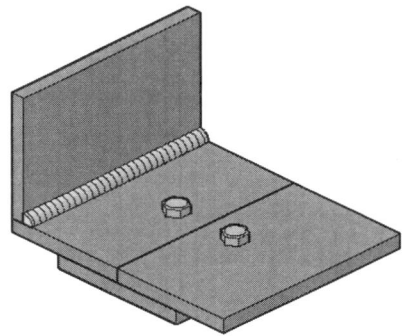

라) 단면도

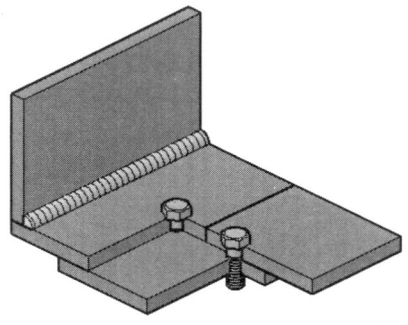

#  용접 및 조립도면 9과제

## 가) 도면

| 자격종목 | 설비보전 기능사 | 과제명 | 용접 및 조립작업 | 척도 | NS |
|---|---|---|---|---|---|

3. 도면 2(3과제)

  가. 용접 및 조립작업

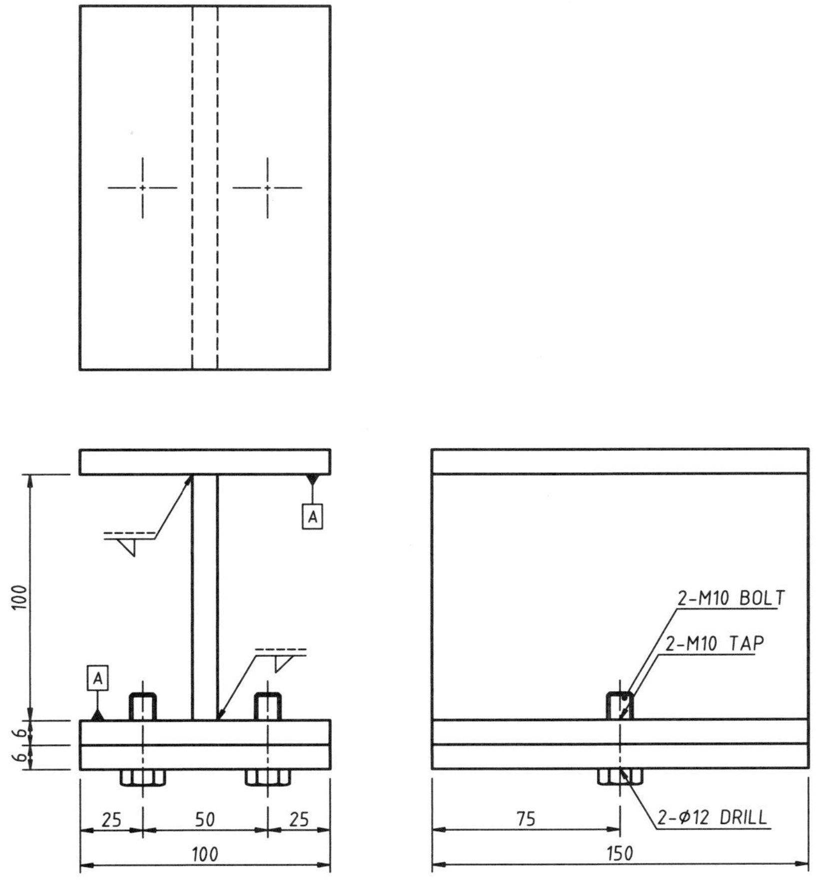

모든 시험편의 두께(t) = 6mm

나) 분해도

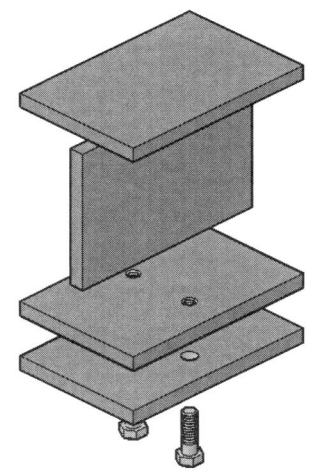

다) 조립도

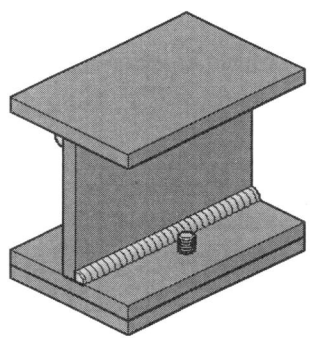

라) 단면도

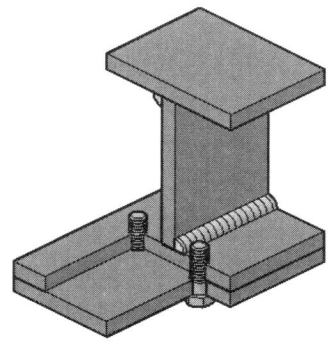

# 10 용접 및 조립도면 10과제

## 가) 도면

| 자격종목 | 설비보전 기능사 | 과제명 | 용접 및 조립작업 | 척도 | NS |

**3. 도면 2(3과제)**

가. 용접 및 조립작업

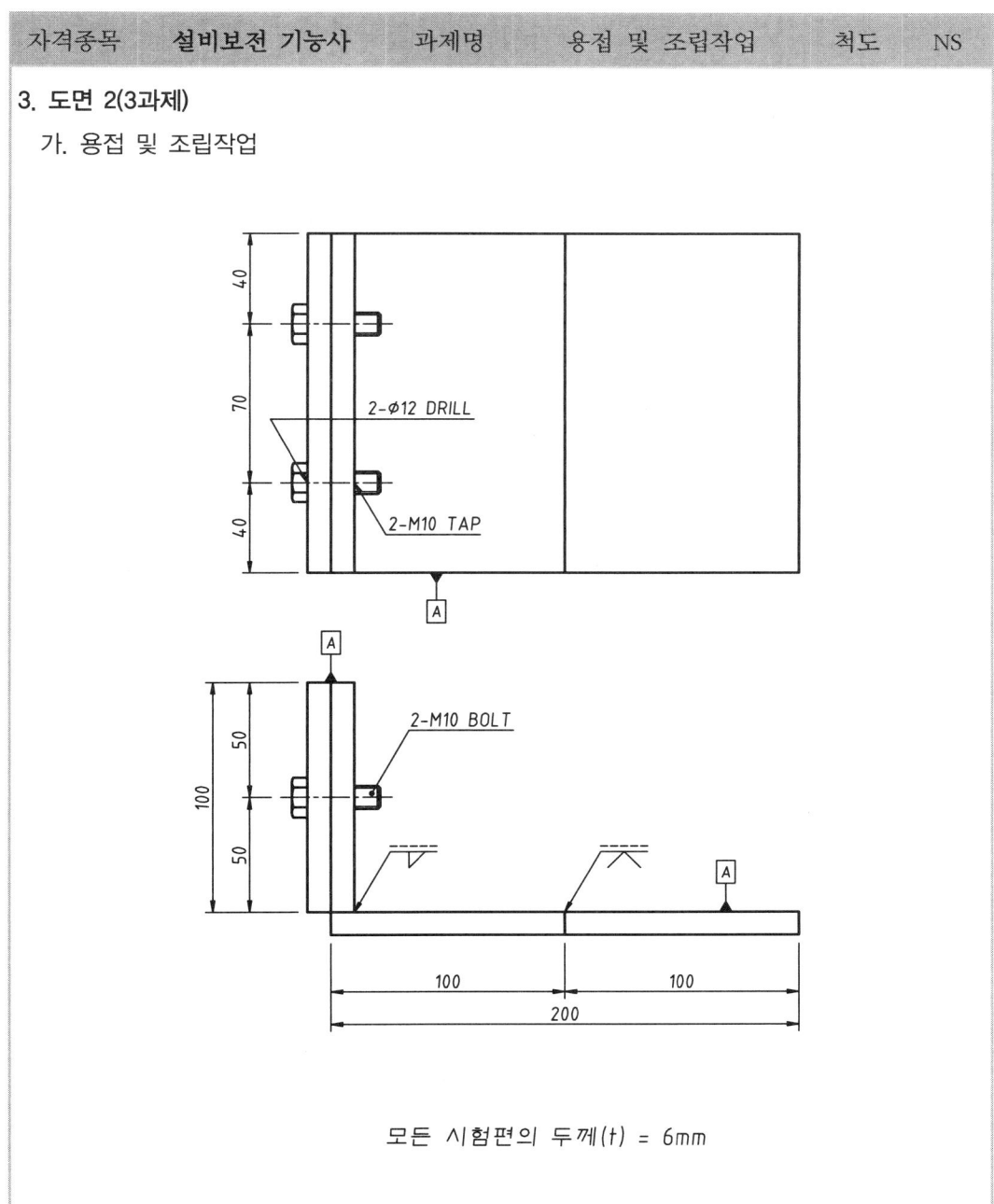

모든 시험편의 두께(t) = 6mm

나) 분해도

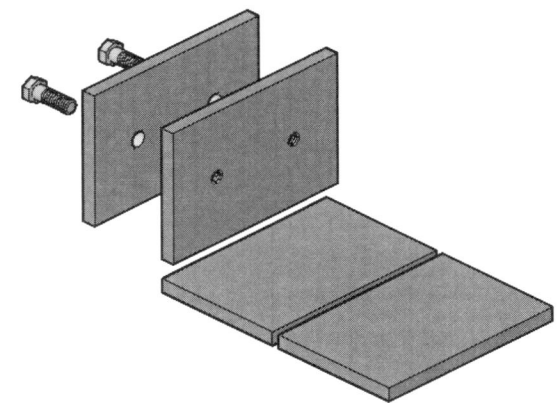

다) 조립도

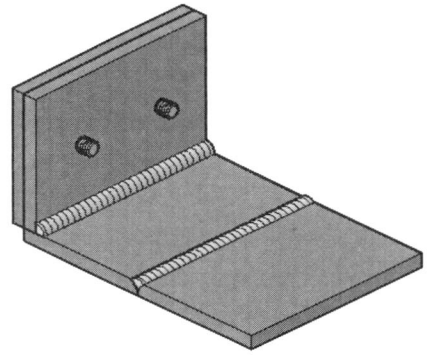

라) 단면도

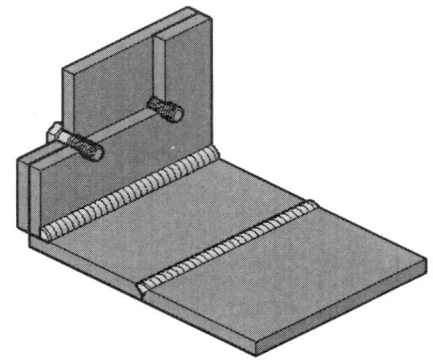

# 11 용접 및 조립도면 11과제

## 가) 도면

| 자격종목 | 설비보전 기능사 | 과제명 | 용접 및 조립작업 | 척도 | NS |

3. 도면 2(3과제)

　가. 용접 및 조립작업

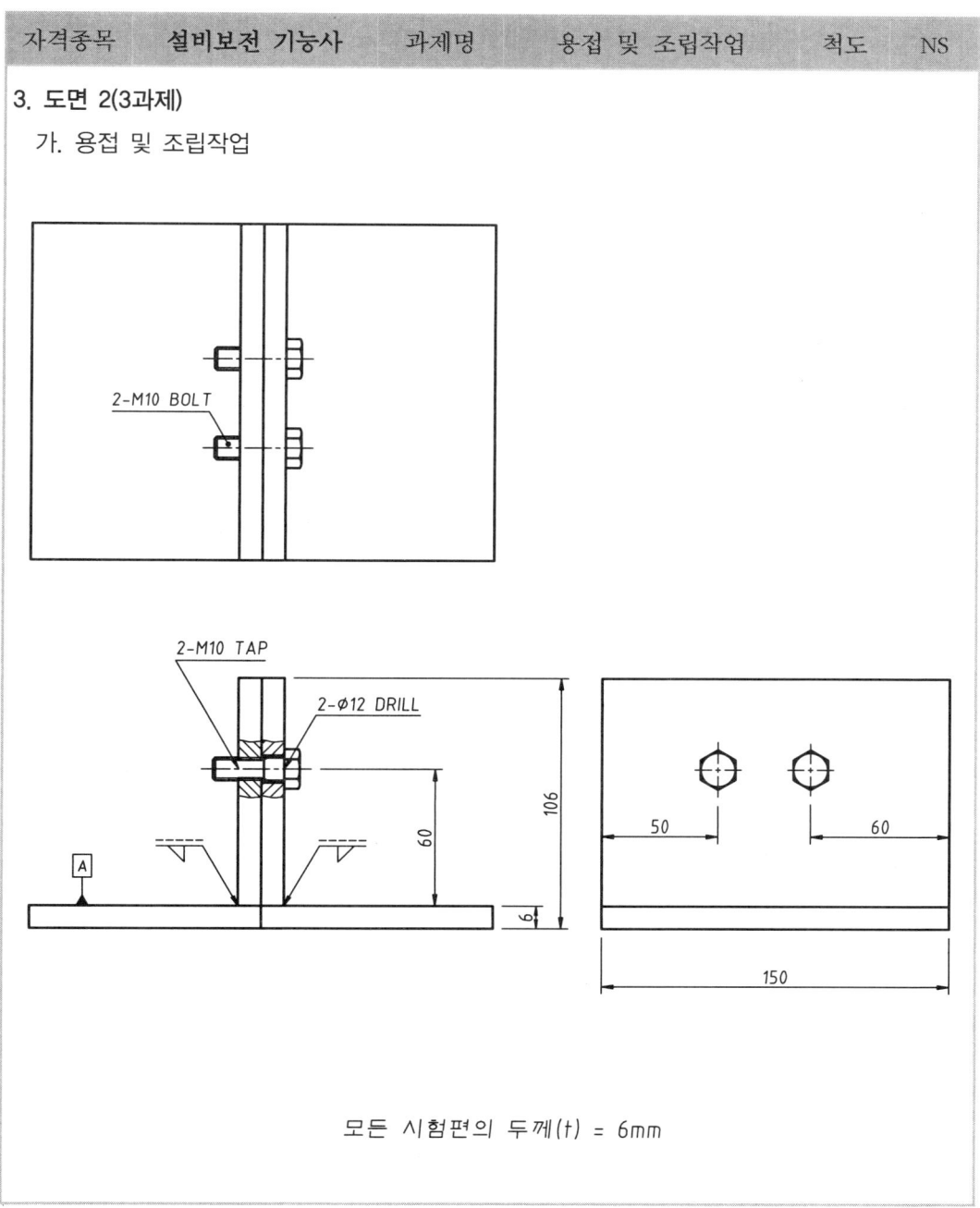

모든 시험편의 두께(t) = 6mm

나) 분해도

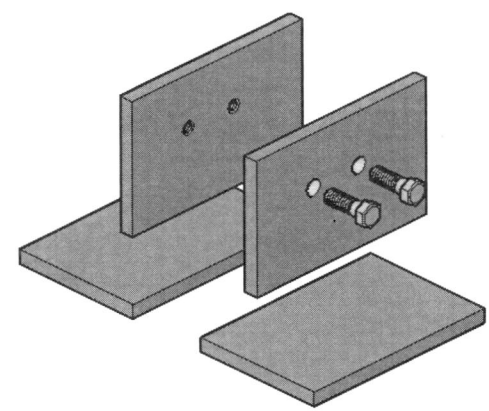

다) 조립도

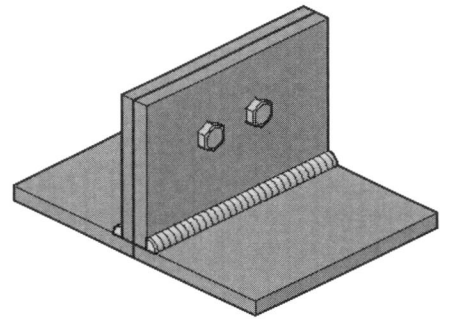

라) 단면도

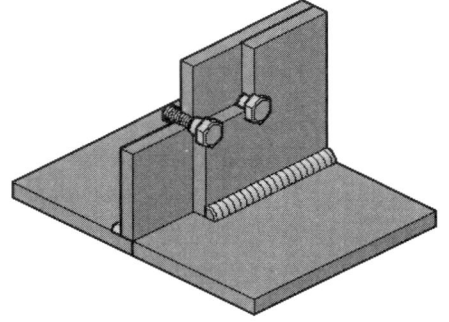

# 12 용접 및 조립도면 12과제

## 가) 도면

| 자격종목 | 설비보전 기능사 | 과제명 | 용접 및 조립작업 | 척도 | NS |

### 3. 도면 2(3과제)

가. 용접 및 조립작업

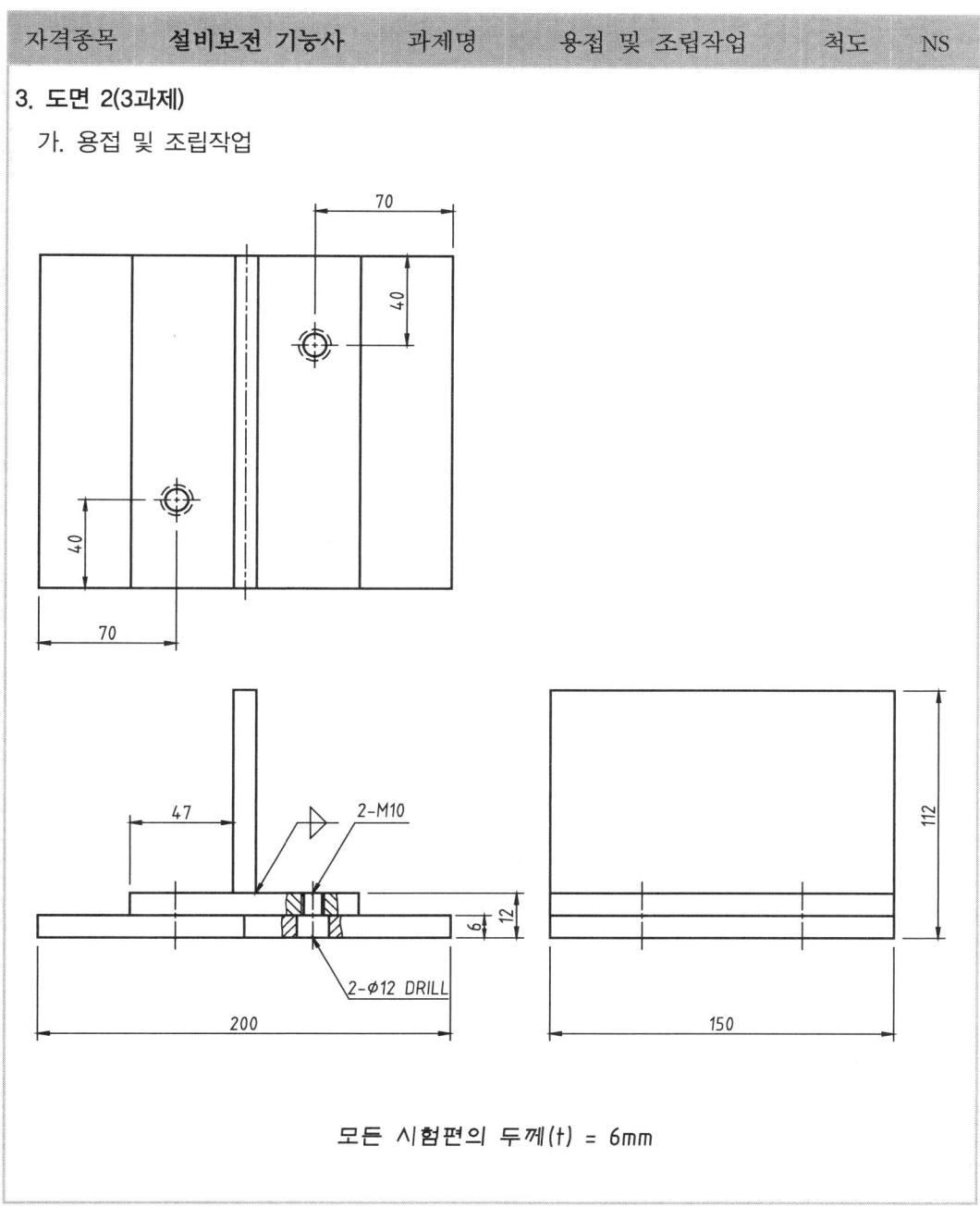

모든 시험편의 두께(t) = 6mm

나) 분해도

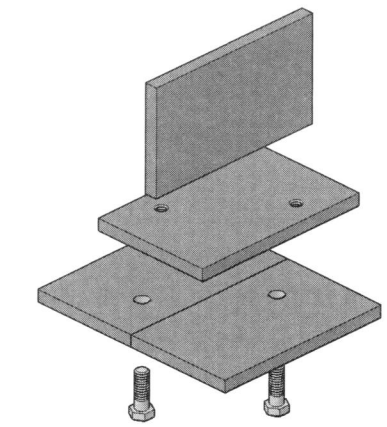

다) 조립도

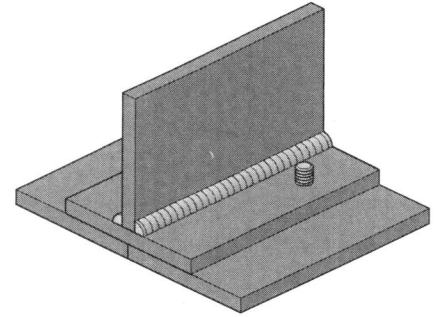

라) 단면도

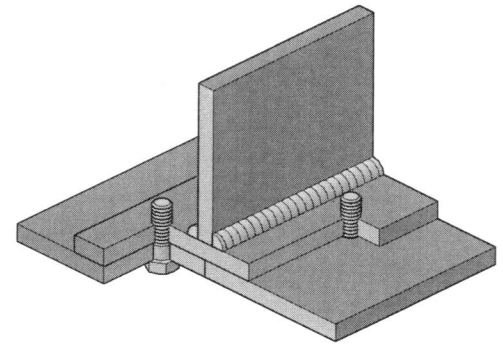

## 13. 용접 및 조립도면 13과제

### 가) 도면

| 자격종목 | 설비보전 기능사 | 과제명 | 용접 및 조립작업 | 척도 | NS |

3. 도면 2(3과제)

 가. 용접 및 조립작업

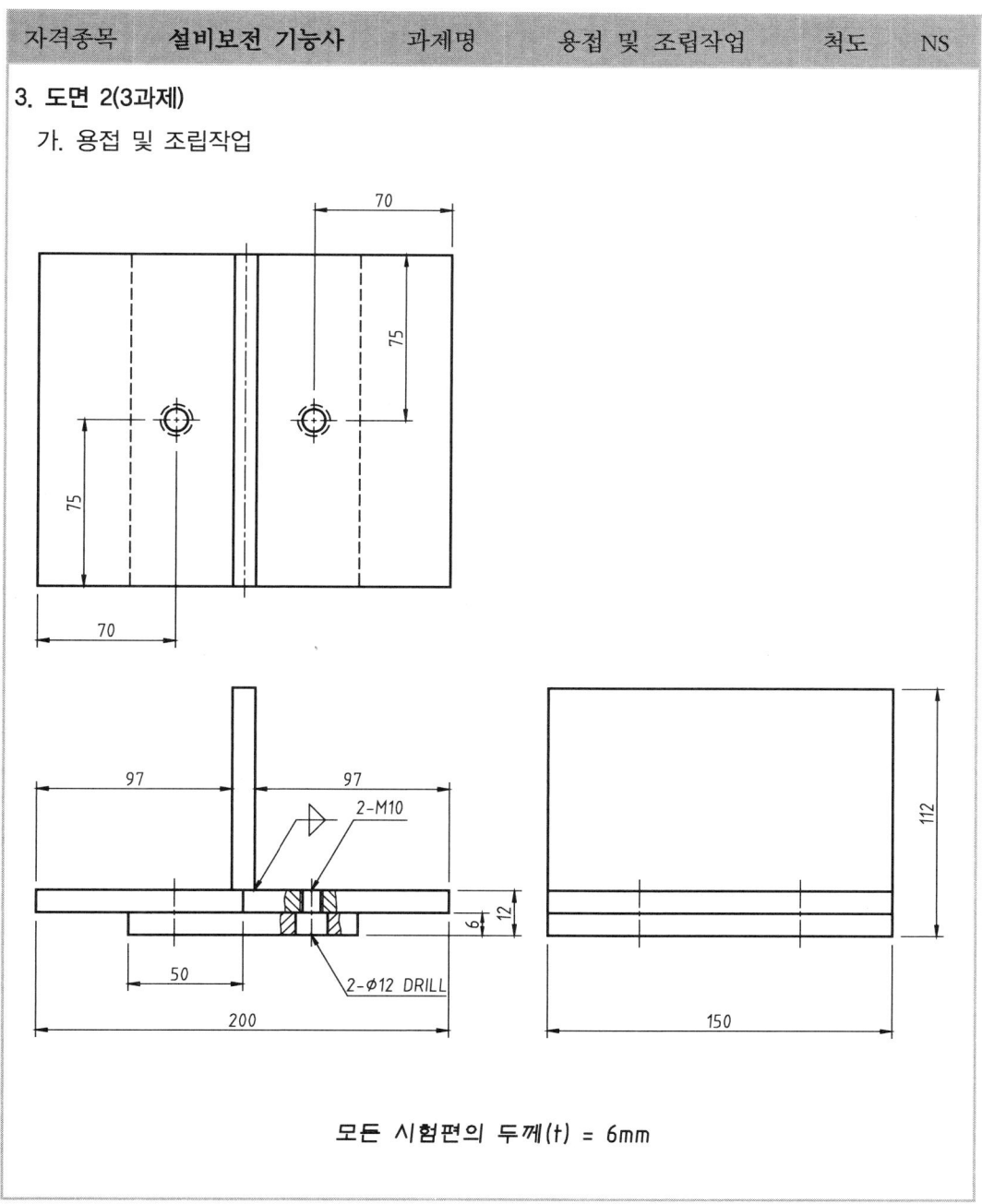

모든 시험편의 두께(t) = 6mm

나) 분해도

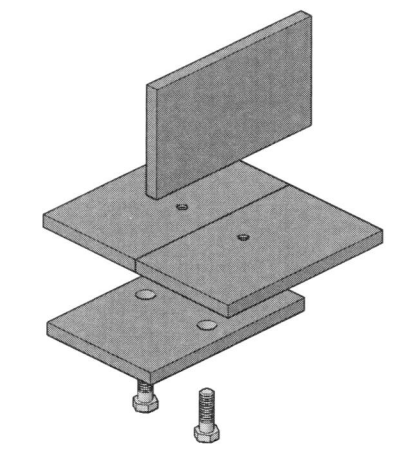

다) 조립도

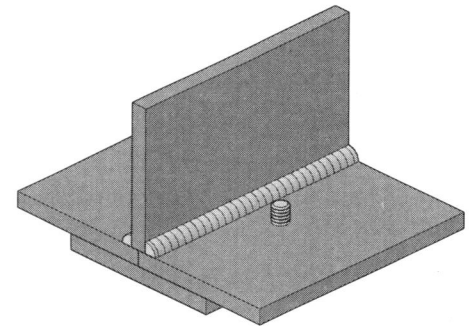

라) 단면도

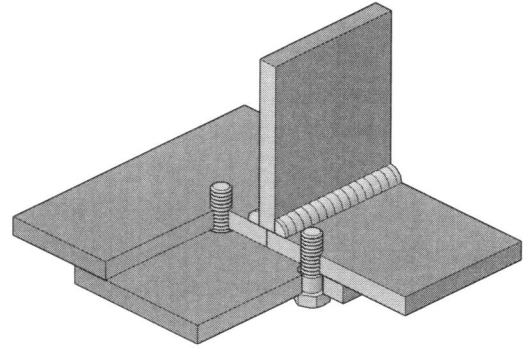

## 14. 용접 및 조립도면 14과제

### 가) 도면

| 자격종목 | 설비보전 기능사 | 과제명 | 용접 및 조립작업 | 척도 | NS |

**3. 도면 2(3과제)**

가. 용접 및 조립작업

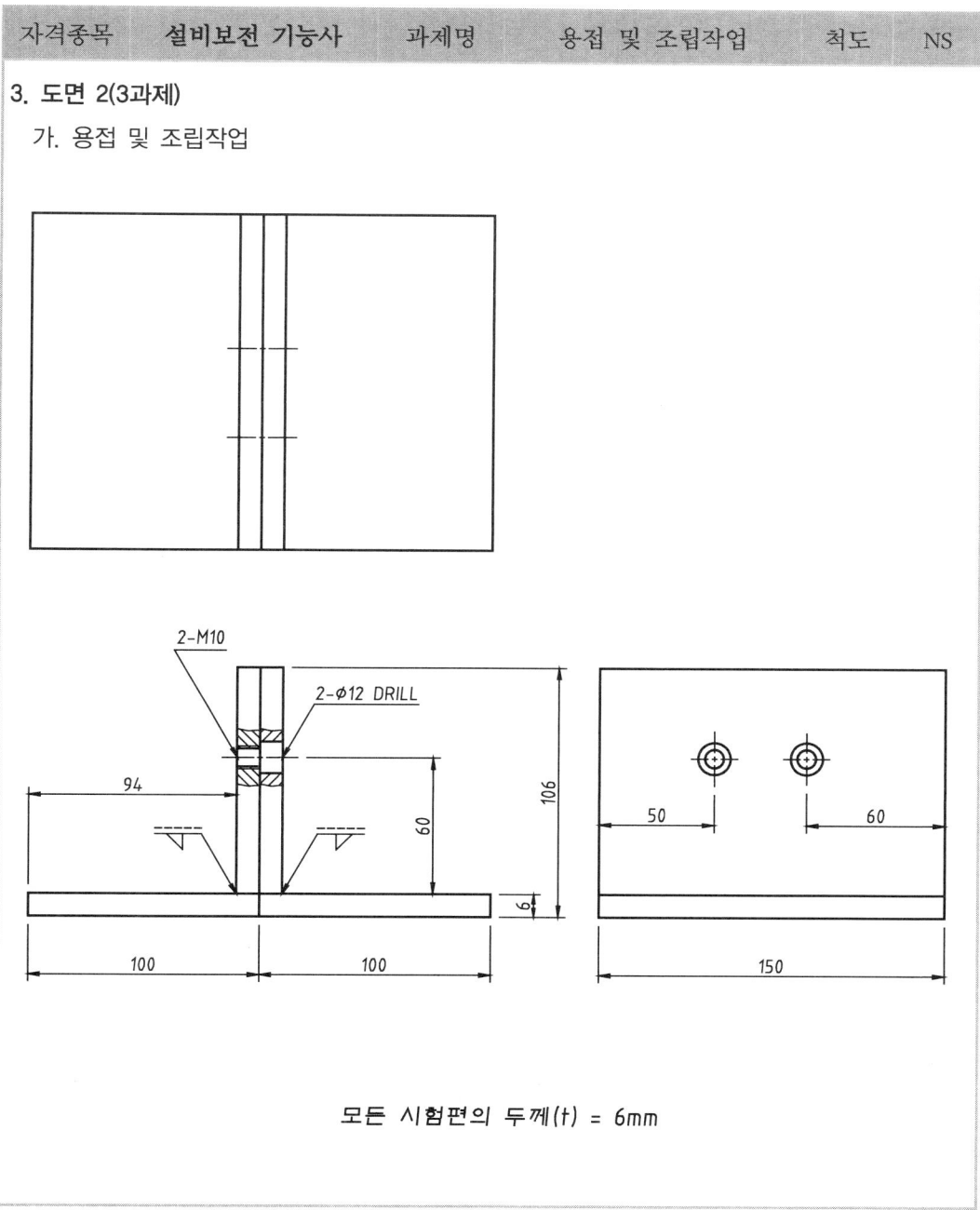

모든 시험편의 두께(t) = 6mm

나) 분해도

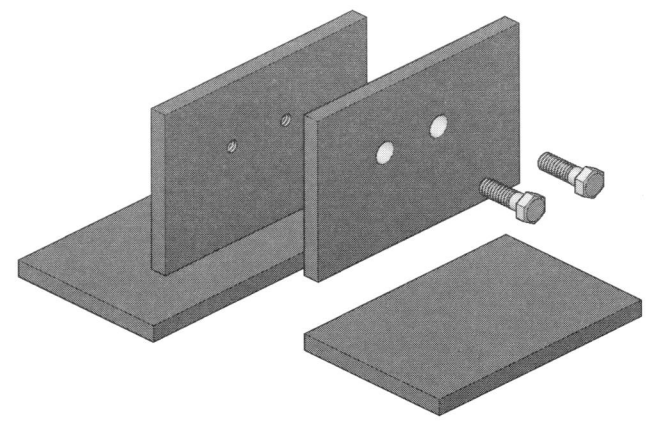

다) 조립도

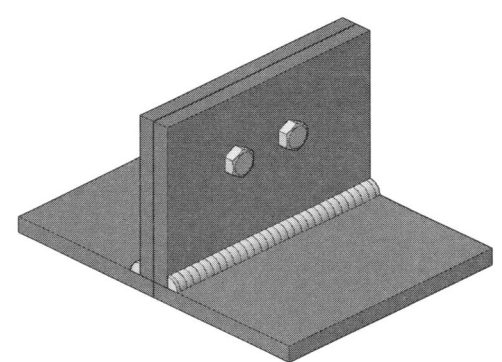

라) 단면도

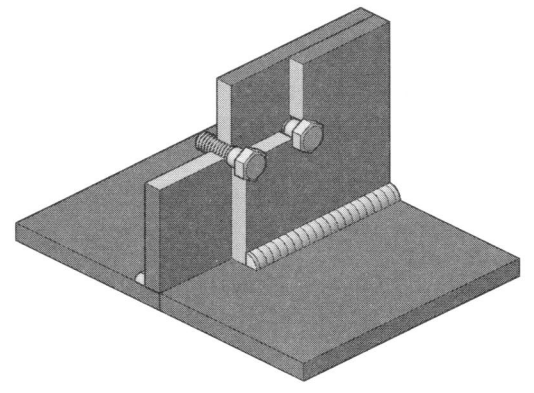

# 15 용접 및 조립도면 15과제

## 가) 도면

| 자격종목 | 설비보전 기능사 | 과제명 | 용접 및 조립작업 | 척도 | NS |

3. 도면 2(3과제)

  가. 용접 및 조립작업

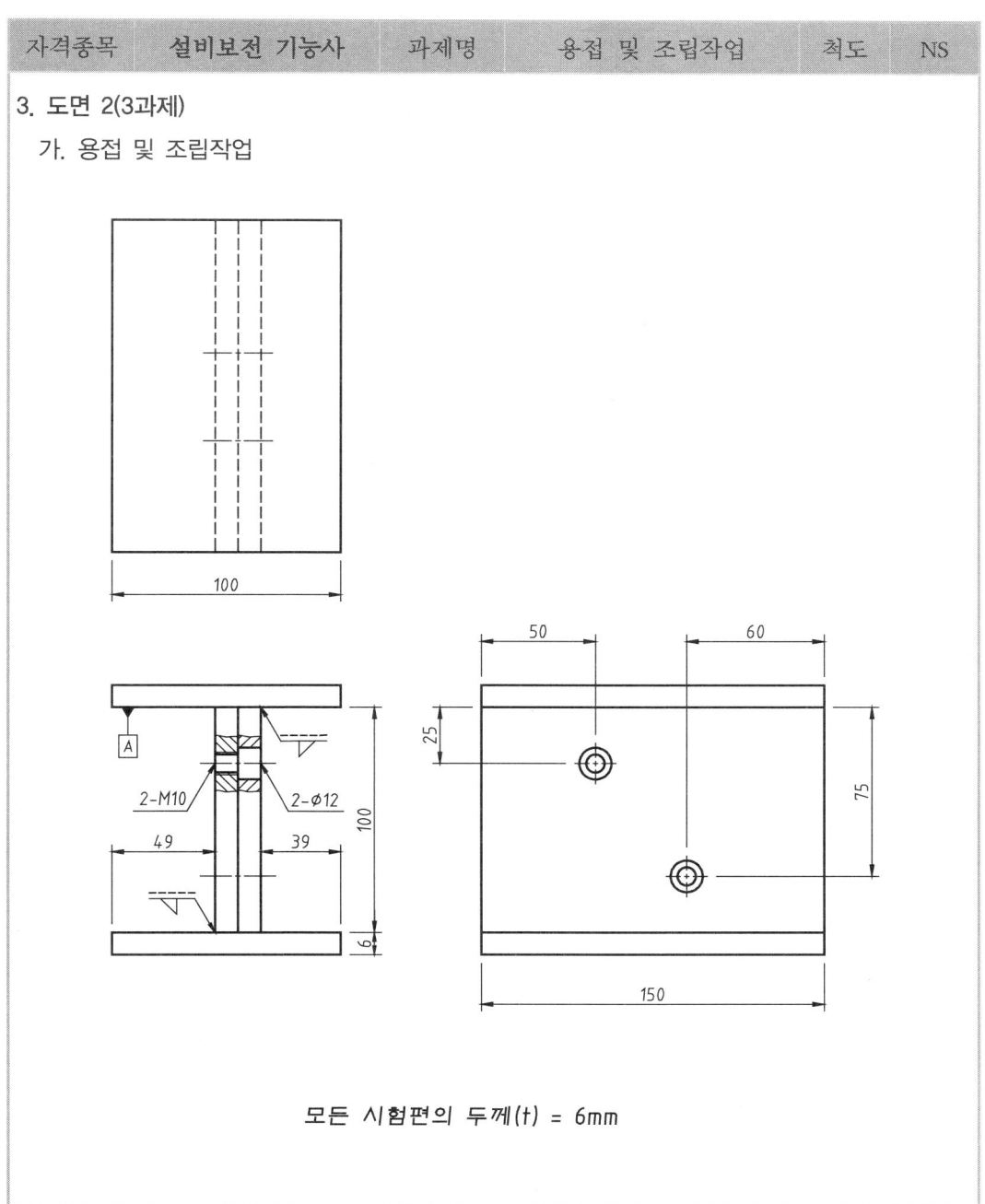

모든 시험편의 두께(t) = 6mm

나) 분해도

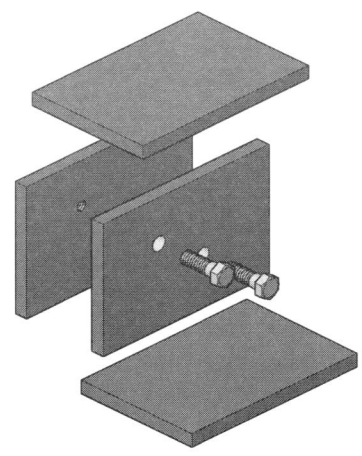

다) 조립도

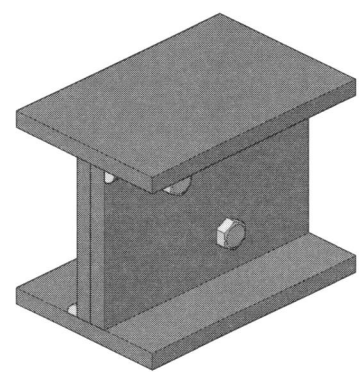

라) 단면도

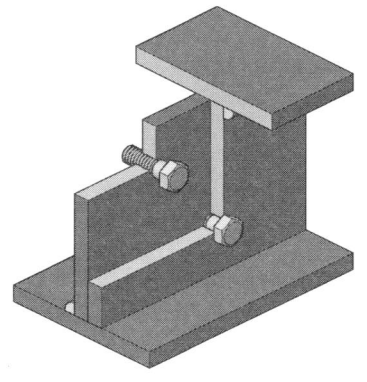

# 16 용접 및 조립도면 16과제

## 가) 도면

| 자격종목 | 설비보전 기능사 | 과제명 | 용접 및 조립작업 | 척도 | NS |
|---|---|---|---|---|---|

3. 도면 2(3과제)

가. 용접 및 조립작업

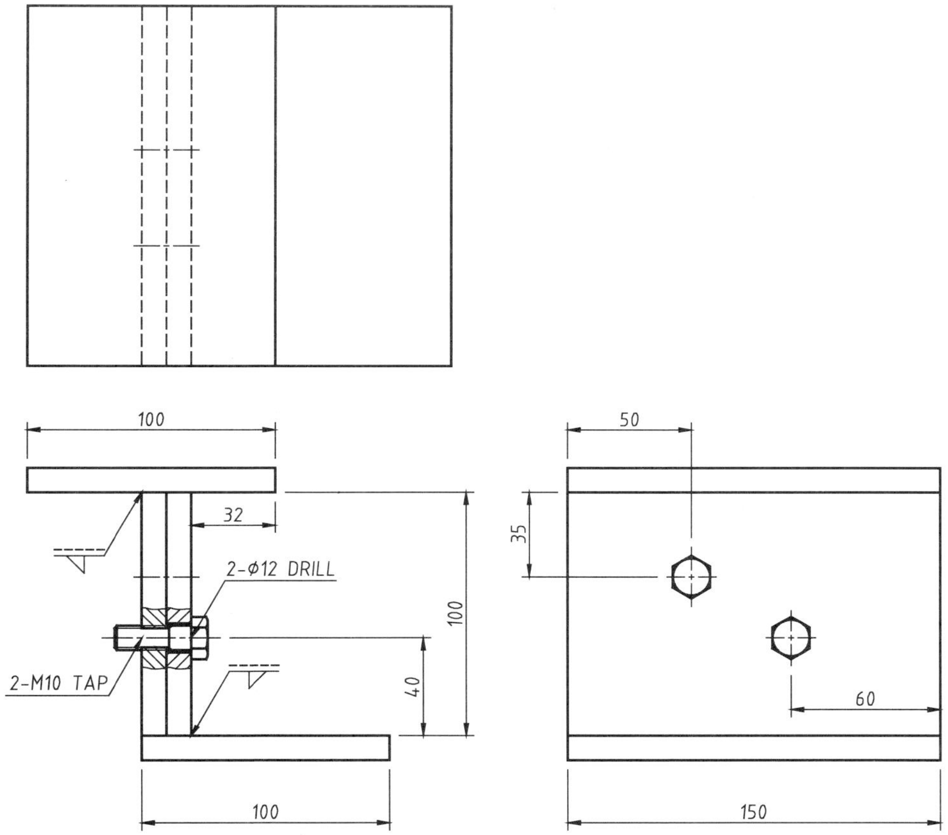


모든 시험편의 두께(t) = 6mm

나) 분해도

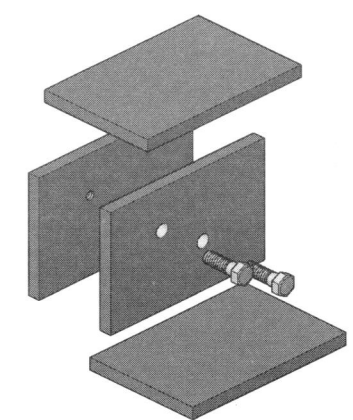

다) 조립도

라) 단면도

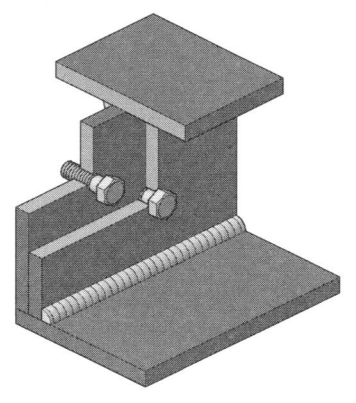

# 17 용접 및 조립도면 17과제

## 가) 도면

| 자격종목 | 설비보전 기능사 | 과제명 | 용접 및 조립작업 | 척도 | NS |
|---|---|---|---|---|---|

3. 도면 2(3과제)

가. 용접 및 조립작업

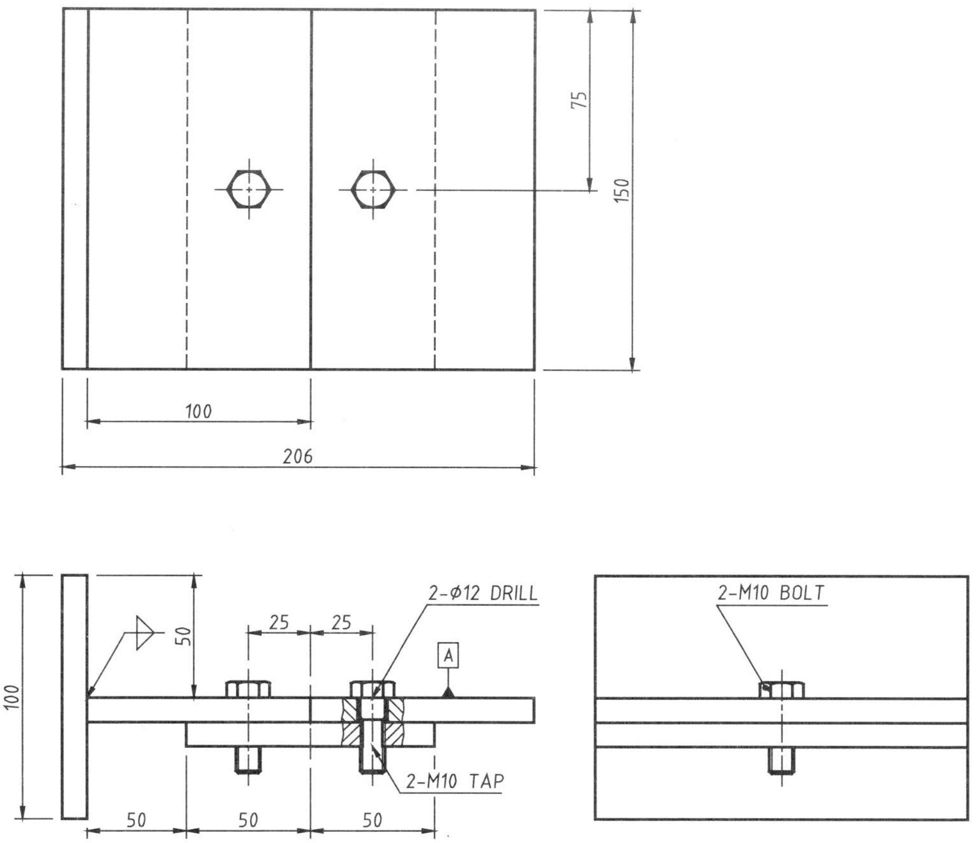


모든 시험편의 두께(t) = 6mm

나) 분해도

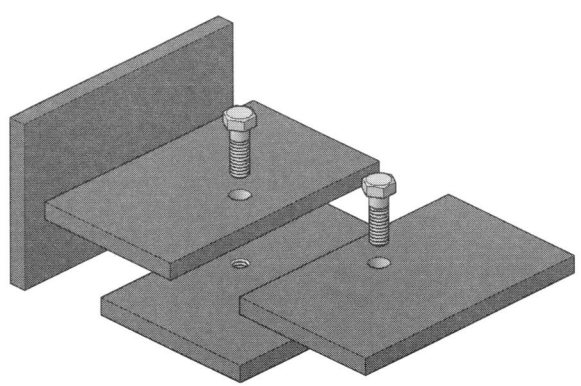

다) 조립도

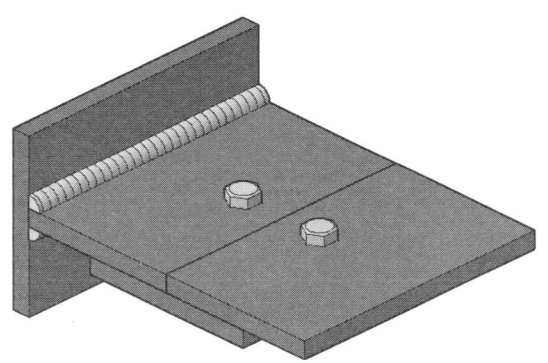

라) 단면도

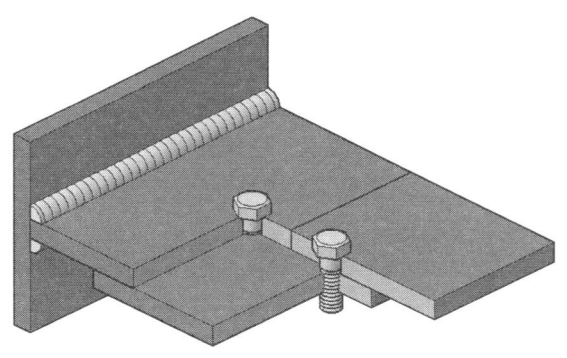

# 제3장 용접 및 조립

 **용접 및 조립도면 18과제**

## 가) 도면

| 자격종목 | 설비보전 기능사 | 과제명 | 용접 및 조립작업 | 척도 | NS |

### 3. 도면 2(3과제)

가. 용접 및 조립작업

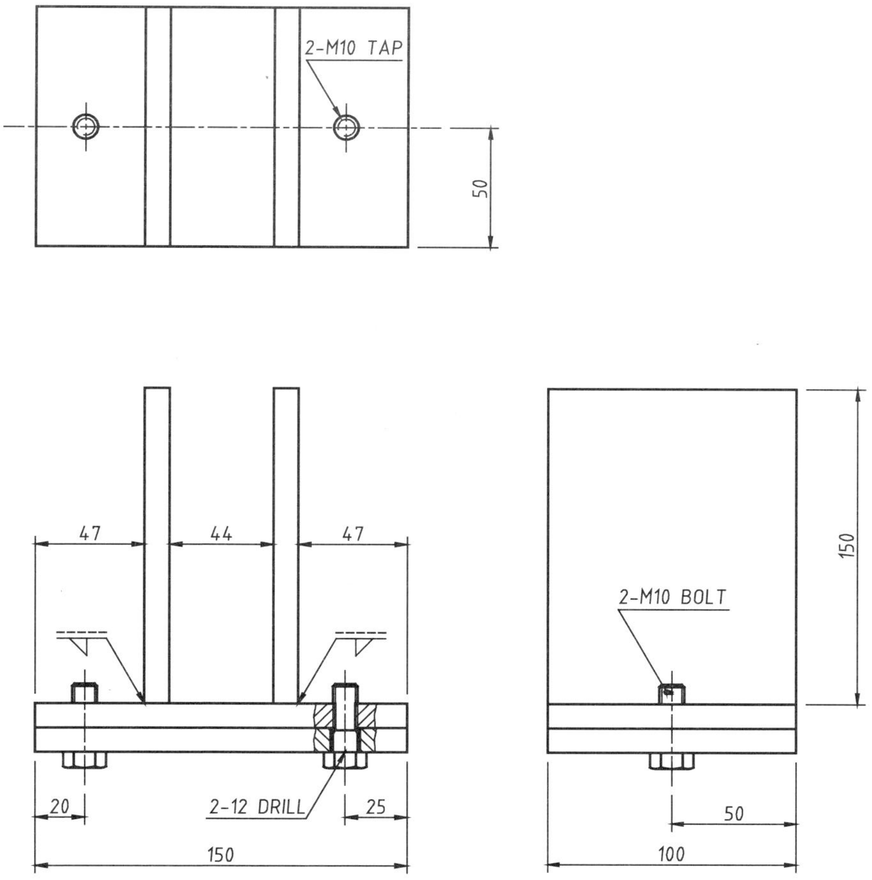

모든 시험편의 두께(t) = 6mm

나) 분해도

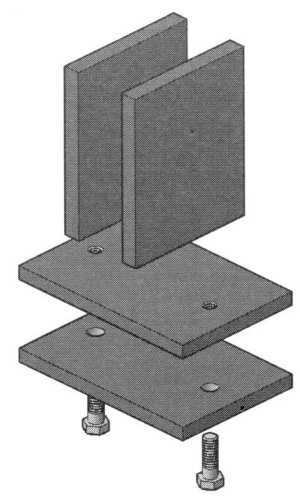

다) 조립도

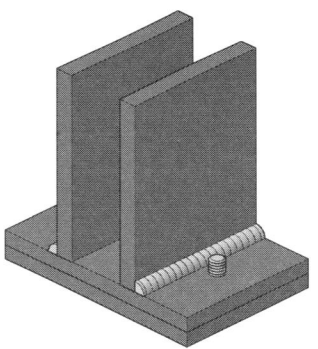

라) 단면도

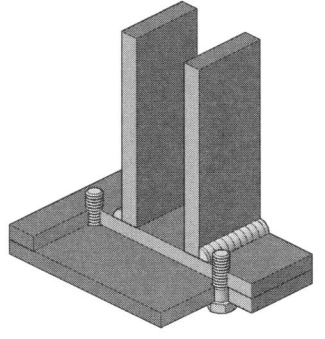

# 19 용접 및 조립도면 19과제

## 가) 도면

| 자격종목 | 설비보전 기능사 | 과제명 | 용접 및 조립작업 | 척도 | NS |
|---|---|---|---|---|---|

3. 도면 2(3과제)

가. 용접 및 조립작업

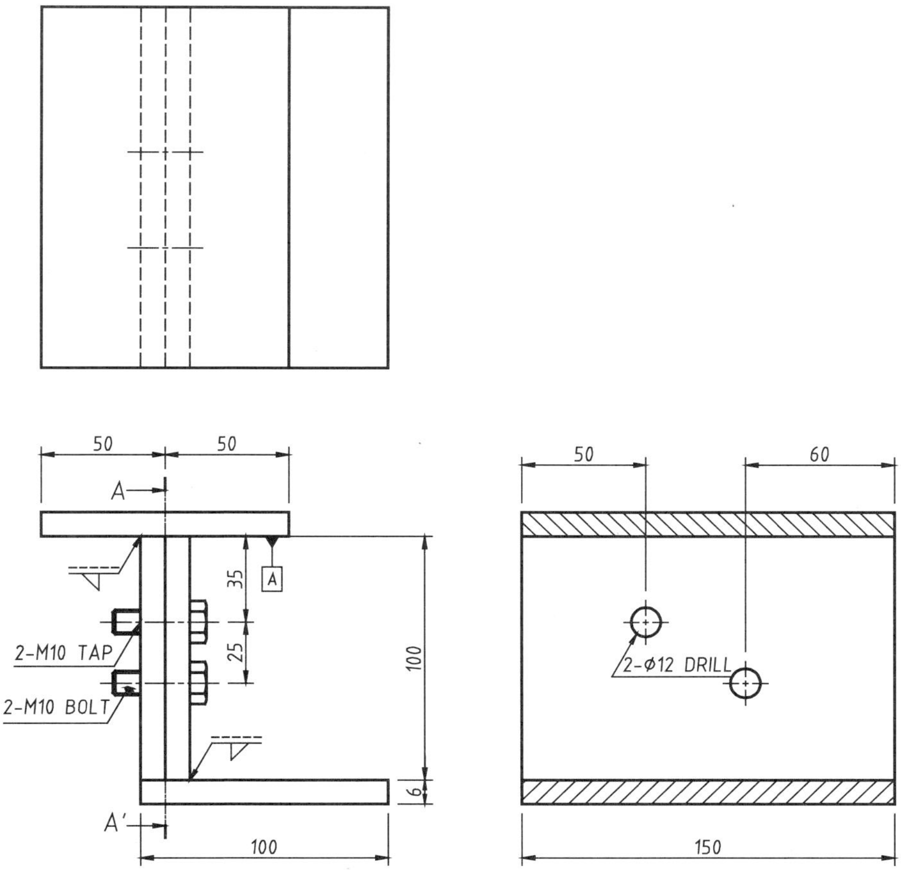


단면 A-A'

모든 시험편의 두께(t) = 6mm

나) 분해도

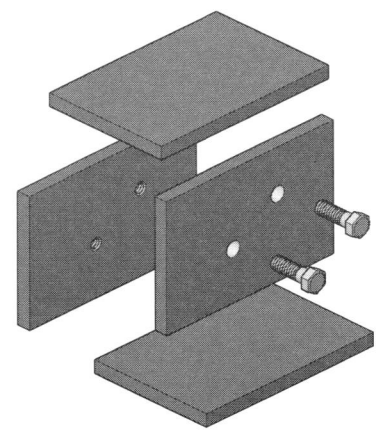

다) 조립도

라) 단면도

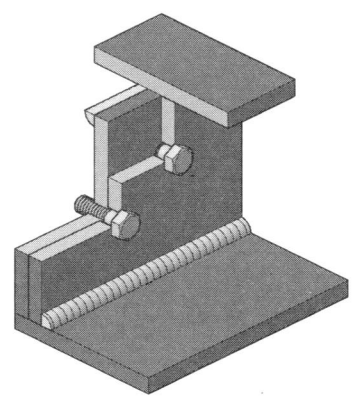

# 20 용접 및 조립도면 20과제

## 가) 도면

| 자격종목 | 설비보전 기능사 | 과제명 | 용접 및 조립작업 | 척도 | NS |
|---|---|---|---|---|---|

3. 도면 2(3과제)

가. 용접 및 조립작업

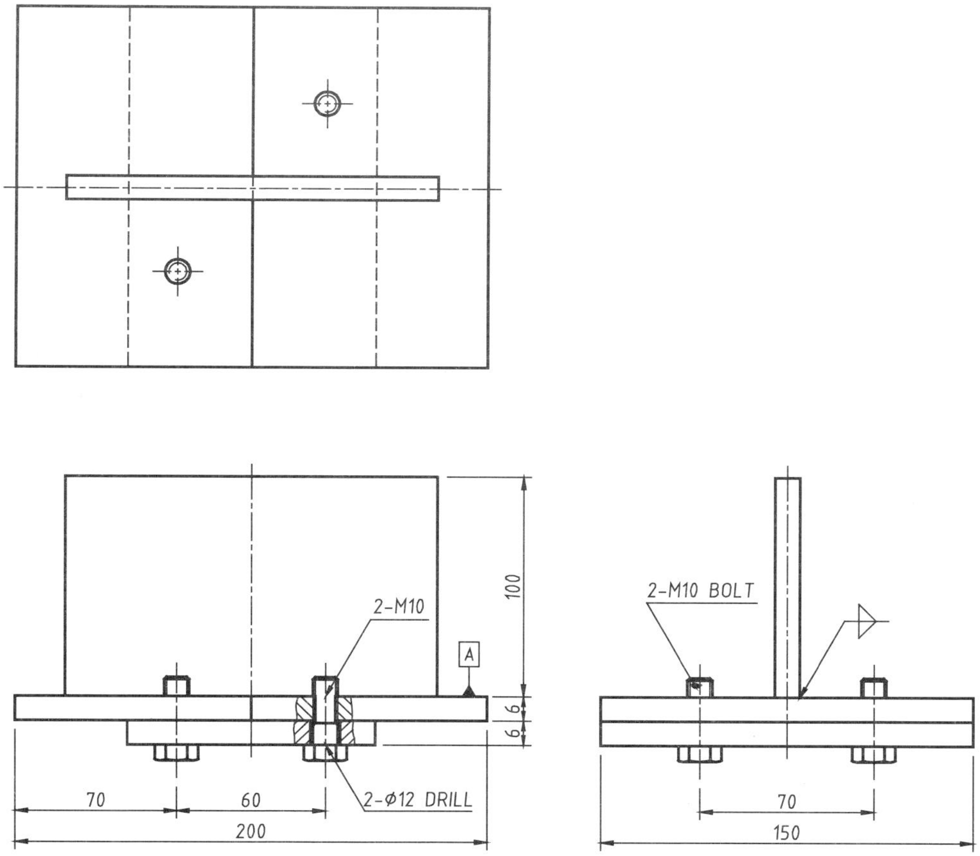


모든 시험편의 두께(t) = 6mm

나) 분해도

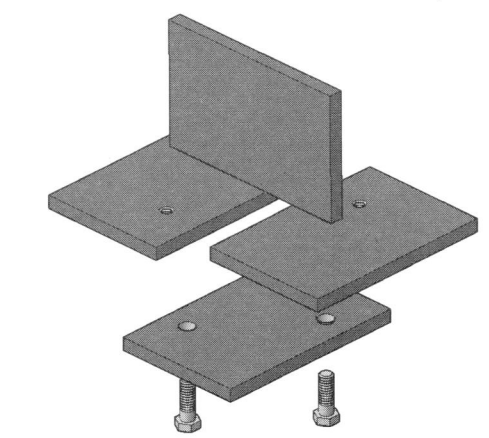

다) 조립도

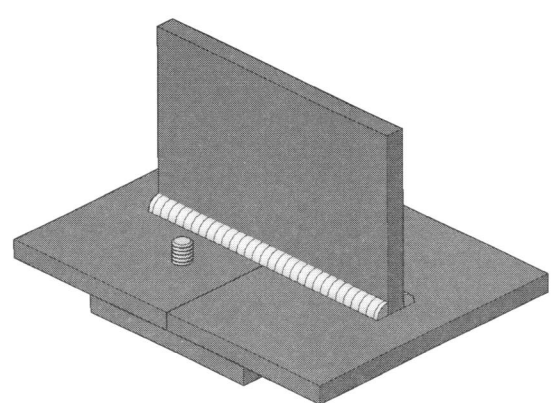

라) 단면도

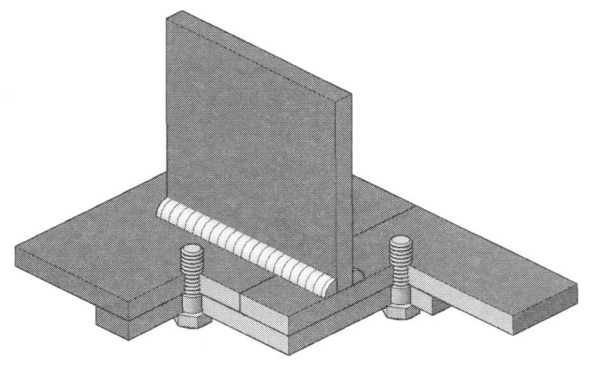

**[참고 문헌 및 자료]**

1. 이상호, 공유압, 한국산업인력공단, 2012.
2. 송요풍, 기계요소설계, 한국산업인력공단, 2010.
3. 한국 노드락
4. 한성 볼트
5. 메카피아
6. 두피디아
7. 상용 이엔지
8. ㈜제이.원 테크
9. FYH 베어링
10. WORLD CNM
11. Direct industry
12. ED 카달로그

## 설비보전기능사 실기  정가 18,000원

- 저 자   박  동  순
- 발 행 인   차  승  녀

- 2016년 2월 29일  제1판 제1인쇄발행
- 2018년 3월 20일  제2판 제1인쇄발행
- 2021년 7월 12일  제2판 제2인쇄발행

도서출판 건기원

(등록 : 제11-162호, 1998. 11. 24)

경기도 파주시 연다산길 244(연다산동 186-16)
TEL : (02)2662-1874~5    FAX : (02)2665-8281

★ 건기원은 여러분을 책의 주인공으로 만들어 드리며 출판 윤리 강령을 준수합니다.
★ 본 수험서를 복제·변형하여 판매·배포·전송하는 일체의 행위를 금하며, 이를 위반할 경우 저작권법 등에 따라 처벌받을 수 있습니다.

ISBN 979-11-5767-317-9   13550